运筹学基础

林惠玲　编著

中国建材工业出版社

图书在版编目(CIP)数据

运筹学基础/林惠玲编著. —北京 ：中国建材工业出版社，2016.7（2019.1 重印）

ISBN 978-7-5160-1581-0

Ⅰ. ①运… Ⅱ. ①林… Ⅲ. ①运筹学-高等学校-教材 Ⅳ. ①O22

中国版本图书馆 CIP 数据核字(2016)第 167498 号

内 容 简 介

本书以线性规划与单纯形法为主线，系统地阐述了线性规划对偶理论和灵敏度分析、图与网络优化、运输问题和博弈论基础，同时介绍了非线性规划基础。全书共 6 章，每章结尾都配有一定数量的习题。此外，本书以 MATLAB 实验的方式给出动态规划、线性目标规划和网络计划的相关内容，具体介绍求解相应实际问题的 MATLAB 程序。本书注重阐明运筹学基本理论和经典算法的数学思想，借助几何直观通俗易懂，兼顾理论、算法和应用，是一本运筹学的入门教材。

本教材主要针对数学与应用数学专业、信息与计算科学专业本科生编写，同时也可作为经济、管理、金融、工程等相关专业本科生的参考教材。

运筹学基础

林惠玲 编著

出版发行：中国建材工业出版社

地　　址：北京市海淀区三里河路 1 号

邮　　编：100044

经　　销：全国各地新华书店

印　　刷：北京雁林吉兆印刷有限公司

开　　本：787mm×1092mm 1/16

印　　张：11.5

字　　数：280 千字

版　　次：2016 年 7 月第 1 版

印　　次：2019 年 1 月第 2 次

定　　价：38.00 元

本社网址：www.jccbs.com.cn　微信公众号：zgjcgycbs

本书如出现印装质量问题，由我社市场营销部负责调换。联系电话：（010）88386906

前　言

运筹学（Operations Research，OR）是一门定性分析（如建立数学模型）与定量方法（如求解数学模型）相结合的综合应用学科，广泛运用现有的科学技术和数学方法，解决实际问题，为决策者选择最优或较优方案提供定量依据。运筹学作为一门新兴的学科，是在第二次世界大战期间出现的。此后，美国数学家 George B. Dantzig 于 20 世纪 40 年代末 50 年代初提出了求解线性规划问题的单纯形法，这成为运筹学发展史上最重大的进展之一，使得二战后的运筹学在方法论上得到了很大的发展，形成了许多分支，而计算机的发展和广泛应用，使得运筹学的方法论能成功及时地解决大量经济管理中的决策问题。目前，运筹学在管理科学、系统科学、工业工程等领域有着广泛的应用。运筹学的教学有利于增强学生的实际工作能力，特别是科学决策的能力。因此，运筹学目前已成为所有高等院校经济管理类专业的专业必修课程。同时，考虑到大学生就业的需要，或是经济社会发展的需要，以及计算机的普及、运筹学软件的开发和学生知识的储备，运筹学也成为很多高校非经济管理类专业的选修课。

本书作者在多年从事运筹学和相关科研工作成果的基础上，参考了国内外相关专著、教材和期刊文献编写了本书。全书包含 6 章和 4 个 MATLAB 实验，全书的内容可用 51～68 学时授完，以下简要介绍这本书的内容。第 1 章线性规划和单纯形法，从二维线性规划的图解法出发，介绍单纯形法的几何表现形式，直观地阐明单纯形法的设计思想。本章分别详细地阐述了表格单纯形法和修正单纯形法，其中后者是前者在计算机上的实现，此外还证明了单纯形法的收敛性并讨论退化情况的处理方式。第 2 章对偶理论和灵敏度分析，利用线性不等式组引出标准不等式形式线性规划问题的对偶问题，并讨论其对偶理论，再把相关结论推广到一般形式的线性规划问题，并讨论对偶理论与线性不等式组的关系；接着探讨对偶单纯形法，最后利用对偶理论进行灵敏度分析的讨论。第 3 章图与网络优化，网络优化是特殊的一类线性规划问题，其中的一类重要问题——最小费用流问题（包括最短路问题和最大流问题）是本章考虑的对象，本章细致地阐述了网络单纯形法基本原理和求解过程。第 4 章运输问题，该问题是特殊的最小费用流问题，利用问题的特殊结构，本章详细讨论了运输单纯形法求解产销平衡的运输问题，对于产销不平衡的问题将在本章的习题中介绍。此外，本章利用摄动法解决退化情形的运输问题。第 5 章博弈论基础，主要阐述二人零和博弈，也称矩阵博弈，利用线性规划的对偶理论证明了矩阵博弈的基本定理，即最小最大值定理，并介绍了求解矩阵博弈的线性方程组方法和线性规划方法，此外本章的习题还给出双矩阵博弈与线性互补问题的关系。第 6 章非线性规划基础，以学生的先修课程数学分析或高等数学中的费尔马定理为基础，探讨无约束优化问题的最优性条件和约束优化问题的最优性条件及拉格朗日对偶理论，其中对偶理论是利用博弈论的思想来阐述。第 1 章到第 6 章的结尾都给出一定数量的习题，这些习题有些是对章节知识点的巩固，有些是对知识点的提升和补充。实验一到实验四分别介绍了用 MATLAB 软件解决动态规划、线性目标规划、网络计划和博弈论中的相关实际问题。

由此可见，本书的特色在于：第一，以线性规划和单纯形法为主线，各章节的内容联系紧密，衔接完好。第二，对于大部分的同类书籍中，关于对偶问题均是直接给出，并未道出其所以然，本书利用了初等代数工具——线性不等式组的线性运算，自然地引出对偶问题，于是便有了利用对偶理论解决线性不等式组的方法。第三，运用博弈论理论解释非线性规划的拉格朗日对偶理论，显得通俗易懂。第四，本书运用 MATLAB 实验的方式介绍运筹学的其他分支，即动态规划、线性目标规划和网络计划问题，同时列举了用 MATLAB 程序解决应用问题的实例，加强了学生的数学建模和用计算机解决实际问题的能力。

本书在编写过程中得到国家自然科学基金委数学天元基金（11526053），教育部留学回国人员科研启动基金“非精确 PB 算法研究及其在大规模凸锥规划中应用和凸锥规划的误差分析”，福建省教育厅科技项目（JA15106）的部分支持，在此深表感谢。

本书在编写过程中还参考了新加坡南洋理工大学数理学院副教授 Chua Chek Beng 主讲课程“Basic Optimization”的讲义，在此表示衷心感谢。

尽管本书作者多年来一直从事运筹与优化的研究和教学，但限于水平和时间，书中难免有不妥和错误之处，欢迎读者批评指正。

作者
2016 年 4 月

目　　录

第 1 章 线性规划和单纯形法

线性规划是运筹学中研究较早的一个重要分支，它的理论较为完善，方法较成熟，广泛应用于军事作战、经济分析、经营管理和工程技术等方面。

线性规划的历史可追溯到 19 世纪 20 年代。法国数学家 J. B. J. Fourier（以 Fourier 级数而闻名）和比利时数学家 V. Poussin 分别于 1823 年和 1911 年独立撰写了一篇关于线性规划的文章，但并未被大众注意。1939 年，前苏联科学院院士 L. V. Kantorovich 出版了一本关于线性规划模型及其解的书——《生产管理和计划的数学方法（Mathematical Method of Production Management and Planning)》，却未受到重视，而且学术界也不知晓。同样的，1941 年美国数学家和物理学家 F. L. Hitchcock 关于运输问题的文章也未被公众了解。到 20 世纪 40 年代末 50 年代初，受到经济和军事计划问题的驱动，美国数学家 George B. Dantzig 提出单纯形法（Simplex Method)，他因此被誉为"线性规划之父"。

单纯形法是线性规划的所有算法中，甚至所有的数值算法中应用最广泛的一种。在单纯形法产生的同时代，出现了线性规划的其他算法，但它们都因比不过单纯形法的有效性而被淘汰。1984 年，印度数学家 N. Karmarkar 发表了求解线性规划的内点算法，它不仅具有多项式时间的复杂性（这样的算法被认为是好算法)，而且在实际操作中也很简便快速，至此单纯形法才遇到它在线性规划王国中的劲敌。单纯形法用于解决确定型马尔可夫决策过程，也具有多项式时间的复杂度[1]，然而它在一般情况下具有指数函数的时间复杂度。在科研工作者的努力下，单纯形法不断被改进，取得了令人欣慰的数值结果，与内点算法并驾齐驱。虽然需要解决的问题规模越来越大，但是计算机的功能也越来越强，而且单纯形法较易于实施，目前人们仍青睐于用它求解线性规划[2]。此外，由于单纯形法是源于经济中的应用，因而单纯形法中的一些术语带有经济学的味道，比如我们通常所说的降低价格和影子价格，它们在很多应用中具有指导性意义。

本章主要讨论线性规划解的性质和单纯形法的基本形式。首先简要介绍优化模型的相关术语和线性规划的实例，接着从二维线性规划问题的图解法出发，阐述单纯形法的直观几何含义，从而得到它的几何形式，在此基础上讨论线性规划解的性质，结合几何形式得到单纯形法的代数形式，并探讨用表格形式的单纯形求解具体问题，包括标准不等式形式的表格单纯形法和标准等式形式的大 M 法及两阶段法，最后介绍修正单纯形法，它是表格单纯形法在计算机上的实现。

§1.1 优化模型概述

1.1.1 一般优化模型

优化模型（Optimization Model）是描述优化问题（Optimization Problem）的数学模型（Mathematical Model）。数学模型是指用数学语言来描述一个系统。例如，我们可以用微分方程来描述人口模型。每个模型都含有若干个参数用于描述模型所表述问题的特定部分，比如，人口的指数增长模型中的人口增长率和初始时刻的人口数量。一个优化问题要求从所有的可行方案中选择最好（最大或最小，下文分别用 max 和 min 表示）的方案。一个可行方案是指满足特定约束条件的任一决策的实施。在比较两个可行方案中，该优化问题要么给每个方案确定一个特定的量，要么按照一定的原则在所有的方案中给出一个特定的序。

本书中，我们做如下假设：

（1）每个决策都可以用一个实数来量化；

（2）所做的决策是有限个；

（3）所有的参数都是实数；

（4）所有的约束都能用实值函数方程或不等式表示；

（5）一个可行方案都赋予一个实数，它是决策在可行方案中取值的函数，两个可行方案的比较是比较它们所赋的值。

在优化模型中，我们将用到如下相关术语：

决策变量（Decision Variable）代表需要做的决策，为实变量。把有限个（n 个）决策变量放在一起称为**决策向量（Decision Vector）**，记做 $x=(x_1,\cdots,x_n)^{\mathrm{T}}$。赋了值的决策向量即为**解（Solution）**，是一个 n 维向量。决策变量的函数称为**目标函数（Objective Function）**。对应一个解，都有一个实数赋给一个可行方案，赋予该可行方案的实数称为**目标值（Objective Value）**。

称所有决策变量的取值范围为**集约束（Set Constraint）**。若每个决策变量的取值都是一个非负区间，则这个集合也称为非负约束集。**函数约束（Functional Constraint）**是指用实值函数方程或不等式表示的约束。**约束函数（Constraint Functions）**是指函数约束中的函数，它们是决策变量的实值函数。**可行解（Feasible Solution）**是满足所有约束条件的解。**可行域（Feasible Region）**指所有可行解的集合。当可行域为空集时，我们称该优化问题是**不可行的（Infeasible）**，即无可行解。

例如，考虑数学模型

$$
\begin{aligned}
\min\quad & f(x)=(x_1-1)^2+(x_2-1)^2 \\
s.t.\quad & h(x)=x_1+x_2-1=0 \\
& g(x)=-x_1^2+x_2\geqslant 0 \\
& x\in\mathcal{S}=\{(x_1,x_2)^{\mathrm{T}}:x_1^2+x_2^2\leqslant 1,x_1\geqslant 0\}
\end{aligned}
$$

其中，$f(x)$ 是目标函数，函数约束是 $h(x)=0,g(x)\geqslant 0$，集约束是 $x\in\mathcal{S}$，可行域是 $\{x$

$\in \mathcal{S}: h(x)=0, g(x) \geqslant 0\}$。集约束 $\{x_1: x_1 \geqslant 0\}$ 为非负约束。

具有“最好”的目标值的可行解称为**最优解（Optimal Solution）**，最优解的目标值即为**最优值（Optimal Value）**。一般地，一个优化问题可能没有最优解（即便它有可行解），也可能有多个最优解。在有多个最优解的情况下，最优值是唯一的。给定一个值，如果总存在一个比这个值更好的目标值的可行解，我们称该优化模型是**无界的（Unbounded）**，或是有**无界解**。

建立优化模型需要考虑如下三个步骤：

(1) 理清所要做的决策，并赋予每个决策一个值，这就是确定决策变量及集约束；

(2) 用一个确切的决策变量的函数表示目标的要求，实现最大或最小，即目标函数的确定；

(3) 找出所有的约束，每个约束用一个决策变量的函数方程或是不等式来表示，即函数约束的确定。

1.1.2　线性规划模型

线性规划模型存在于国民经济的很多重要领域，如产品的生产计划安排、原料的合理配制、肿瘤的放射治疗设计及空气污染的有效控制等。

例 1.1　某家具直销生产公司生产高质量的家具产品，经过市场调查后，决定将生产能力转移到有较大销售潜力的两个新产品。

产品 1：实木框架钢化玻璃台面餐桌

产品 2：实木框架大理石台面餐桌

该公司拥有 3 个工厂，钢化玻璃可在工厂 1 制造，大理石可在工厂 2 加工，生产实木框架和餐桌的组装在工厂 3 完成。每生产一批的产品 1 和 2 分别可以获利 4 万元和 3 万元。生产一批的产品 1，在工厂 1 和 3 所需的单位生产时间分别是 4 小时和 3 小时，生产一批的产品 2，在工厂 2 和 3 所需的单位生产时间分别是 2 小时和 2 小时。同时，工厂 1，2 和 3 在一个生产周期内可用的单位生产时间分别是 12 小时，10 小时和 13 小时。应如何安排生产计划使该公司的获利最多？

解　这是个产品的生产计划安排问题，其数学模型表述如下：

(1) 决策变量与集约束的确定

x_1, x_2 分别表示在生产周期内生产产品 1 和 2 的批数，而且 $x_1, x_2 \geqslant 0$。

(2) 目标函数的建立

两个产品的总利润是 $z = 4x_1 + 3x_2$。

(3) 函数约束的构造

这部分的约束来源于生产时间数的限制，工厂 1 的限制是不等式约束 $4x_1 \leqslant 12$，工厂 2 的限制为不等式约束 $2x_2 \leqslant 10$，工厂 3 的限制为不等式约束 $3x_1 + 2x_2 \leqslant 13$。

该工厂的目标是使其利润最大化，因此该问题的优化模型是

$$
\begin{aligned}
\max \quad & z = 4x_1 + 3x_2 \\
s.t. \quad & 3x_1 + 2x_2 \leqslant 13 \\
& 4x_1 \leqslant 12 \\
& 2x_2 \leqslant 10 \\
& x_1, x_2 \geqslant 0
\end{aligned}
\tag{1.1}
$$

例 1.2 某公司生产需要原料 A 不少于 125 吨，A，B 两种原料不少于 350 吨。加工每吨 A 和 B 分别需要 2 小时和 1 小时，但总的加工时间不超过 600 小时。同时每吨原料 A 和 B 的价格分别是 2 万元和 3 万元。问在满足生产需要的前提下，在公司加工能力范围内，如何购买 A，B 两种原料，使得购进成本最低?

解 设购买 A，B 两种原料分别为 x_1 吨，x_2 吨，那么这个配料问题的优化模型是

$$\begin{aligned}
\min \quad & z = 2x_1 + 3x_2 \\
s.t. \quad & x_1 \geqslant 125 \\
& x_1 + x_2 \geqslant 350 \\
& 2x_1 + x_2 \leqslant 600 \\
& x_1, x_2 \geqslant 0
\end{aligned}$$

目标函数是决策变量的线性函数，并要求实现最大化或是最小化，可行域是由有限个线性等式或是线性不等式来描述的一个优化模型，称为**线性规划（Linear Programming)**。

对于一个优化模型，它的求解通常是指找到一个最优解。当一个模型无可行解或是有无界解时，得出相对应的结论也是对该模型的求解。然而，有些优化模型有可能既无最优解，又不是不可行或无界的。幸运的是，线性规划不会出现这种情况。因此，对于一个线性规划问题，它的求解是指下面的三种情形之一：

（1）判定该模型是不可行的；

（2）判定该模型是无界的；

（3）找到该模型的一个最优解。

§ 1.2 线性规划的图解法

对于决策变量不多于两个的线性规划问题，例如上述的产品生产计划的优化模型，我们可以采取图解法求解。图解法形象直观，有助于理解求解线性规划问题的基本原理。单个变量的线性规划问题的求解是显而易见的。我们首先考虑只含有两个变量的线性规划问题。若要判别一个线性规划模型可行与否，需要检查它的可行域是否为空集，因而需要把它的可行域在二维平面上画出。图 1.1 中阴影区域包括边界的五边形 $OP_1P_2P_3P_4$ 是例 1.1 的可行域。为了分析目标函数在可行域上的取值情况，画出对应于目标函数的一组平行线，也就是方程 $x_2 = -\frac{4}{3}x_1 + \frac{z}{3}$ 在 z 取不同值时对应的一组直线，如图 1.2 中的虚线，这些虚线称为**等值线**。等值线上的箭头方向表示目标函数值增加的方向，即当 z 的取值从小变大时，相应的直线 $x_2 = -\frac{4}{3}x_1 + \frac{z}{3}$ 沿其法线方向向右上方移动。当等值线移动到边界点 $P_3(1,5)$ 时，z 取得最大值。

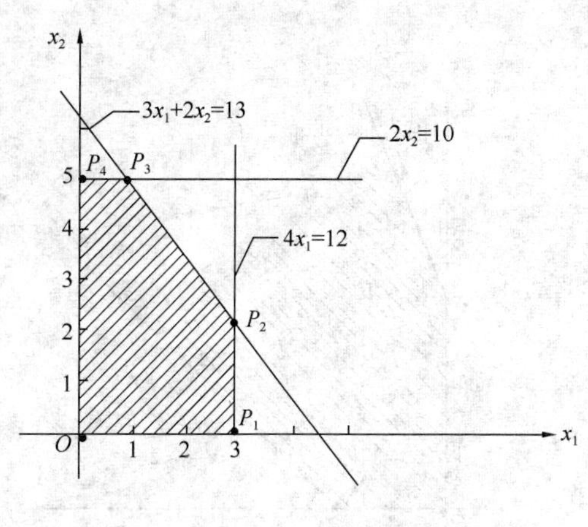

图 1.1　例 1.1 的可行域

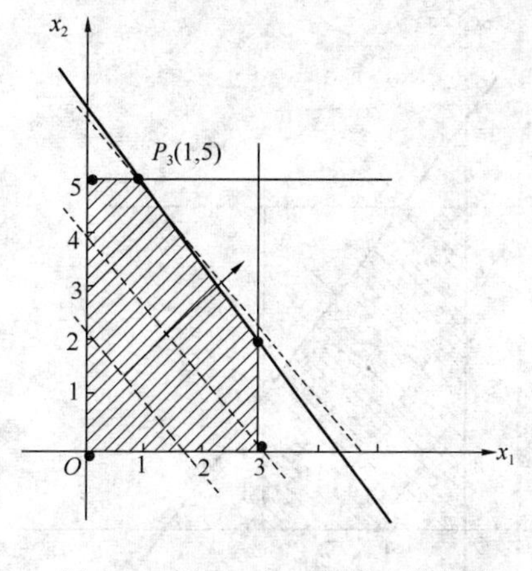

图 1.2　例 1.1 的可行域和等值线

一般地，线性规划问题的求解结果会出现如下四种情况，在这里以两个变量的线性规划的图解法加以说明，在§1.5 和§1.6 中，我们利用单纯形法再次验证下述结论。

1. 唯一解

从上述的图解法求解例 1.1 的过程中，得到它的最优解为边界点 $P_3(1,5)$，此时最优解是唯一的。

2. 无穷多最优解

若目标函数的等值线和可行域的边界线平行，则该线性规划问题有无穷多个最优解。例如线性规划问题：

$$\begin{aligned} \max \quad & z = 4x_1 + 3x_2 \\ s.t. \quad & 4x_1 + 3x_2 \leqslant 13 \\ & 4x_1 \leqslant 12 \\ & 2x_2 \leqslant 10 \\ & x_1, x_2 \geqslant 0 \end{aligned}$$

其图解法求解结果如图 1.3 所示，线段 P_2P_3 上的所有点都是最优解。

3. 无界解

考虑线性规划问题：

$$\begin{aligned} \max \quad & z = 6x_1 - x_2 \\ s.t. \quad & -2x_1 + x_2 \leqslant 4 \\ & x_1 - x_2 \leqslant 2 \\ & x_1, x_2 \geqslant 0 \end{aligned}$$

它的图解法求解结果如图 1.4 所示，其中可行域是无界的。当目标函数的等值线向右边移动时，等值线对应的目标值增大。同时，等值线可以向右边无限移动都不会离开可行域，因此目标函数可以增大到无穷大，从而该问题有无界解。

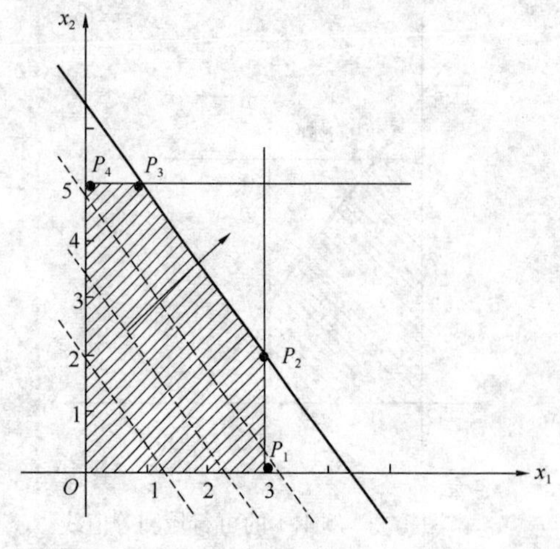

图 1.3　无穷多最优解的情况

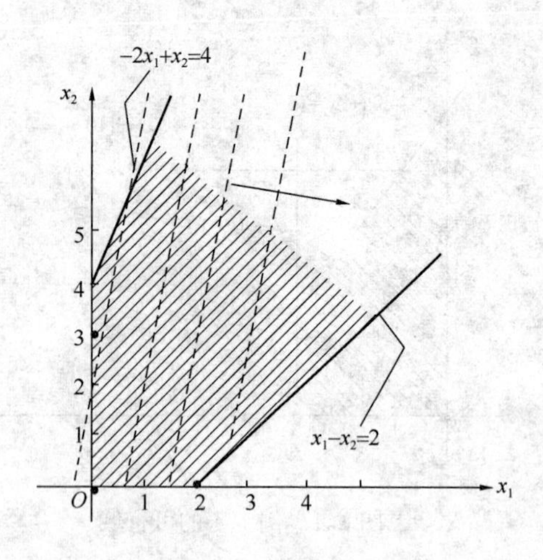

图 1.4　无界解的情况

需要注意的是，可行域无界并不意味着有无界解，例如与该线性规划相近的问题：

$$\begin{aligned} \min \quad & z = 6x_1 - x_2 \\ s.t. \quad & -2x_1 + x_2 \leqslant 4 \\ & x_1 - x_2 \leqslant 2 \\ & x_1, x_2 \geqslant 0 \end{aligned}$$

有唯一解 $(x_1, x_2) = (0,4)$。

4. 无可行解

考虑线性规划问题：

$$\begin{aligned} \max \quad & z = 4x_1 + 3x_2 \\ s.t. \quad & x_1 + x_2 \leqslant -1 \\ & x_1, x_2 \geqslant 0 \end{aligned}$$

该模型的可行域是空集，故无可行解，因此无最优解。

§1.3　单纯形法的几何意义

图解法是求解只有两个变量的线性规划的一个有力工具。然而，它的局限性在于只有当问题的可行域能被画出来的前提下才能使用。因此，一般有 $n(\geqslant 3)$ 个变量的线性规划问题，除非能够形象化其可行域，无法用图解法求解。然而，若从代数的角度去理解图解法，并用合适的代数形式来描述它，我们就能把图解法的思想推广到 n 个变量的情况。

从之前的图解法求解结果中，我们发现：

(1) 图解法得到一个位于可行域的顶点的最优解；

(2) 有可能有多个最优解，但是至少有一个解在顶点得到；

(3) 若在两个顶点同时得到最优解，那么它们连线上的任一点都是最优解。

利用顶点的代数表示形式，我们可以证明上述的结论总是正确的（本章 1.6.2 节定理 1.7)。因而，我们在寻找最优解时只要关注可行域的顶点即可。

1.3.1 单纯形法的几何描述

为了阐述单纯形法的几何特征，这里首先介绍几个基本概念。

1. 凸集

设 $K \subseteq \mathbb{R}^n$，若对任意两点 $X^{(1)}, X^{(2)} \in K$ 及 $0 \leqslant \alpha \leqslant 1$，有 $\alpha X^{(1)} + (1+\alpha) X^{(2)} \in K$，则称 K 为凸集。

由定义可知，空集是凸集。对于平面上的点集 K，直观上，如果连接 K 中任意两点的线段必定包含于 K，则 K 为平面上的凸集。例如平面上的圆面 $\{(x_1, x_2)^{\mathrm{T}}: x_1^2 + x_2^2 \leqslant 1\}$ 和例 1.1 的可行域都是凸集，而圆周 $\{(x_1, x_2)^{\mathrm{T}}: x_1^2 + x_2^2 = 1\}$ 不是凸集。此外，任何两个凸集的交集是凸集，如点集

$$\{(x_1, x_2)^{\mathrm{T}}: (x_1 - 1)^2 + (x_2 - 1)^2 \leqslant 1, (x_1 - 3)^2 + (x_2 - 1)^2 \leqslant 4\}$$

2. 凸组合

设 $X^{(1)}, X^{(2)}, \cdots, X^{(k)} \in \mathbb{R}^n$，若存在 $\mu_1, \mu_2, \cdots, \mu_k \in [0,1]$，且 $\sum_{i=1}^{k} \mu_i = 1$，使得

$$X = \mu_1 X^{(1)} + \mu_2 X^{(2)} + \cdots + \mu_k X^{(k)}$$

则称 X 为 $X^{(1)}, X^{(2)}, \cdots, X^{(k)}$ 的凸组合（若 $\mu_1, \mu_2, \cdots, \mu_k \in (0,1)$，则称为严格凸组合）。

例如，平面上的三角形 $X^{(1)} X^{(2)} X^{(3)}$，如图 1.5 所示，其中点的坐标 $X = (7,9)$，$X^{(1)} = (2,10)$，$X^{(2)} = (10,16)$，$X^{(3)} = (18,3)$，那么

$$X = \frac{5}{8} X^{(1)} + \frac{1}{8} X^{(2)} + \frac{1}{4} X^{(3)}$$

3. 顶点

设 K 是凸集，$X \in K$，若 X 不能表示为 K 中不同两点 $X^{(1)}, X^{(2)}$ 的严格凸组合，则称 X 是 K 的一个顶点（或极点）。

例如，图 1.5 中的 $X^{(1)}, X^{(2)}, X^{(3)}$ 都是顶点。

4. 边

设点集 K 和线段 $l \subseteq K$，若对于任意和 l 相交而不在 l 中的线段的两个顶点，至少有一个顶点在 K 外，则称 l 为边。

例如，图 1.1 中的线段 $P_1 P_2$ 是边。

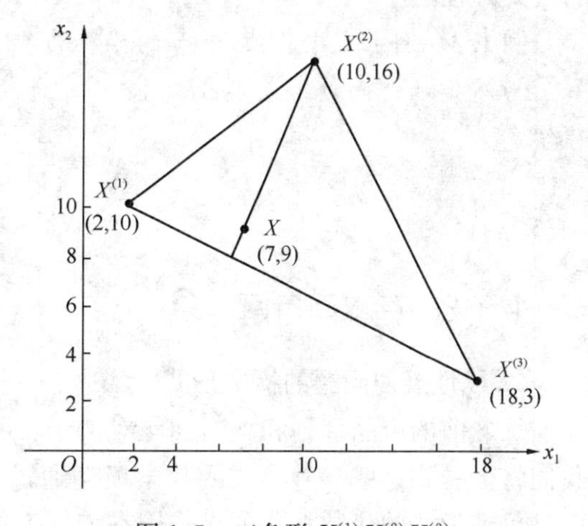

图 1.5　三角形 $X^{(1)} X^{(2)} X^{(3)}$

单纯形是几何中常见的图形，如零维的点，一维的线段，二维平面上的三角形，三维的四面体，n 维空间中的 $n+1$ 个顶点的多面体等。假设线性规划有一个最优解位于可行域的一个顶点，单纯形法是从所有的顶点中寻找线性规划的最优解的系统过程。几何上，它可以非正式地描述如下：

步 1　从可行域的一个顶点（初始单纯形）开始移动。

步 2　如果该顶点的目标值等于或是好于（依目标而定）其相邻的所有顶点的目标值，那么该顶点就是最优解。

步 3　否则，移向更好（依目标而定）的相邻顶点，即确定新的单纯形（连接相邻两个顶点的线段），并转到步 2。

我们进一步把上述步骤具体化：

步 1　初始点的选取。

如果原点 $(x_1,\cdots,x_n)=(0,\cdots,0)$ 是顶点，那么可以简单方便地把它选为初始点。

步 2　最优性检测。

为了比较与当前顶点相邻顶点的目标值，我们只需判断当目标函数的等值线沿着连接当前顶点和与它相邻顶点的边移动时，目标值是增加、减少还是不变。首先需要确定以当前顶点为起点的所有的边和沿着这些边移动目标函数值增加的方向。如果沿着某条边在可行域内移动时，能够使目标函数值增加，那么这条边的另一个点就是更好的点。如果沿着以当前顶点为出发点的所有的边在可行域内移动，都不能使目标函数值增加，那么当前顶点就是最优解。

步 3　移到下一顶点。

步 2 已经得到一条边以及沿着它移动使目标函数值增加的方向，目标函数的等值线可以按该方向沿着这条边尽可能地移动直到其刚脱离可行域。这意味着我们需要寻找等值线沿着该方向移动时碰到的第一个边界（来自函数约束或非负约束），该边界与这条边的交点就是下一个顶点。

图 1.1 是产品生产计划安排问题例 1.1 的可行域，其中有五个顶点，每个顶点都恰由 $n=2$ 个约束边界确定。**约束边界**是指由线性不等式约束或非负约束所确定的半空间的边界。称这相应的约束函数或是非负约束为**积极的**。确定顶点的线性方程组称为顶点的**定义方程组**。

例 1.3　图 1.1 中的顶点 P_1 的坐标为 $(3,0)$，它是由函数约束 $4x_1\leqslant 12$ 和非负约束 $x_2\geqslant 0$ 确定的；函数约束 $4x_1\leqslant 12$ 和非负约束 $x_2\geqslant 0$ 是积极的。顶点 $(3,0)$ 的定义方程组是

$$\begin{cases}4x_1=12\\x_2=0\end{cases}$$

1.3.2　基本可行解

1. 线性规划问题的标准形式

从之前的产品计划和配料问题等例子，我们知道线性规划问题有各种不同的形式。我们将会看到这些多种形式的数学模型通过一定的变换都能化为如下标准形式（SF），而且单纯形法的代数形式要求作用在该标准形式上。

$$\begin{aligned}\max\quad & z=c_1x_1+c_2x_2+\cdots+c_nx_n\\ s.t.\quad & a_{11}x_1+a_{12}x_2+\cdots+a_{1n}x_n=b_1\\ & a_{21}x_1+a_{22}x_2+\cdots+a_{2n}x_n=b_2\\ & \qquad\vdots\\ & a_{m1}x_1+a_{m2}x_2+\cdots+a_{mn}x_n=b_m\\ & x_1,x_2,\cdots,x_n\geqslant 0\end{aligned}\tag{SF}$$

或是

$$\max \quad z = \sum_{j=1}^{n} c_j x_j$$
$$\text{s.t.} \quad \sum_{j=1}^{n} a_{ij} x_j = b_i, i = 1, \cdots, m \tag{1.2}$$
$$x_1, x_2, \cdots, x_n \geqslant 0$$

在上述标准形式中，本章规定 $b_i \geqslant 0$，否则等式两端同乘以 -1。

上述模型的向量形式为：

$$\max \quad z = c^{\mathrm{T}} x$$
$$\text{s.t.} \quad \sum_{j=1}^{n} p_j x_j = b$$
$$x_1, x_2, \cdots, x_n \geqslant 0$$

其中，$c = (c_1, \cdots, c_n)^{\mathrm{T}}$

$$x = \begin{bmatrix} x_1 \\ x_2 \\ \vdots \\ x_n \end{bmatrix}, p_j = \begin{bmatrix} a_{1j} \\ a_{2j} \\ \vdots \\ a_{mj} \end{bmatrix}, b = \begin{bmatrix} b_1 \\ b_2 \\ \vdots \\ b_m \end{bmatrix}$$

其矩阵形式为：

$$\max \quad z = c^{\mathrm{T}} x$$
$$\text{s.t.} \quad Ax = b$$
$$x \geqslant \mathbf{0}$$

其中，

$$A = \begin{bmatrix} a_{11} & a_{12} & \cdots & a_{1n} \\ \vdots & \vdots & \ddots & \vdots \\ a_{m1} & a_{m2} & \cdots & a_{mn} \end{bmatrix} = [p_1, p_2, \cdots, p_n], \mathbf{0} = \begin{bmatrix} 0 \\ 0 \\ \vdots \\ 0 \end{bmatrix}$$

A 称为约束条件的系数矩阵，b 称为资源向量，c 称为价格向量。

在后续的章节中，我们将会经常遇到如下的线性规划问题：

$$\begin{aligned} \max \quad & z = c_1 x_1 + c_2 x_2 + \cdots + c_n x_n \\ \text{s.t.} \quad & a_{11} x_1 + a_{12} x_2 + \cdots + a_{1n} x_n \leqslant b_1 \\ & a_{21} x_1 + a_{22} x_2 + \cdots + a_{2n} x_n \leqslant b_2 \\ & \vdots \\ & a_{m1} x_1 + a_{m2} x_2 + \cdots + a_{mn} x_n \leqslant b_m \\ & x_1, x_2, \cdots, x_n \geqslant 0 \end{aligned} \tag{SIF}$$

我们称之为线性规划的标准不等式形式（SIF），相应的向量形式和矩阵形式分别是：

向量形式：

$$\max \quad z = c^{\mathrm{T}} x$$
$$\text{s.t.} \quad \sum_{j=1}^{n} p_j x_j \leqslant b$$
$$x_1, x_2, \cdots, x_n \geqslant 0$$

矩阵形式：

$$\max \quad z = c^{\mathrm{T}} x$$
$$\text{s.t.} \quad Ax \leqslant b$$
$$x \geqslant \mathbf{0}$$

注意到式（SIF）中的函数约束

$$a_{i1}x_1 + a_{i2}x_2 + \cdots + a_{in}x_n \leqslant b_i$$

等价于

$$a_{i1}x_1 + a_{i2}x_2 + \cdots + a_{in}x_n + x_{n+i} = b_i, x_{n+i} \geqslant 0$$

这里增加的变量 x_{n+i} 称为**松弛变量**（Slack Variable）。称式（LP_{Aug}）

$$\begin{aligned} \max \quad & z = c_1x_1 + c_2x_2 + \cdots + c_nx_n \\ s.t. \quad & a_{11}x_1 + a_{12}x_2 + \cdots + a_{1n}x_n + x_{n+1} = b_1 \\ & a_{21}x_1 + a_{22}x_2 + \cdots + a_{2n}x_n + x_{n+2} = b_2 \\ & \vdots \\ & a_{m1}x_1 + a_{m2}x_2 + \cdots + a_{mn}x_n + x_{n+m} = b_m \\ & x_1, \cdots, x_n, x_{n+1}, \cdots, x_{n+m} \geqslant 0 \end{aligned} \qquad (LP_{Aug})$$

为线性规划问题（SIF）的增广形式，它也是（SIF）的标准形式。

2. 可行解

本书中，对于标准形式的线性规划问题，我们假设其系数矩阵 A 满足 $m \leqslant n$，并且 A 的 m 行向量是线性无关的。

给定一个线性方程组

$$\begin{cases} a_{11}x_1 + a_{12}x_2 + \cdots + a_{1n}x_n = b_1 \\ a_{21}x_1 + a_{22}x_2 + \cdots + a_{2n}x_n = b_2 \\ \qquad \vdots \\ a_{m1}x_1 + a_{m2}x_2 + \cdots + a_{mn}x_n = b_m \end{cases} \qquad (1.3)$$

由上述假设知，矩阵 A 有 m 阶非零子式，故存在子方程组

$$\begin{cases} a_{1j_1}x_{j_1} + \cdots + a_{1j_m}x_{j_m} = b_1 \\ \qquad \vdots \\ a_{mj_1}x_{j_1} + \cdots + a_{mj_m}x_{j_m} = b_m \end{cases} \qquad (1.4)$$

它有唯一解 $x_B = (x_{j_1}, \cdots, x_{j_m})^T \in \mathbb{R}^m$。若令 $x_j = 0, j \in \{1, \cdots, n\} \setminus \{j_1, \cdots, j_m\}$，则得到方程组（1.3）的一个解 x，其中，

$$x_j = \begin{cases} x_j, j \in \{j_1, \cdots, j_m\} \\ 0, j \in \{1, \cdots, n\} \setminus \{j_1, \cdots, j_m\} \end{cases}$$

因此，我们有下列线性规划的相关术语。

线性方程组（1.4）中 $m \times m$ 阶非奇异子矩阵

$$B = \begin{bmatrix} a_{1j_1} & \cdots & a_{1j_m} \\ \vdots & \ddots & \vdots \\ a_{mj_1} & \cdots & a_{mj_m} \end{bmatrix} = [p_{j_1}, \cdots, p_{j_m}]$$

称为线性方程组（1.3）的一个**基矩阵**，称 $p_{j_1}, \cdots, p_{j_m}$ 为**基向量**。对应于基向量的变量 $x_{j_1}, \cdots, x_{j_m}$ 称为**基变量**，余下的变量 $x_j, j \in \{1, \cdots, n\} \setminus \{j_1, \cdots, j_m\}$ 为**非基变量**。基变量的集合称为基，记为 J_B。若两个基恰有一个元素不同，则称它们是**相邻的**。由基矩阵 B 确定的解 $x \in \mathbb{R}^n$ 称为**基本解**。若两个基矩阵恰有一列元素不同，则称它们是**相邻的**。

例如，线性方程组

$$\begin{cases} x_1 + 2x_2 - x_3 = 4 \\ x_1 + x_2 + x_4 = 6 \\ 3x_2 - 3x_3 = 3 \end{cases}$$

有基本解 $(2,1,0,3)^T,(3,0,-1,3)^T,(0,3,2,3)^T$。

对于秩为 m 的 $m \times n$ 阶矩阵，由于基矩阵的个数最多不超过 C_n^m，因而约束方程组 (1.2) 中具有的基本解的数目最多是 C_n^m 个。

若基本解中的非零分量的个数小于 m，则该基本解是**退化的**，这等价于存在取值为 0 的基变量。

满足非负约束条件 (1.2) 的基本解称为**基本可行解**。由相邻的基矩阵确定的两个不同的基本可行解称为它们是**相邻的**。

例如，例 1.1 的增广形式的等式约束

$$\begin{cases} 3x_1 + 2x_2 + x_3 = 13 \\ 4x_1 + x_4 = 12 \\ 2x_2 + x_5 = 10 \end{cases}$$

有基本可行解 $(0,0,13,12,10)^T,(3,0,4,0,10)^T,(3,2,0,0,6)^T,(1,5,0,8,0)^T,(0,5,3,12,0)^T$，它们分别对应于顶点 $O(0,0),P_1(3,0),P_2(3,2),P_3(1,5),P_4(0,5)$，其中基本可行解 $(3,0,4,0,10)^T$ 和 $(3,2,0,0,6)^T$ 是相邻的。

对应于基本可行解的基和基矩阵，分别称为**可行基**和**可行基矩阵**。

1.3.3　线性规划的解的性质

本节我们探讨标准形式的线性规划问题（SF）的可行域顶点为其基本可行解，标准不等式形式的线性规划问题（SIF）的可行域顶点对应于其增广形式的基本可行解，从而得出线性规划若有解必在顶点达到最优目标值的结论。

定理 1.1　线性规划的可行域

$$F = \{x: Ax = b, x \geqslant \mathbf{0}\}$$

是凸集。

证　若 F 是空集，则由定义知，F 是凸集。

现假设 F 非空。任给 $x^{(1)},x^{(2)} \in F$，则有

$$Ax^{(i)} = b, x^{(i)} \geqslant \mathbf{0}, i = 1,2$$

于是，对于 $0 \leqslant \alpha \leqslant 1$，

$$A(\alpha x^{(1)} + (1-\alpha)x^{(2)}) = \alpha b + (1-\alpha)b = b, x := \alpha x^{(1)} + (1-\alpha)x^{(2)} \geqslant \mathbf{0}$$

因此，$x \in F$，从而 F 是凸集。

证毕

引理 1.1　如果 x 是线性规划问题（SF）的可行解，且分量 $x_{j_1},x_{j_2},\cdots,x_{j_k}$ 都是正的，那么 x 是基本可行解的充分必要条件是 $p_{j_1},p_{j_2},\cdots,p_{j_k}$ 线性无关。

证　"必要性"：由基本可行解的定义和线性无关组的部分组仍是线性无关的可知。

"充分性"：若向量 $p_{j_1},p_{j_2},\cdots,p_{j_k}$ 线性无关，则必有 $k \leqslant m$。若 $k = m$，则 $B = (p_{j_1},p_{j_2},\cdots,p_{j_k})$ 是基矩阵，由它确定的解 x 是基本可行解。若 $k < m$，由于 A 的秩为 m，则一定可在其余的 $n-k$ 个列向量中选出 $m-k$ 个向量，并与 $p_{j_1},p_{j_2},\cdots,p_{j_k}$ 构成一个极大线性无关组，其对应的解即为 x，根据定义它是基本可行解。　证毕

定理 1.2 线性规划问题（SF）的基本可行解是其可行域 F 的顶点，反之亦然。

证 不妨设可行解 x 的前 $k(k\leqslant n)$ 个分量为正，则

$$\sum_{j=1}^{k} x_j p_j = b \tag{1.5}$$

用反证法，即证

(1) 若 x 不是基本可行解，则它不是可行域 F 的顶点；

(2) 若 x 不是可行域 F 的顶点，则它不是基本可行解。

先证（1）。因为 x 不是基本可行解，由引理 1.1 知，系数列向量 $p_1,\cdots,p_k$ 线性相关，即存在一组不全为零的数 $\alpha_i, i=1,\cdots,k$，使得

$$\alpha_1 p_1 + \cdots + \alpha_k p_k = \mathbf{0} \tag{1.6}$$

任给 $\mu>0$，分别做变换（1.6）$+\mu\times$(1.7) 和(1.6)$-\mu\times$(1.7)，我们有

$$(x_1+\mu\alpha_1)p_1+\cdots+(x_k+\mu\alpha_k)p_k=b$$

$$(x_1-\mu\alpha_1)p_1+\cdots+(x_k-\mu\alpha_k)p_k=b$$

令

$$x^{(1)}=(x_1+\mu\alpha_1,\cdots,x_k+\mu\alpha_k,0,\cdots0)^{\mathrm{T}}$$

$$x^{(2)}=(x_1-\mu\alpha_1,\cdots,x_k-\mu\alpha_k,0,\cdots0)^{\mathrm{T}}$$

则 $x=\frac{1}{2}x^{(1)}+\frac{1}{2}x^{(2)}$。现取

$$\mu=\min\left\{\frac{x_i}{-\alpha_i}:\alpha_i<0;\frac{x_j}{\alpha_j}:\alpha_j>0\right\}$$

那么 $x_i\pm\mu\alpha_i\geqslant 0, i=1,\cdots,k$，因此 $x^{(1)},x^{(2)}\in F$，从而 x 不是顶点。

现证明（2）。由于 x 不是顶点，则存在可行域 F 的不同两点

$$y^{(1)}=(\alpha_1,\cdots,\alpha_n)^{\mathrm{T}}$$

$$y^{(2)}=(\beta_1,\cdots,\beta_n)^{\mathrm{T}}$$

使得

$$x=\mu y^{(1)}+(1-\mu)y^{(2)}, 0<\mu<1$$

则 $x_j=\alpha_j=\beta_j=0, j=k+1,\cdots,n$。

由 $y^{(1)},y^{(2)}\in F$ 知

$$\sum_{j=1}^{k}\alpha_j p_j=b,\sum_{j=1}^{k}\beta_j p_j=b$$

将这两式相减得 $\sum_{j=1}^{k}(\alpha_j-\beta_j)p_j=\mathbf{0}$。注意到 $y^{(1)}\neq y^{(2)}$，我们有 $\alpha_1-\beta_1,\cdots,\alpha_k-\beta_k$ 不全为零，故 $p_1,\cdots,p_k$ 线性相关，因此 x 不是基本可行解。 证毕

定理 1.3 给定线性规划的标准形式（SF）

(1) 如果（SF）有可行解则必有基本可行解；

(2) 如果（SF）有最优解则必有最优基本可行解。

证 (1) 不妨设可行解 $x=(x_1,\cdots,x_n)^{\mathrm{T}}$ 的前 $k(k\leqslant n)$ 个分量为正，则

$$x_1 p_1+\cdots+x_k p_k=b \tag{1.7}$$

若 $p_1,\cdots,p_k$ 线性无关，则由引理 1.1 知，x 为基本可行解。

现假设 $p_1,\cdots,p_k$ 线性相关，则存在一组不全为零的数 $y_i, i=1,\cdots,k$，且至少有一

个为正数，使得

$$y_1 p_1 + \cdots + y_k p_k = \mathbf{0} \tag{1.8}$$

任给$\varepsilon \in \mathbb{R}$，做变换$(1.8)-\varepsilon\times(1.9)$，我们有

$$(x_1 - \varepsilon y_1) p_1 + \cdots + (x_k - \varepsilon y_k) p_k = b$$

令$y=(y_1,\cdots,y_k,0,\cdots,0)^{\mathrm{T}}$，我们知道对任意的$\varepsilon$，$x-\varepsilon y$都是线性方程组$Ax=b$的解。当$\varepsilon=0$时，即为原来的解$x$。当$\varepsilon$从0开始增加时，$x-\varepsilon y$的各个分量或减少，或增大，或保持不变。因为至少有一个y_i是正的，所以$x-\varepsilon y$至少有一个分量会随着ε的增大而减少。我们增大ε到第一个使得$x-\varepsilon y$有一个或是多个分量变为0的值，特别地，可以取

$$\varepsilon = \min\left\{\frac{x_j}{y_j} : y_j > 0\right\}$$

此时，$x-\varepsilon y$是（SF）的可行解，并且至多有$k-1$个分量是正的。重复这个过程，我们可以得到一个可行解，且它的正分量所对应的系数列向量是线性无关的。由引理1.1知，这样的解就是基本可行解。

（2）设$x=(x_1,\cdots,x_n)^{\mathrm{T}}$是（SF）的最优解，不妨设它的前$k$个分量是正的。同样也分两种情况，当所对应的系数列向量线性无关时，它的证明跟（1）一样。当所对应的系数列向量线性相关时，它的证明类似于（1），但需要证明存在ε使得$x-\varepsilon y$是最优解。我们知道，对于任意的ε，$x-\varepsilon x$的目标值是$c^{\mathrm{T}}x-\varepsilon c^{\mathrm{T}}y$。若取

$$\varepsilon = \min\left\{\frac{x_i}{-y_i} : y_i < 0; \frac{x_j}{y_j} : y_j > 0\right\}$$

则$x-\varepsilon y$和$x+\varepsilon y$都是可行解，因此$c^{\mathrm{T}}y=0$。否则，$c^{\mathrm{T}}y\neq 0$且

$$c^{\mathrm{T}}x \begin{cases} < c^{\mathrm{T}}x - \varepsilon c^{\mathrm{T}}y, c^{\mathrm{T}}y > 0 \\ < c^{\mathrm{T}}x + \varepsilon c^{\mathrm{T}}y, c^{\mathrm{T}}y < 0 \end{cases}$$

这与x是最优解矛盾。于是，$c^{\mathrm{T}}x=c^{\mathrm{T}}(x-\varepsilon y)$，从而$x-\varepsilon y$是最优基本可行解。证毕

下面讨论标准不等式形线性规划问题的解的性质。对于含有两个变量的线性规划问题（例1.1），其可行域的顶点恰由两个定义方程给定，下面的定理说明这个结论可以推广到n个变量的情况，它的证明思路类似于定理1.2。

定理1.4 线性规划问题（SIF）的可行解$\bar{x}=(\bar{x}_1,\bar{x}_2,\cdots,\bar{x}_n)^{\mathrm{T}}$是其可行域的顶点当且仅当存在$n$个约束边界唯一地确定$\bar{x}$。

证 "必要性"：假设任意的n个约束边界都不能唯一地确定$\bar{x}$。

记$I=\{i: a_{i1}\bar{x}_1+\cdots+a_{in}\bar{x}_n=b_i\}$，$J=\{j:\bar{x}_j=0\}$，则有

$$a_{i1}\bar{x}_1 + \cdots + a_{in}\bar{x}_n < b_i, i \notin I, \bar{x}_j > 0, j \notin J$$

考虑由I和J确定的约束边界构成的方程组

$$\begin{cases} a_{i1}x_1 + \cdots + a_{in}x_n = b_i, i \in I \\ x_j = 0, j \in J \end{cases}$$

若该方程组中方程的个数超过n，那么删去多余的方程及其在I和J中对应的指标，使得I和J中元素的个数$|I|+|J|\leqslant n$。易知，$\bar{x}$是简化后的方程组的解。若$|I|+|J|=n$，由假设知，该方程组有无穷多解。因此，上述方程组中的系数矩阵的秩小于n，从而其对应的齐次线性方程组

$$\begin{cases}a_{i1}x_1+\cdots+a_{in}x_n=0, i\in I\\ x_j=0, j\in J\end{cases}$$

至少有一非零解，不妨记为 d。因而，存在充分小的 ε，使得 $\bar{x}+\varepsilon d$ 和 $\bar{x}-\varepsilon d$ 均为可行解。于是，$\bar{x}=\frac{1}{2}(\bar{x}+\varepsilon d)+\frac{1}{2}(\bar{x}-\varepsilon d)$，这与 $\bar{x}$ 是顶点矛盾。

"充分性"：假设 $\bar{x}$ 不是顶点，则存在两个不同的解 $\bar{y}$ 和 $\bar{z}$，使得 $\bar{x}=\lambda\bar{y}+(1-\lambda)\bar{z}$，$\lambda\in(0,1)$。注意到 $\bar{y}\neq\bar{x}$，否则 $\bar{z}=\frac{1}{1-\lambda}(\bar{x}-\lambda\bar{y})=\bar{y}$。对于 $i\in\{1,\cdots,m\}$，有

$$\begin{aligned}b_i&\geqslant a_{i1}\bar{z}_1+\cdots+a_{in}\bar{z}_n\\&=\frac{1}{1-\lambda}a_{i1}(\bar{x}_1-\lambda\bar{y}_1)+\cdots+\frac{1}{1-\lambda}a_{in}(\bar{x}_n-\lambda\bar{y}_n)\\&=\frac{1}{1-\lambda}[(a_{i1}\bar{x}_1+\cdots+a_{in}\bar{x}_n)-\lambda(a_{i1}\bar{y}_1+\cdots+a_{in}\bar{y}_n)]\\&\geqslant\frac{1}{1-\lambda}[(a_{i1}\bar{x}_1+\cdots+a_{in}\bar{x}_n)-\lambda b_i]\end{aligned}$$

故 $b_i\geqslant a_{i1}\bar{x}_1+\cdots+a_{in}\bar{x}_n$ 当且仅当 $a_{i1}\bar{y}_1+\cdots+a_{in}\bar{y}_n=a_{i1}\bar{z}_1+\cdots+a_{in}\bar{z}_n=b_i$ 时取等号。对于 $j\in\{1,\cdots,n\}$，有

$$0\leqslant\bar{z}_j=\frac{1}{1-\lambda}(\bar{x}_j-\lambda\bar{y}_j)\leqslant\frac{1}{1-\lambda}\bar{x}_j$$

故 $0\leqslant\bar{x}_j$ 当且仅当 $\bar{y}_j=\bar{z}_j=0$ 时取等号。因此，对于任意的 $I\subseteq\{1,\cdots,m\}$ 和 $J\subseteq\{1,\cdots,n\}$ 满足 $|I|+|J|=n$，由 $\bar{x}$ 是方程组

$$\begin{cases}a_{i1}x_1+\cdots+a_{in}x_n=b_i, i\in I\\ x_j=0, j\in J\end{cases}$$

的解知道，$\bar{y}$ 或 $\bar{z}$ 也是该方程组的解，这与已知矛盾。　　证毕

线性规划问题（SIF）和它的增广形式（$\mathrm{LP_{Aug}}$）是等价的。事实上，从增广形式（$\mathrm{LP_{Aug}}$）的解中去掉松弛变量的值即得（SIF）的解。反之，对于（SIF）的解 x，把决策变量相应的值代入增广形式（$\mathrm{LP_{Aug}}$）的等式约束中即可求得松弛变量的值，从而得到增广形式（$\mathrm{LP_{Aug}}$）的解，称之为 x 的**增广解**。利用定理 1.4 可以得到增广形式（$\mathrm{LP_{Aug}}$）的解的特征。

定理 1.5　线性规划问题（SIF）的增广形式（$\mathrm{LP_{Aug}}$）的可行解 $\bar{x}=(\bar{x}_1,\cdots,\bar{x}_n,\bar{x}_{n+1},\cdots,\bar{x}_{n+m})^{\mathrm{T}}$ 对应线性规划问题（SIF）可行域的顶点的充分必要条件是存在 n 个变量 $x_{j_1},\cdots,x_{j_n}$ 满足 $x_{j_1}=\cdots=x_{j_n}=0$，连同增广形式中 m 个等式约束唯一地确定 $\bar{x}$。

证　易知，$(\bar{x}_1,\cdots,\bar{x}_n)^{\mathrm{T}}=:\hat{x}$ 是（SIF）的可行解。由定理 1.4，$\hat{x}$ 是（SIF）的可行域的顶点当且仅当它是由 n 个约束边界确定的定义方程组所唯一确定。可行解 $\hat{x}$ 满足对应于第 i 个不等式约束的约束边界定义方程当且仅当松弛变量 $\bar{x}_{n+i}=0$。可行解 $\hat{x}$ 满足对应于第 j 个非负约束的约束边界定义方程当且仅当决策变量 $\bar{x}_j=0$。因此，n 个约束边界确定的定义方程组唯一确定 $\hat{x}$ 当且仅当 $x_{n+i}=0, i\in I, x_j=0, j\in J$，连同 m 个等式唯一地确定 $\bar{x}$，其中 I 是 n 个约束边界中函数约束的序号（第 i 个函数约束其序号为 i）集合，J 是 n 个约束边界中非负约束的序号集合。　　证毕

综合上述两个定理，我们得到线性规划问题（SIF）的可行域的顶点与其增广形式

(LP_{Aug}) 的基本可行解是一一对应的。

推论 1.2　线性规划 (SIF) 的可行解 $\bar{x}$ 是其可行域的顶点当且仅当 $\bar{x}$ 的增广解是增广形式 (LP_{Aug}) 的基本可行解。

定理 1.2、定理 1.3 和推论 1.2 证实了寻找线性规划问题的最优解只需在有限个的顶点（对应于基本可行解）中寻找。对于线性规划问题 (SF)，由于其基本可行解的数目不超过 C_n^m，一种直接的思路是用枚举法寻找最优解。然而，当 m,n 较大时，这种方法是不切实际的。已有多种有效方法找到最优解，接下来我们将介绍线性规划的通用求解方法——单纯形法。

§1.4　单纯形法的代数描述

我们先考虑具有标准不等式形式的线性规划 (SIF)。利用 (SIF) 可行域顶点的代数特征，即其增广形式的基本可行解，单纯形法可以从代数的角度描述。为把单纯形法的几何描述和代数描述联系起来，我们以线性规划问题 (1.1) 为例，同时从代数和几何的角度来求解该问题，如表 1.1 所示，其中解方程组是指解相应于基变量的基矩阵所确定的方程组。

表 1.1　单纯形法求解例 1.1 的几何和代数解释

计算步骤	几何解释	代数解释（增广形式）
开始	取 (0，0) 为初始顶点	取 x_1,x_2 为非基变量 ($=0$) 得初始基可行解 (0,0,13,12,10)
最优性检验	非最优，因为从 (0，0) 沿任一边界线移动都将使 z 增加	非最优，因为增加任一非基变量 x_1 或 x_2 都将使 z 增加
第 1 次迭代		
第 1 步	沿 x_1 轴的边向右移	增加 x_1，同时调整其他变量的值来满足约束方程组
第 2 步	当到达首个新约束边界 ($4x_1=12$) 时停止	当首个基变量 x_3,x_4,或x_5 下降到 0 时停止 ($x_4=0$)
第 3 步	找到两个新约束边界线的交点 (3，0) 即为新的顶点	x_1 成为新的基变量，x_4 成为新的非基变量，解方程组得 (3,0,4,0,10) 为新的基本可行解
最优性检验	非最优，因为从 (3，0) 沿边界向上移动可使 z 增加	非最优，因为增加一个非基变量 x_1 会使 z 增加
第 2 次迭代		
第 1 步	沿边界向上移动	增加 x_2，同时调整其他变量的值来满足约束方程组
第 2 步	当到达首个新约束边界 ($3x_1+2x_2=13$) 时停止	当首个基变量 x_1,x_3 或x_5 下降到 0 时停止 ($x_3=0$)

续表

计算步骤	几何解释	代数解释（增广形式）
第3步	找到两个新约束边界线的交点（3，2）即为新的顶点	x_2 成为新的基变量，x_3 成为新的非基变量，解方程组得 (3,2,0,0,6) 为新的基本可行解
最优性检验	非最优，因为从（3，2）沿边界向上移动可使 z 增加	非最优，因为增加一个非基变量 x_2 会使 z 增加
第3次迭代		
第1步	沿边界向上移动	增加 x_4，同时调整其他变量的值来满足约束方程组
第2步	当到达首个新约束边界（$2x_2=10$）时停止	当首个基变量（x_1，x_2，或 x_5）下降到0时停止（$x_5=0$）
第3步	找到两个新约束边界线的交点（1，5）即为新的顶点	x_4 成为新的基变量，x_5 成为新的非基变量，解方程组得 (1,5,0,8,0) 为新的基本可行解
最优性检验	（1，5）是最优，因为从该点沿任一边界移动都将使 z 减少	(1,5,0,8,0) 最优，因为增加任一非基变量 x_3 或 x_5 都将使 z 减少

下面我们具体阐述表1.1中第三列的内容。

1. 初始基本可行解的确定

线性规划（SIF）的增广形式中的线性方程组是

$$\begin{cases} a_{11}x_1+\cdots+a_{1n}x_n+x_{n+1}=b_1 \\ \vdots \\ a_{m1}x_1+\cdots+a_{mn}x_n+x_{n+m}=b_m \end{cases} \tag{1.9}$$

显然，对应于变量 $x_{n+1},\cdots,x_{n+m}$ 的系数矩阵是一个 m 阶单位矩阵。此外，由线性方程组

$$\begin{cases} x_{n+1}=b_1-a_{11}x_1-\cdots-a_{1n}x_n \\ \vdots \\ x_{n+m}=b_m-a_{m1}x_1-\cdots-a_{mn}x_n \\ x_1=0 \\ \vdots \\ x_n=0 \end{cases} \tag{1.10}$$

确定的唯一解 $x=(0,\cdots,0,b_1,\cdots,b_m)^{\mathrm{T}}$ 是可行的，因为 $b_i\geqslant 0$。因此得到初始基本可行解 x，对应的基变量为 $x_{n+1},\cdots,x_{n+m}$，此时目标函数值为

$$z=c_1x_1+\cdots+c_nx_n=0$$

2. 最优性检验

选定初始基本可行解 x 后，需要找出所有与 x 相邻的基本可行解，进而比较它们的目标函数值。这个过程可以通过观察沿着连接对应于 x 的顶点和与它相邻的基本可行解

对应的顶点的线段移动时，是否改进目标函数值来实现。因此，需要“相邻”的代数描述。考虑去掉方程组（1.10）中的任意一个方程（比如 $x_k = 0$）后得到的方程组，它是一个有 $n+m$ 个变量的 $n+m-1$ 个方程组。根据线性方程组解的理论，该方程组的解集合只含有一个自由变量。几何上，该集合表示含有所选线段的一条直线。注意到，对应于初始基本可行解的目标函数 z 由非基变量表示，因此只有非基变量的值的改变才会引起目标函数值的改变，于是我们只要确定沿着该线段移动时，目标函数值是否有所改进。也就是说，我们要观察当一个非基变量从 0 开始增加，而其他非基变量保持不变时，目标函数怎么变化。

综上所述，我们需要把基变量用非基变量表示出来。假设当前由增广形式的线性方程组确定的基本可行解 $(x_1, \cdots, x_n, x_{n+1}, \cdots, x_{n+m})$ 的基变量为 $x_{B_1}, \cdots x_{B_m}$，可以通过对线性方程组（1.9）运用消元法得到基变量 $x_{B_1}, \cdots x_{B_m}$ 用非基变量 $x_{N_1}, \cdots, x_{N_n}$ 表示的表达式。

例 1.4　对下面的线性方程组求出以 x_2, x_3, x_4 为基变量的表达式。

$$\begin{cases} 3x_1 + 2x_2 + x_3 = 13 \\ 4x_1 + x_4 = 12 \\ 2x_2 + x_5 = 10 \end{cases}$$

解　这等价于要把基变量 x_2, x_3, x_4 用非基变量 x_1, x_5 表示。首先，第三个方程的两边同乘以 $\frac{1}{2}$ 得到

$$\begin{cases} 3x_1 + 2x_2 + x_3 = 13 \\ 4x_1 + x_4 = 12 \\ x_2 + \frac{1}{2}x_5 = 5 \end{cases}$$

接着，最后一个方程两边同乘以 -2 加到第一个方程得到

$$\begin{cases} 3x_1 + x_3 - x_5 = 3 \\ 4x_1 + x_4 = 12 \\ x_2 + \frac{1}{2}x_5 = 5 \end{cases}$$

因此，我们得到由非基变量表示的基变量的表达式

$$\begin{cases} x_3 = 3 - 3x_1 + x_5 \\ x_4 = 12 - 4x_1 \\ x_2 = 5 - \frac{1}{2}x_5 \end{cases}$$

把基变量用非基变量表示的表达式代入目标函数，我们得到

$$z = z_0 + \bar{c}_{N_1} x_{N_1} + \cdots + \bar{c}_{N_n} x_{N_n}$$

可见，如果系数 $\bar{c}_{N_1}, \cdots, \bar{c}_{N_n}$ 中有正的，那么增加相应的非基变量的值，其他非基变量保持不变，目标函数值会增加。

因此，最优性检验包括：

（1）写出目标函数用非基变量表示的表达式。

（2）检查该表达式中是否含有正的系数。

系数 $\bar{c}_{N_i}, i=1,\cdots,n$ 称为降低价格，表示相应于非基变量 x_{N_i} 的改变，目标函数值的改变率。如果所有的系数都是非正的，那么当前的基本可行解是最优解（定理 1.6）。如果至少有一个系数 $\bar{c}_k$ 是正的，那么我们就选相应的非基变量 x_k 进入基变量的集合，称之为**换入变量**。

定理 1.6 （最优性检验）如果基本可行解的所有降低价格都是非正的，那么该基本可行解是最优解。

证 设基本可行解 x^* 的非基变量为 $x_{N_1},\cdots,x_{N_n}$，x 为任一可行解。注意到，利用增广形式（LP_{Aug}）中的等式约束可从目标函数中消去基变量而得到

$$z = z_0 + \bar{c}_{N_1} x_{N_1} + \cdots + \bar{c}_{N_n} x_{N_n}$$

因此，所有可行解的目标函数值都可以表示为

$$z_0 + \bar{c}_{N_1} x_{N_1} + \cdots + \bar{c}_{N_n} x_{N_n}$$

由于 $x^*_{N_1} = \cdots = x^*_{N_n} = 0$，故 x^* 的目标值为 z_0。另一方面，因为 $\bar{c}_{N_i} \leqslant 0, i=1,\cdots,n$，所以 x 的目标值满足

$$z_0 + \bar{c}_{N_1} x_{N_1} + \cdots + \bar{c}_{N_n} x_{N_n} \leqslant z_0$$

因此 x^* 是最优解。 证毕

3. 移向下一个基本可行解

从最优性检验中，我们得到一个换入变量 x_k。几何上，我们要沿着这个选定的线段移动到可行域的边界。代数上，这意味着非基变量 x_k 要从 0 开始增加，直到增广形式中的某个约束不满足为止。由于其他的非基变量总等于 0，它们的非负性总是满足的，因此，我们只要观察随着换入变量的增加，基变量是怎样变化的。

首先，要把基变量用换入变量来表示。这只要在基变量用非基变量的表示式中令其他的非基变量等于 0，即 $x_j = \bar{b}_j - \bar{a}_{jk} x_k$，其中 $\bar{b}_j, \bar{a}_{kj}$ 是常数。接着，随着换入变量从 0 开始增加，要确定第一个变为负的基变量 x_l。如果 $\bar{a}_{jk} \leqslant 0$，那么相应的 x_j 总是非负的，否则，比率 $\dfrac{\bar{b}_j}{\bar{a}_{jk}}$ 是表示相应的基本量 x_j 变为 0 时，x_k 的取值，因此可以由最小比率规则

$$\frac{\bar{b}_l}{\bar{a}_{lk}} = \min\left\{\frac{\bar{b}_j}{\bar{a}_{jk}} : \bar{a}_{jk} > 0\right\}$$

来选出基变量 x_l。我们选择 x_l 离开基变量的集合，称 x_l 为换出变量。

例 1.5 用单纯形法解线性规划问题（1.1）。

解 由式（1.1）的增广形式易得，以 x_3, x_4, x_5 为基变量的初始基本可行解为

$$x^{(0)} = (0,0,13,12,10)^{\mathrm{T}}$$

而且

$$\begin{cases} x_3 = 13 - 3x_1 - 2x_2 \\ x_4 = 12 - 4x_1 \\ x_5 = 10 - 2x_2 \end{cases}$$

及

$$z = 0 + 4x_1 + 3x_2$$

选择最大正系数的非基变量 x_1 为换入变量。

令 $x_2 = 0$，由最小比率规则得

$$\theta = \min\left\{\frac{13}{3}, -, \frac{12}{4}\right\} = 3$$

因此 x_4 是换出变量，此时 x_3, x_1, x_5 为基变量。对式（1.1）的增广形式运用消元法，得到由非基变量 x_2, x_4 表示基变量的表达式

$$\begin{cases} x_3 = 4 - 2x_2 + \dfrac{3}{4}x_4 \\ x_1 = 3 - \dfrac{1}{4}x_4 \\ x_5 = 10 - 2x_2 \end{cases}$$

及

$$z = 12 + 3x_2 - x_4$$

故得到基本可行解

$$x^{(1)} = (3, 0, 4, 0, 10)^{\mathrm{T}}$$

此时只有 x_2 的降低价格是正的，故 x_2 为换入变量。

令 $x_4 = 0$，由最小比率规则得

$$\theta = \min\left\{\frac{4}{2}, -, \frac{10}{2}\right\} = 2$$

因此 x_3 是换出变量。此时 x_2, x_1, x_5 为基变量。对式（1.1）的增广形式运用消元法，得到由非基变量 x_3, x_4 表示基变量的表达式

$$\begin{cases} x_2 = 2 - \dfrac{1}{2}x_3 + \dfrac{3}{8}x_4 \\ x_1 = 3 - \dfrac{1}{4}x_4 \\ x_5 = 6 + x_3 - \dfrac{3}{4}x_4 \end{cases}$$

及

$$z = 18 - \frac{3}{2}x_3 + \frac{1}{8}x_4$$

故得到基本可行解

$$x^{(2)} = (3, 2, 0, 0, 6)^{\mathrm{T}}$$

此时只有 x_4 的降低价格是正的，故 x_4 为换入变量。

令 $x_3 = 0$，由最小比率规则得

$$\theta=\min\left\{-,\frac{8}{1/4},\frac{6}{3/4}\right\}=8$$

因此 x_5 是换出变量。此时 x_2,x_1,x_4 为基变量。对式（1.1）的增广形式运用消元法，得到由非基变量 x_3,x_5 表示基变量的表达式

$$\begin{cases}x_2=5-\frac{1}{2}x_5\\ x_1=1-\frac{1}{3}x_3+\frac{1}{3}x_5\\ x_4=8+\frac{4}{3}x_3-\frac{4}{3}x_5\end{cases}$$

及

$$z=19-\frac{4}{3}x_3-\frac{1}{6}x_5$$

故得到基本可行解

$$x^{(3)}=(1,5,0,8,0)^{\mathrm{T}}$$

此时，所有的降低价格都是非正的，故得到最优解与最优值分别是

$$(x_1^*,x_2^*)=(1,5),z^*=19$$

下面总结用单纯形法求解增广形式（$\mathrm{LP_{Aug}}$）的计算步骤。

步 1 确定初始基本可行解 $(0,\cdots,0,b_1,\cdots,b_m)^{\mathrm{T}}$。

步 2 （1）运用等式约束把基变量用非基变量表示，进而写出目标函数用非基变量表示的表达式。

（2）如果目标函数中的所有系数都是非正的，那么当前的基本可行解就是最优解。

步 3 否则，

（1）在目标函数里选一个系数为正的变量作为换入变量。

（2）用最小比率规则选一个换出变量。

（3）更新基变量的集合，转到步 2。

§1.5 标准不等式形线性规划的表格单纯形法

1.5.1 单纯形表

标准不等式形线性规划问题的求解等价于求解其相应的增广形式。用单纯形法求解标准不等式形线性规划问题的增广形式（$\mathrm{LP_{Aug}}$）时，我们只需要目标函数中的系数，等式约束中的系数以及右端的常数，因此我们可以把这些数据置于如下一张表中，称之

为**单纯形表**。

z	x_1	$\cdots$	x_n	x_{n+1}	$\cdots$	x_{n+i}	$\cdots$	x_{n+m}	RHS
1	$-c_1$	$\cdots$	$-c_n$	0	$\cdots$	0	$\cdots$	0	0
0	a_{11}	$\cdots$	a_{1n}	1					b_1
$\vdots$	$\vdots$				$\ddots$				$\vdots$
0	a_{i1}	$\cdots$	a_{in}			1			b_i
$\vdots$	$\vdots$						$\ddots$		$\vdots$
0	a_{m1}	$\cdots$	a_{mn}					1	b_m

由表格的第一行（表头之后），我们有

$$z - c_1 x_1 - \cdots - c_n x_n = 0$$

即 $z = c_1 x_1 + \cdots + c_n x_n$，它完全反应了目标函数的信息。接下来的每行体现的是每个等式约束

$$a_{i1} x_1 + \cdots + a_{in} x_n + x_{n+i} = b_i$$

因此，该表格正是增广形式的线性方程组的增广矩阵和目标函数的系数。

相应于表头，我们把表中的列分别称为 z-**列**，x_j-**列**，**右端列**。

在该表格中，z-列对应的系数连同松弛变量 $x_{n+1},\cdots,x_{n+m}$ 所对应的系数构成 $(m+1)\times(m+1)$ 单位矩阵。这使我们很容易地写出目标函数关于原来那些决策变量的函数，以及松弛变量用决策变量表示的表达式。因此，如果所有的松弛变量是基变量——这在第一次迭代时通常是这种情形，那么我们可以用该表格快速地完成如下两个过程：(1) 检验最优性，并在不是最优时选出换入变量；(2) 施行最小比率规则。

在单纯形表中，$m+1$ 阶单位矩阵对应的变量构成一个基，该单纯形表也称为由该基确定的单纯形表。表中的 z 可视为不参与基变换的基变量。

由于行的初等变换不改变线性方程组的解，因此，我们对单纯形表施行行的初等变换时总能保持由等式约束和非负约束确定的可行域不变。上述表达式中的 z 表示满足等式约束的解的目标函数对应的值。当解还满足非负约束时，z 表示目标值。

例如，对于线性规划问题 (1.1) 的增广形式，以松弛变量 x_3,x_4,x_5 为基变量确定的单纯形表是

z	x_1	x_2	x_3	x_4	x_5	RHS
1	-4	-3	0	0	0	0
0	3	2	1	0	0	13
0	4	0	0	1	0	12
0	0	2	0	0	1	10

以 x_2,x_1,x_5 为基变量确定的单纯形表是

z	x_1	x_2	x_3	x_4	x_5	RHS
1	0	0	3/2	−1/8	0	18
0	0	1	1/2	−3/8	0	2
0	1	0	0	1/4	0	3
0	0	0	−1	3/4	1	6

这张表格是通过行的初等变换把 z,x_2,x_1,x_5 对应的列变换成单位矩阵得到的。

在单纯形表中，我们可以用基变量来标识行。例如，在上一张表格中，第一行体现目标值 z 的表达式，称为 z-**行**，或是**目标行**，最后一行体现基变量 x_5 的表达式，称之为 x_5-**行**。

注意到，在单纯形表中，目标行中对应于每个变量的数的**相反数**即为降低价格，它们是目标函数用非基变量表示的系数。

1.5.2 最优性检验

我们可以通过观察降低价格的值来确定当前的基本可行解是否最优，从而选出一个换入变量。为此，我们需要观察目标行中的数值的**相反数**。因而，在单纯形表中，我们是选择一个在目标行中相对应的值是负的非基变量为换入变量。

当有多个降低价格为正的时候，为了使目标函数值得到最大的改变量，选择系数最大的变量为换入变量，称之为**最大系数法**。还有其他的选择方法，例如，可以选择降低价格为正的变量中其下标（足标）最小的变量，称之为**最小足码法**。

考虑单纯形表

z	x_1	x_2	x_3	x_4	x_5	x_6	RHS
1	0	−3	2	−4	0	−1	17
0	1	1	2	8	0	1	3
0	0	4	0	0	1	1	2

由 z-行知，可能的换入变量为 x_2,x_4 和 x_6，其中 x_4 的降低价格最大，用最大系数法选 x_4 为换入变量。若 x_2 的降低价格也为 -4，则由最大系数法换入变量可选 x_2 或 x_4。在这可能的 3 个换入变量中，x_2 的下标最小，用最小足码法选 x_2 为换入变量。

1.5.3 最小比率规则

对于最小比率规则，我们需要把所有的基变量用换入变量表示，这在表格中易于实现。如果表格是

z	$\cdots$	x_j	$\cdots$	x_k	$\cdots$	RHS
1	$\cdots$	0	$\cdots$	$-\bar{c}_k$	$\cdots$	$\bar{v}$
$\vdots$				$\vdots$		$\vdots$
0	$\cdots$	1	$\cdots$	$\bar{a}_{jk}$	$\cdots$	$\bar{b}_j$
$\vdots$				$\vdots$		$\vdots$

那么从对应于基变量 x_j 的 x_j -行可以得到

$$x_j = \bar{b}_j - \bar{a}_{jN_1} x_{N_1} - \cdots - \bar{a}_{jN_n} x_{N_n}$$

当非基变量 x_k 从 0 开始增加时，其他的非基变量保持不变仍为 0，则 x_j 变为

$$x_j = \bar{b}_j - \bar{a}_{jk} x_k$$

因此，利用最小比率规则，我们选出一个基变量 x_l 满足

$$\frac{\bar{b}_l}{\bar{a}_{lk}} = \min\left\{\frac{\bar{b}_j}{\bar{a}_{jk}} : \bar{a}_{jk} > 0\right\}$$

1.5.4　旋转运算

当选好换入变量 x_k 和换出变量 x_l 后，我们需要更新基变量的集合，即加入 x_k，去掉 x_l。要得到由新的基变量集合所确定的单纯形表，由于每一行最多只做一次变换，我们只要施行不多于 $m+1$ 次的行的初等变换。先把 x_l - 行除以 $\bar{a}_{lk}$。对于剩下的行，分别把 x_l -行乘以适当的数加到相应的行，使得 x_k -列上除了 x_l -行之外的数，其他的数都为 0。施行这些至多 $m+1$ 次行的初等变换的运算称为在 (x_k, x_l) 处的**旋转运算**，$\bar{a}_{lk}$ 称为**主元素**。

例 1.6　用表格形式的单纯形法求解线性规划问题 (1.1) 的增广形式。

解　以 x_3, x_4, x_5 为基变量确定的单纯形表是

z	x_1	x_2	x_3	x_4	x_5	RHS
1	−4	−3	0	0	0	0
0	3	2	1	0	0	13
0	[4]	0	0	1	0	12
0	0	2	0	0	1	10

因为 $\max\{4,3\} = 4$，故对应的变量 x_1 为换入变量。由最小比率规则得

$$\min\left\{\frac{13}{3}, \frac{12}{4}, -\right\} = 3$$

因此 x_4 是换出变量。以 4 为主元素进行旋转运算，得到以 x_3, x_2, x_5 为基变量确定的单纯形表

z	x_1	x_2	x_3	x_4	x_5	RHS
1	0	−3	0	1	0	12
0	0	[2]	1	−3/4	0	4
0	1	0	0	1/4	0	3
0	0	2	0	0	1	10

此时只有 x_2 的降低价格是正的，故 x_2 为换入变量。由最小比率规则得

$$\min\left\{\frac{4}{2}, -, \frac{10}{2}\right\} = 2$$

因此 x_3 是换出变量。以 2 为主元素进行旋转运算，得到以 x_2,x_1,x_5 为基变量确定的单纯形表

z	x_1	x_2	x_3	x_4	x_5	RHS
1	0	0	3/2	−1/8	0	18
0	0	1	1/2	−3/8	0	2
0	1	0	0	1/4	0	3
0	0	0	−1	[3/4]	1	6

此时只有 x_4 的降低价格是正的，故 x_4 为换入变量。由最小比率规则得

$$\min\left\{-,\frac{3}{1/4},\frac{6}{3/4}\right\}=8$$

因此 x_5 是换出变量。以 3/4 为主元素进行旋转运算，得到以 x_2,x_1,x_4 为基变量确定的单纯形表

z	x_1	x_2	x_3	x_4	x_5	RHS
1	0	0	4/3	0	1/6	19
0	0	1	0	0	1/2	5
0	1	0	1/3	0	−1/3	1
0	0	0	−4/3	1	4/3	8

此时，所有的降低价格都是非正的，故得到最优解与最优值分别是

$$x^*=(1,5,0,8,0)^{\mathrm{T}},z^*=19$$

1.5.5 无界解

单纯形法的迭代过程中，如果单纯形表中对应于换入变量的 x_k -列，所有的 $\overline{a}_{jk}$ 都是非正的，那么最小比率规则失效。此时，换入变量的值可以无限增加，从而基变量也相应地增加，都不会违背非负约束。同时，目标函数值也随着无限地增加。因此，该线性规划是无界的。

例 1.7 考虑如下单纯形表

z	x_1	x_2	x_3	x_4	RHS
1	0	−7	0	−4	16
0	1	−2	0	1	4
0	0	−5	1	3	15

由最大系数法知 x_2 是换入变量。另外

$$x_1=4+2x_2-x_4$$
$$x_3=15+5x_2-3x_4$$

及

$$z = 16 + 7x_2 + 4x_4$$

令 $x_4 = 0$，并让 x_2 从 0 增加到 θ，得到

$$x_1 = 4 + 2\theta$$
$$x_3 = 15 + 5\theta$$

及

$$z = 16 + 7\theta$$

当 $\theta \to \infty$ 时，$(x_1, x_2, x_3, x_4)^T$ 仍可行，且 $z \to \infty$，故该线性规划是无界的。

1.5.6　无穷多最优解

一般地，用单纯形法求解线性规划，判断出它是无界的或是找到一个最优解，计算过程就结束了。然而，从单纯形表中，我们还能判别有解的情况下，解是否唯一。对于基本可行解 $x^{(0)}$，如果所有变量的降低价格都是非正的，并且非基变量 x_k 的降低价格是 0，选 x_k 为换入变量，经过旋转运算后可以找到一个新的基本可行解 $x^{(1)}$。由于 x_k 的降低价格是 0，在单纯形表中，z-行不需要施行变换，故 $x^{(1)}$ 也是最优解，从而 $x^{(0)}$ 与 $x^{(1)}$ 的任意凸组合都是最优解，故该线性规划有无穷多解。

例 1.8　考虑如下单纯形表

z	x_1	x_2	x_3	x_4	x_5	RHS
1	0	0	**0**	0	1	18
0	1	0	1	0	0	4
0	0	0	[3]	1	−1	6
0	0	1	−3/2	0	1/2	3

此时，所有的降低价格都是非正的，故得到最优解与最优值分别是

$$x^{(0)} = (4,3,0,6,0)^T, z^* = 18$$

选 x_3 为换入变量，由最小比率规则得

$$\theta = \min\left\{\frac{4}{1}, \frac{6}{3}, -\right\} = 2$$

因此 x_4 是换出变量，进一步迭代得

z	x_1	x_2	x_3	x_4	x_5	RHS
1	0	0	0	**0**	1	18
0	1	0	0	−1/3	1/3	2
0	0	0	1	1/3	−1/3	2
0	0	1	0	1/2	0	6

于是得到另一最优解

$$x^{(1)} = (2,6,2,0,0)^T$$

若继续迭代，将得到更多的最优解。

§1.6 非标准形线性规划问题

1.6.1 化为线性规划的标准形式

到此为止，我们仅考虑用单纯形法求解具有标准不等式形线性规划（SIF），方法是先把（SIF）化成相应的增广形式（LP_{Aug}），然后再对其用单纯形法，选取初始基变量由所有的松弛变量组成，开始迭代。然而在实际中，并非所有线性规划都具有这种形式，如配料问题的数学模型不是标准不等式形的。本节将探讨如何运用单纯形法解其他形式的线性规划问题。正如把（SIF）化成相应具有等式约束的增广形式（LP_{Aug}），我们需要把其他形式的线性规划问题也转化为其等价的具有标准形式的线性规划（SF）。非标准形线性规划问题主要有下面三种情况：

（1）目标函数是实现最小化，此时只需把 $\min z = c^{T}x$ 变换成 $\max z' = -c^{T}x$ 。

（2）约束方程的不等式号为“⩾”，此时，在不等式左端减去一个非负剩余变量，把不等式约束条件等价地转换成等式约束条件。

（3）变量约束中出现无约束的变量 x_k ，此时，令 $x_k = x'_k - x''_k$ ，其中 $x'_k, x''_k \geqslant 0$。

下面以具体实例来说明。

例 1.9 将下述线性规划问题化为标准形

$$\begin{aligned} \min \quad & z = -x_1 + 2x_2 - 3x_3 \\ s.t. \quad & x_1 + x_2 + x_3 \leqslant 7 \\ & x_1 - x_2 + x_3 \geqslant 2 \\ & -3x_1 + x_2 + 2x_3 = 5 \\ & x_1, x_2 \geqslant 0 \end{aligned}$$

解 由于变量约束中 x_3 是没有限制的，故令 $x_3 = x_4 - x_5$ ，其中 $x_4, x_5 \geqslant 0$ ，再增加松弛变量 x_6, x_7 ，得到该问题的标准形

$$\begin{aligned} \max \quad & z = x_1 - 2x_2 + 3(x_4 - x_5) \\ s.t. \quad & x_1 + x_2 + (x_4 - x_5) + x_6 = 7 \\ & x_1 - x_2 + (x_4 - x_5) - x_7 = 2 \\ & -3x_1 + x_2 + 2(x_4 - x_5) = 5 \\ & x_1, x_2, x_4, x_5, x_6, x_7 \geqslant 0 \end{aligned}$$

1.6.2 人工变量法

对于具有标准不等式形式的线性规划（SIF），它的初始基本可行解易于得到，是因为加入的 m 个松弛变量对应的系数形成 m 阶单位矩阵，故可取所有松弛变量为初始基，其值即为相应等式右端常数。对于其他形式的线性规划问题，使用人工变量法，也能得到 m 阶单位矩阵，从而得到初始基本可行解（如果有的话）。

不失一般性，我们假设其他形式的线性规划问题的约束化为其等价的具有等式约束的标准形为

$$
\begin{aligned}
a_{11}x_1+\cdots+a_{1n}x_n&=b_1\\
&\vdots\\
a_{m1}x_1+\cdots+a_{mn}x_n&=b_m\\
x_1,\cdots,x_n&\geqslant 0
\end{aligned}
$$

分别给每个约束方程加入人工变量 $x_{n+1},\cdots,x_{n+m}$ ，有

$$
\begin{aligned}
a_{11}x_1+\cdots+a_{1n}x_n+x_{n+1}&=b_1\\
&\vdots\\
a_{m1}x_1+\cdots+a_{mn}x_n+x_{n+m}&=b_m\\
x_1,\cdots,x_n\geqslant 0,x_{n+1},\cdots,x_{n+m}&\geqslant 0
\end{aligned}
$$

对应于 $x_{n+1},\cdots,x_{n+m}$ 的系数构成一个 m 阶的单位矩阵，因此可以选 $x_{n+1},\cdots,x_{n+m}$ 为基变量。令非基变量 $x_1,\cdots,x_n$ 为 0，由于 $b_1,\cdots,b_m\geqslant 0$ ，故得到一个初始基本可行解

$$x^{(0)}=(0,\cdots,0,b_1,\cdots,b_m)^{\mathrm{T}}$$

注意到，若存在不为零的人工变量，则上述两个方程组不等价。然而增加了人工变量之后的线性规划问题已是标准形，故可以从 $x^{(0)}$ 开始，对其运用单纯形法迭代求解。如果经过基的变换能把人工变量从基变量中逐个替换出来，那么就能得到原来问题的解。运用单纯形法计算结束时，所有的降低价格都为非正的，此时，

(1) 若基变量中不再含有非零的人工变量，则原始问题有解。

(2) 若含有非零的人工变量，则原始问题无可行解。

下面介绍两种方法求解带有人工变量的线性规划问题。

1. 大 *M* 法

我们要解决的线性规划问题是

$$
\begin{aligned}
\max\quad & z=c_1x_1+c_2x_2+\cdots+c_nx_n\\
s.t.\quad & a_{11}x_1+a_{12}x_2+\cdots a_{1n}x_n=b_1\\
& a_{21}x_1+a_{22}x_2+\cdots a_{2n}x_n=b_2\\
& \vdots\\
& a_{m1}x_1+a_{m2}x_2+\cdots a_{mn}x_n=b_m\\
& x_1,x_2,\cdots,x_n\geqslant 0
\end{aligned}
$$

而不是

$$
\begin{aligned}
\max\quad & z=c_1x_1+c_2x_2+\cdots+c_nx_n\\
s.t.\quad & a_{11}x_1+a_{12}x_2+\cdots a_{1n}x_n+x_{n+1}=b_1\\
& a_{21}x_1+a_{22}x_2+\cdots a_{2n}x_n+x_{n+2}=b_2\\
& \vdots\\
& a_{m1}x_1+a_{m2}x_2+\cdots a_{mn}x_n+x_{n+m}=b_m\\
& x_1,\cdots,x_n,x_{n+1},\cdots,x_{n+m}\geqslant 0
\end{aligned}
$$

因此，我们在目标函数中增加惩罚项 $-M\sum\limits_{i=1}^{m}x_{n+i}$（$M$ 为任意大的正数）使之变为 $z'=$

$c^{\mathrm{T}}x - M\sum_{i=1}^{m} x_{n+i}$，以迫使加入的人工变量被替换出基，称之为大 M 法（Big-M Method）。如果 M 很大，那么任意一个含有正的人工变量的基都会导致目标函数值很小。如果原来问题有基本可行解，那么对应的基不会含有人工变量，且其相应的目标函数值会大得多。由于人工变量的降低价格很小，单纯形法最终会力图把它替换出基。惩罚后问题的任一基本可行解，如果其中的所有人工变量都是非基变量，那么它也是原来问题的基本可行解。

对于大 M 法中的 M，如果是手算，那么只要把它当成符号，无需赋予特定的值；若用计算机计算，那么需要赋予它足够大的值，至少要大于求解过程中出现的其他所有数值。

例 1.10 用大 M 法求解线性规划问题

$$\begin{aligned}
\min\quad & z = 2x_1 - 2x_2 - x_3 - 2x_4 + 3x_5 \\
s.t.\quad & -2x_1 + x_2 - x_3 - x_4 = 1 \\
& x_1 - x_2 + 2x_3 + x_4 + x_5 = 4 \\
& -x_1 + x_2 - x_5 = 4 \\
& x_1, x_2, x_3, x_4, x_5 \geqslant 0
\end{aligned}$$

解 将上述问题化为标准型并加入人工变量 x_6, x_7，得

$$\begin{aligned}
\max\quad & z = -2x_1 + 2x_2 + x_3 + 2x_4 - 3x_5 - Mx_6 - Mx_7 \\
s.t.\quad & x_1 - x_2 + 2x_3 + x_4 + x_5 = 4 \\
& -2x_1 + x_2 - x_3 - x_4 + x_6 = 1 \\
& -x_1 + x_2 - x_5 + x_7 = 4 \\
& x_1, x_2, x_3, x_4, x_5, x_6, x_7 \geqslant 0
\end{aligned}$$

用最小足码法选择换入变量，最小比率规则选择换出变量，其单纯形法迭代如下：

z'	x_1	x_2	x_3	x_4	x_5	x_6	x_7	RHS
1	$-1+2M$	$1-M$	$-7-M$	-5	0	0	0	$-12-9M$
0	1	-1	2	1	1	0	0	4
0	-2	[1]	-1	-1	0	1	0	1
0	0	0	2	1	0	0	1	8

z'	x_1	x_2	x_3	x_4	x_5	x_6	x_7	RHS
1	1	0	$-6-2M$	$-4-M$	0	$-1+M$	0	$-13-8M$
0	-1	0	1	0	1	1	0	5
0	-2	1	-1	-1	0	1	0	1
0	0	0	[2]	1	0	0	1	8

ω	x_1	x_2	x_3	x_4	x_5	x_6	x_7	RHS
1	1	0	0	-1	0	$-1+M$	$3+M$	11
0	-1	0	0	$-1/2$	1	1	$-1/2$	1
0	-2	1	0	$-1/2$	0	1	$1/2$	5
0	0	0	1	[1/2]	0	0	$1/2$	4

z'	x_1	x_2	x_3	x_4	x_5	x_6	x_7	RHS
1	1	0	3	0	0	$-1+M$	$4+M$	19
0	-1	0	1	0	1	1	0	5
0	-2	1	1	0	0	1	1	9
0	0	0	2	1	0	0	1	8

此时，所有的降低价格都是非正的，且不含非 0 的人工变量，故得到最优解与最优值分别是

$$x^* = (0,9,0,8,5)^{\mathrm{T}}, z^* = -19$$

2. 两阶段法

两阶段法（Two-phase Method）中的人工变量是为了构造人工问题，称为第一阶段，其主要目的是为了寻找一个初始基本可行解。

第一阶段：构造一个只含人工变量的目标函数且实现最大化的人工问题

$$\begin{aligned}
\max \quad & \omega = -x_{n+1} - x_{n+2} - \cdots - x_{n+m} \\
s.t. \quad & a_{11}x_1 + a_{12}x_2 + \cdots a_{1n}x_n + x_{n+1} = b_1 \\
& a_{21}x_1 + a_{22}x_2 + \cdots a_{2n}x_n + x_{n+2} = b_2 \\
& \qquad \vdots \\
& a_{m1}x_1 + a_{m2}x_2 + \cdots a_{mn}x_n + x_{n+m} = b_m \\
& x_1, \cdots, x_n, x_{n+1}, \cdots, x_{n+m} \geqslant 0
\end{aligned}$$

用单纯形法求解上述模型，迭代终止时，

(1) 若 $\omega = 0$，则原始问题有基本可行解，进行第二阶段的计算。

(2) 若 $\omega < 0$，则原始问题无可行解，停止计算（习题第 11 题）。

第二阶段：将第一阶段计算得到的最终表，除去人工变量；将 w 一行的降低价格换成原始问题的 z 一行的降低价格，作为第二阶段的初始表。

例 1.11　用两阶段法求解例 1.10

解　第一阶段：求解线性规划问题

$$\begin{aligned}
\max \quad & \omega = -x_6 - x_7 \\
s.t. \quad & x_1 - x_2 + 2x_3 + x_4 + x_5 = 4 \\
& -2x_1 + x_2 - x_3 - x_4 + x_6 = 1 \\
& -x_1 + x_2 - x_5 + x_7 = 4 \\
& x_1, x_2, x_3, x_4, x_5, x_6, x_7 \geqslant 0
\end{aligned}$$

用最小足码法选取换入变量，最小比率规则选取换出变量，其迭代如下：

ω	x_1	x_2	x_3	x_4	x_5	x_6	x_7	RHS
1	2	−1	−1	0	0	0	0	−9
0	1	−1	2	1	1	0	0	4
0	−2	[1]	−1	−1	0	1	0	1
0	0	0	2	1	0	0	1	8

ω	x_1	x_2	x_3	x_4	x_5	x_6	x_7	RHS
1	0	0	−2	−1	0	1	0	−8
0	−1	0	1	0	1	1	0	5
0	−2	1	−1	−1	0	1	0	1
0	0	0	[2]	1	0	0	1	8

ω	x_1	x_2	x_3	x_4	x_5	x_6	x_7	RHS
1	0	0	0	0	0	1	1	0
0	−1	0	0	−1/2	1	1	−1/2	1
0	−2	1	0	−1/2	0	1	1/2	5
0	0	0	1	1/2	0	0	1/2	4

因此，$\omega=0$，故原始问题有基本可行解

$$x=(0,5,4,0,1)^{\mathrm{T}}$$

第二阶段：用最大系数法选取换入变量，最小比率规则选取换出变量，其迭代如下：

z'	x_1	x_2	x_3	x_4	x_5	RHS
1	1	0	0	−1	0	11
0	−1	0	0	−1/2	1	1
0	−2	1	0	−1/2	0	5
0	0	0	1	[1/2]	0	4

z'	x_1	x_2	x_3	x_4	x_5	RHS
1	1	2	1	0	0	19
0	−1	0	1	0	1	5
0	−2	1	1	0	0	9
0	0	0	2	1	0	8

此时，所有的降低价格都是非正的，且不含非 0 的人工变量，故得到最优解与最优值分别是

$$x^* = (0,9,0,8,5)^{\mathrm{T}}, z^* = -19$$

两阶段法中第一阶段的目标函数可以看成是大 M 法目标函数的极限情形。大 M 法的目标函数

$$c^{\mathrm{T}}x - M\sum_{i=1}^{m} x_{n+i}$$

等价于

$$\frac{1}{M}c^{\mathrm{T}}x - \sum_{i=1}^{m} x_{n+i}$$

令 $M \to \infty$ 得到两阶段法中第一阶段的目标函数。因而，除了目标行不同外，第一阶段的单纯形表与大 M 法的单纯形表有一系列都是相同的。

用计算机计算时，由于大 M 法需要赋予 M 一个极大的值，会产生数据不可靠现象，而两阶段法只在第一阶段使用人工变量，在第二阶段就去掉人工变量。因此，计算机程序运算中通常用两阶段法。

一般形式的线性规划问题都可以等价地变换为标准形式的线性规划问题。对于等式约束的线性规划问题，我们总可以用人工变量法，如两阶段法的第一阶段，得到一个基本可行解或是判断出该问题是不可行的。如果有基本可行解，我们总可以运用两阶段法的第二阶段继续迭代计算，得到一个最优解或是判断出该问题是无界的。因此我们有如下线性规划的基本定理：

定理 1.7　如果线性规划问题有可行解，而且它不是无界的，那么该问题必有最优解。

1.6.3　单纯形法的收敛性

线性规划的基本定理 1.7 说明了，对线性规划问题运用单纯形法，最终得到该问题无解，或是该问题有最优解，抑或该问题是无界的，这实际上表明单纯形法是收敛的，下面我们探讨单纯形法的收敛性。这里我们先考虑非退化的情形。

定理 1.8　设对线性规划问题运用单纯形法，如果在每次迭代中每个基变量的取值都是正的，那么单纯形法在有限次内终止于一个最优基本可行解或确定该问题是无界的。

证　考虑单纯形法的某次迭代。如果所有的降低价格都是非正的，那么由定理 1.6 知，当前的解是最优的，从而算法终止。否则，选取降低价格 $\bar{c}_k > 0$ 的变量 x_k 为换入变量，该变量的改变率由最小比率规则 $\theta = \min\left\{\dfrac{\bar{b}_j}{\bar{a}_{jk}} : \bar{a}_{jk} > 0\right\}$ 确定。根据假设，对于任意的 j，$\bar{b}_j > 0$。如果所有的 $\bar{a}_{jk}$ 都非正，那么最小比率规则失效，故该问题是无界的。否则，由最小比率规则确定的改变率 $\theta > 0$，那么新的换入变量 $x_k = \theta$，目标函数值将改变 $\bar{c}_k\theta > 0$，因此新的目标函数值严格大于当前的目标函数值。

由于目标函数值完全由基变量的取值决定，且其值在每次迭代后严格地增加，故没有一组基变量会重复出现。注意到线性规划问题的基是有限个，因此单纯形法必在有限次迭代内终止。　　证毕

退化与循环

在单纯形法计算过程中，在使用最小比率规则确定换出变量时，当有两个或是两个以上的变量达到最小比率时，如何选择一个换出变量？在这种情况下，换出变量的选择不会影响当前的目标函数值，因而没有启发式的贪心法则引导我们选取换出变量。然而，我们仍需要好的选择来确定换出变量，否则会导致单纯形法出现循环现象。

例 1.12 运用单纯形法求解如下线性规划问题，其中用最大系数法选取换入变量，用最小足码法选择换出变量。

$$
\begin{aligned}
\max \quad & z = 10x_1 - 57x_2 - 9x_3 - 24x_4 \\
s.t. \quad & \frac{1}{2}x_1 - \frac{11}{2}x_2 - \frac{5}{2}x_3 + 9x_4 \leqslant 0 \\
& \frac{1}{2}x_1 - \frac{3}{2}x_2 - \frac{1}{2}x_3 + x_4 \leqslant 0 \\
& x_1 \leqslant 1 \\
& x_1, x_2, x_3, x_4 \geqslant 0
\end{aligned}
$$

解 增加松弛变量 x_5, x_6, x_7，单纯形法的计算过程直接用单纯形表表示，迭代过程如下：

迭代一：

z	x_1	x_2	x_3	x_4	x_5	x_6	x_7	RHS
1	−10	57	9	24	0	0	0	0
0	[1/2]	−11/2	−5/2	9	1	0	0	0
0	1/2	−3/2	−1/2	1	0	1	0	0
0	1	0	0	0	0	0	1	1

迭代二：

z	x_1	x_2	x_3	x_4	x_5	x_6	x_7	RHS
1	0	−53	−41	204	20	0	0	0
0	1	−11	−5	18	2	0	0	0
0	0	[4]	2	−8	−1	1	0	0
0	0	11	5	−18	−2	0	1	1

迭代三：

z	x_1	x_2	x_3	x_4	x_5	x_6	x_7	RHS
1	0	0	−29/2	98	25/4	53/4	0	0
0	1	0	[1/2]	−4	−3/4	11/4	0	0
0	0	1	1/2	−2	−1/4	1/4	0	0
0	0	0	−1/2	4	3/4	−11/4	1	1

迭代四：

z	x_1	x_2	x_3	x_4	x_5	x_6	x_7	RHS
1	29	0	0	−18	−15	93	0	0
0	2	0	1	−8	−3/2	11/2	0	0
0	−1	1	0	[2]	−1/2	−5/2	0	0
0	1	0	0	0	0	0	1	1

迭代五：

z	x_1	x_2	x_3	x_4	x_5	x_6	x_7	RHS
1	20	9	0	0	−21/2	141/2	0	0
0	−2	4	1	0	[1/2]	−9/2	0	0
0	−1/2	−1/2	0	1	1/4	−5/4	0	0
0	1	0	0	0	0	0	1	1

迭代六：

z	x_1	x_2	x_3	x_4	x_5	x_6	x_7	RHS
1	−22	93	21	0	0	−24	0	0
0	−4	8	2	0	1	−9	0	0
0	1/2	−3/2	−1/2	1	0	[1]	0	0
0	1	0	0	0	0	0	1	1

迭代七：

z	x_1	x_2	x_3	x_4	x_5	x_6	x_7	RHS
1	−10	57	9	24	0	0	0	0
0	[1/2]	−11/2	−5/2	9	1	0	0	0
0	1/2	−3/2	−1/2	1	0	1	0	0
0	1	0	0	0	0	0	1	1

上述例子出现的现象称为**循环**，即进行多次迭代后，基从 $B_1, B_2, \cdots$ 又返回到 B_1，便永远达不到最优解。出现循环的原因是出现了退化解。虽然在实际中循环现象极少出现，但仍有可能发生。1953 年，美国数学家 Hoffman 构造了第一个具有循环现象的线性规划模型，上述例子是摘自文献［3］中的习题。为了避免循环，我们需要慎重选择换出变量。为此，美国运筹学家 Charnes 于 1952 年提出了摄动方法。1955 年，美国三位数学家 Dantzig，Orden 和 Wolfe 对该方法进行了改进，提出了字典序法。此外，摄动法在第 3 章的网络单纯形法和第 4 章的运输问题中是处理循环现象的有效方法。下面

阐述摄动/字典序法。

若把每个基变量 x_{B_i} 扰动成 $x_{B_i}+\varepsilon_i$，其中 ε_i 是很小的正数，那么扰动后的基变量均不为零，从而避免了循环。

设 ε 为充分小的正数，考虑把约束条件中的方程组扰动为 $Ax=b+\boldsymbol{\epsilon}$，其中 $\boldsymbol{\epsilon}=(\varepsilon,\varepsilon^2,\cdots,\varepsilon^m)^{\mathrm{T}}$。对扰动后的问题运用单纯形法，若找到最优解，令 $\varepsilon=0$ 即得原来问题的解。

设 B 是扰动后问题的可行基矩阵，由它确定的基变量向量仍记为 x_B，且 $B^{-1}=(\beta_{ij})_{m\times m}$，则 $x_B=B^{-1}(b+\boldsymbol{\epsilon})=B^{-1}b+B^{-1}\boldsymbol{\epsilon}$，故

$$x_{B_i}=\bar{b}_i+\beta_{i1}\varepsilon+\cdots+\beta_{im}\varepsilon^m$$

其中 $\bar{b}_i=(B^{-1}b)_i$。

若在 x_{B_i} 的表达式中的非零首项是正的，则称 x_{B_i} 是**按字典序正的**（**Lexicographically Positive**）。若 $x_{B_i}-x_{B_j}$ 是按字典序正的，则称 x_{B_j} **按字典序小于** $\boldsymbol{x_{B_i}}$。

例 1.13 设 $B^{-1}=\begin{bmatrix}1 & -1 & 1\\ 0 & 2 & 3\\ 0 & -1 & 2\end{bmatrix}, b=\begin{bmatrix}1\\0\\0\end{bmatrix}$，则

$$x_{B_1}=1+\varepsilon-\varepsilon^2+\varepsilon^3$$
$$x_{B_2}=0+0+2\varepsilon^2+3\varepsilon^3$$
$$x_{B_3}=0+0\varepsilon-\varepsilon^2+2\varepsilon^3$$

故 x_{B_1} 和 x_{B_2} 的非零首项都是正的，因此它们是按字典序正的。x_{B_3} 的非零首项是负的，故它不是按字典序正的。

同时，

$$x_{B_1}-x_{B_3}=1+\varepsilon-\varepsilon^3$$

故 x_{B_3} 按字典序小于 x_{B_1}。

命题 1.1 x_{B_i} 是按字典序正的充分必要条件是对于所有充分小的 ε 成立 $x_{B_i}>0$。因而，x_{B_j} 按字典序小于 x_{B_i} 的充分必要条件是对于所有充分小的 ε 成立 $x_{B_i}>x_{B_j}$。

证 注意到 $\bar{b}_i\geqslant 0$。若 $\bar{b}_i>0$，则对于充分小的 ε，$x_{B_i}=\bar{b}_i+\varepsilon(\beta_{i1}+\beta_{i2}\varepsilon+\cdots+\beta_{im}\varepsilon^{m-1})>0$。若 $\bar{b}_i=0$，设 β_{ik} 是 $\beta_{i1},\cdots,\beta_{im}$ 中第一个大于 0 的数，那么

$$\frac{x_{B_i}}{\varepsilon^k}=\beta_{ik}+\varepsilon(\beta_{i,k+1}+\beta_{i,k+2}\varepsilon+\cdots+\beta_{im}\varepsilon^{m-k})>0$$

对于充分小的 ε 成立。 证毕

若 x_{B_i} 和 x_{B_j} 的所有项的系数都相同，则称 x_{B_i} 和 x_{B_j} **按字典序相等**。对于扰动后的线性规划问题的基变量 x_{B_i} 和 x_{B_j} 不可能会按字典序相等，否则，

$$\beta_{ik}=\beta_{jk}, k=1,\cdots,m$$

这与 B^{-1} 可逆矛盾。正是这个性质保证了扰动后的问题不会出现退化解。

下面证明对于扰动后的线性规划问题，单纯形法可以在有限次迭代内终止。简单起见，我们考虑标准不等式形线性规划问题。

定理 1.9 考虑标准不等式形线性规划问题（SIF），其中 $b\geqslant 0$。如果约束条件扰动为 $Ax\leqslant b+\boldsymbol{\epsilon}$，其中 $\boldsymbol{\epsilon}=(\varepsilon,\varepsilon^2,\cdots,\varepsilon^m)^{\mathrm{T}}$，且 ε 为充分小的正数，那么扰动后的问题运

用单纯形法在有限次内终止。

证　我们用数学归纳法证明每次迭代中所有基变量都是按字典序正的，从而由命题 1.1 和定理 1.9 知，单纯形法在有限次内终止。对于标准不等式形线性规划问题 (SIF)，在首次迭代时，取基矩阵 B 为单位阵，有 $x_{B_i}=b_i+\varepsilon^i$。由于 $b_i>0$，故初始的基变量都是按字典序正的。

假设当前迭代的基矩阵为 B，且所有基变量 x_{B_i} 都是按字典序正的。若当前的基不是最优的，则存在换入变量 x_k。发生下一次的基本可行解是退化的唯一可能就是在最小比率规则中存在

$$\frac{x_{B_i}}{\bar{a}_{ik}}=\frac{x_{B_j}}{\bar{a}_{jk}}$$

这意味着 x_{B_i} 和 x_{B_j} 按字典序相等，从而 B^{-1} 不可逆，这是不可能的。因此最小比率规则必然确定唯一的换入变量，记为 x_{B_l}。

现在证明下一次迭代的基变量都是按字典序正的。经过旋转运算，$x_{B_l}\leftarrow x_{B_l}/\bar{a}_{lk}$，其中 $\bar{a}_{lk}>0$，因此新的基变量 x_{B_l} 是按字典序正的。在单纯形表中的其他行有

$$x_{B_j}\leftarrow x_{B_j}-\frac{\bar{a}_{jk}}{\bar{a}_{lk}}x_{B_l}$$

若 $\bar{a}_{jk}\leqslant 0$，则上式的右端是按字典序正的项和零或按字典序正的项的和，因而 x_{B_j} 是按字典序正的。若 $\bar{a}_{jk}>0$，则上述的更新可以写成

$$x_{B_j}\leftarrow \bar{a}_{jk}\left[\frac{x_{B_j}}{\bar{a}_{jk}}-\frac{x_{B_l}}{\bar{a}_{lk}}\right]$$

由最小比率规则知，$\dfrac{x_{B_j}}{\bar{a}_{jk}}-\dfrac{x_{B_l}}{\bar{a}_{lk}}>0$，因而 x_{B_j} 是按字典序正的。　　证毕

在计算时，参数 ε 无需赋予确切的值，只需当成一个符号。事实上，要判别扰动后基变量是否是按字典序正的，只需知道基矩阵的逆中相对应的系数。同样的，在运用最小比率规则时，只需比较扰动后基变量各自的非零首项即可。此外，由于非退化的基变量总是按字典序正的，为减少计算量，只需对退化的基变量运用字典序。

例 1.14　用字典序法求解例 1.12。

解　增加松弛变量 x_5,x_6,x_7，则基变量 x_5,x_6 是退化的，故扰动后线性规划问题的初始单纯形表为

z	x_1	x_2	x_3	x_4	x_5	x_6	x_7	RHS	ε	ε^2
1	−10	57	9	24	0	0	0	0	0	0
0	[1/2]	−11/2	−5/2	9	1	0	0	0	1	0
0	1/2	−3/2	−1/2	1	0	1	0	0	0	1
0	1	0	0	0	0	0	1	1	0	0

由最大系数法，x_1 为换入变量。根据字典序法，扰动后基变量 x_5,x_6 的非零首项分别为 $\varepsilon,\varepsilon^2$，由最小比率规则

$$\min\left\{\frac{\varepsilon}{1/2},\frac{\varepsilon^2}{1/2},\frac{1}{1}\right\}=2\,\varepsilon^2$$

则 x_6 为换出变量，故以 1/2 为主元进行旋转运算得到单纯形表

z	x_1	x_2	x_3	x_4	x_5	x_6	x_7	RHS	ε	ε^2
1	0	27	−1	44	0	20	0	0	0	20
0	0	−4	−2	8	1	−1	0	0	1	−1
0	1	−3	−1	2	0	2	0	0	0	2
0	0	3	[1]	−2	0	−2	1	1	0	−2

由最大系数法，x_3 为换入变量。根据字典序法，扰动后基变量 x_5,x_1 的非零首项分别为 $\varepsilon,2\,\varepsilon^2$，由最小比率规则

$$\min\left\{-,-,\frac{1}{1}\right\}=1$$

则 x_7 为换出变量，故以 1 为主元进行旋转运算得到单纯形表

z	x_1	x_2	x_3	x_4	x_5	x_6	x_7	RHS	ε	ε^2
1	0	30	0	42	0	18	1	1	0	18
0	0	2	0	4	1	−5	2	2	1	−5
0	1	0	0	0	0	0	1	1	0	0
0	0	3	1	−2	0	−2	1	1	0	−2

此时，所有变量的降低价格都是非正的，因此当前的单纯形表是最优的，去掉 ε 和 ε^2 的列，我们得到原来问题的最优单纯形表

z	x_1	x_2	x_3	x_4	x_5	x_6	x_7	RHS
1	0	30	0	42	0	18	1	1
0	0	2	0	4	1	−5	2	2
0	1	0	0	0	0	0	1	1
0	0	3	1	−2	0	−2	1	1

故得到最优解与最优值分别是

$$x^*=(1,0,1,0)^{\mathrm{T}},z^*=1$$

美国运筹学家 Bland 在 1977 年提出 Bland 规则，使用该原则也能避免循环。证明可参阅文献[4]。Bland 规则是利用最小足码法选择换入变量和换出变量。

例 1.15 用 Bland 规则求解例 1.12。

解 增加松弛变量 x_5,x_6,x_7，单纯形法的计算过程直接用单纯形表表示，迭代过程如下：

迭代一：

z	x_1	x_2	x_3	x_4	x_5	x_6	x_7	RHS
1	−10	57	9	24	0	0	0	0
0	[1/2]	−11/2	−5/2	9	1	0	0	0
0	1/2	−3/2	−1/2	1	0	1	0	0
0	1	0	0	0	0	0	1	1

迭代二：

z	x_1	x_2	x_3	x_4	x_5	x_6	x_7	RHS
1	0	−53	−41	204	20	0	0	0
0	1	−11	−5	18	2	0	0	0
0	0	[4]	2	−8	−1	1	0	0
0	0	11	5	−18	−2	0	1	1

迭代三：

z	x_1	x_2	x_3	x_4	x_5	x_6	x_7	RHS
1	0	0	−29/2	98	25/4	53/4	0	0
0	1	0	[1/2]	−4	−3/4	11/4	0	0
0	0	1	1/2	−2	−1/4	1/4	0	0
0	0	0	−1/2	4	3/4	−11/4	1	1

迭代四：

z	x_1	x_2	x_3	x_4	x_5	x_6	x_7	RHS
1	29	0	0	−18	−15	93	0	0
0	2	0	1	−8	−3/2	11/2	0	0
0	−1	1	0	[2]	−1/2	−5/2	0	0
0	1	0	0	0	0	0	1	1

迭代五：

z	x_1	x_2	x_3	x_4	x_5	x_6	x_7	RHS
1	20	9	0	0	−21/2	141/2	0	0
0	−2	4	1	0	[1/2]	−9/2	0	0
0	−1/2	−1/2	0	1	1/4	−5/4	0	0
0	1	0	0	0	0	0	1	1

迭代六：

z	x_1	x_2	x_3	x_4	x_5	x_6	x_7	RHS
1	−22	93	21	0	0	−24	0	0
0	−4	8	2	0	1	−9	0	0
0	[1/2]	−3/2	−1/2	1	0	1	0	0
0	1	0	0	0	0	0	1	1

迭代七：

z	x_1	x_2	x_3	x_4	x_5	x_6	x_7	RHS
1	0	27	−1	44	0	20	0	0
0	0	−4	−2	8	1	−1	0	0
0	1	−3	−1	2	0	2	0	0
0	0	3	[1]	−2	0	−2	1	1

迭代八：

z	x_1	x_2	x_3	x_4	x_5	x_6	x_7	RHS
1	0	30	0	42	0	18	1	1
0	0	2	0	4	1	−5	2	2
0	1	0	0	0	0	0	1	1
0	0	3	1	−2	0	−2	1	1

此时，所有的降低价格都是非正的，故得到最优解与最优值分别是

$$x^* = (1,0,1,0)^T, z^* = 1$$

由于 Bland 规则没有考虑降低价格的大小，使用 Bland 规则的单纯形法往往要比运用字典序法的单纯形法的迭代次数多，然而它是个重要的理论成果。

§1.7 修正单纯形法

表格形式的单纯形法是用手算求解线性规划问题的好方法。当然，这只能适用于很小规模的问题。实际中，当人们解决大规模的线性规划问题时，必须考虑单纯形法的计算机实现。在这种情况下，如果每次迭代要更新整张单纯形表，计算量和存储量将相当大。**修正单纯形法（Revised Simplex Method）**只需要计算单纯形法的步骤中必不可少的部分：

（1）在决定换入变量时，只需计算表格中的降低价格；

（2）在决定换出变量时，只需计算表格中的右端列和换入变量所对应的列。

不失一般性，我们假设线性规划模型是以增广形式或是含有人工变量的形式出现。在这两种情况下，线性规划问题的约束都是等式约束。给定 $Ax=b$ 的一组基变量 $\{x_{B_1},\cdots,x_{B_m}\}=:J_B$，记 x_B 为 $x_{B_1},\cdots,x_{B_m}$ 组成的 m 维基向量，x_N 为 $n-m$ 个非基变量组成的向量，c_B 是目标函数中基变量对应的 m 维系数向量，B 是对应于基变量的系数列向量 $[p_{B_1},\cdots,p_{B_m}]$ 组成的子矩阵，以及 N 是对应于非基变量的系数列向量 $[p_{N_1},\cdots,p_{N_{n-m}}]$ 组成的子矩阵。下面详细阐述修正单纯形法的各个计算步骤。

1. 最优性检验

利用上述记号，目标函数可以写成

$$z=c_B^{\mathrm{T}}x_B+c_N^{\mathrm{T}}x_N$$

等式约束可以写成

$$Bx_B+Nx_N=b$$

从而得到基变量用非基变量表示的表达式

$$x_B=B^{-1}b-B^{-1}Nx_N$$

把上式代入目标函数的表达式，得到

$$z=c_B^{\mathrm{T}}B^{-1}b-c_B^{\mathrm{T}}B^{-1}Nx_N+c_N^{\mathrm{T}}x_N=c_B^{\mathrm{T}}B^{-1}b+(c_N-N^{\mathrm{T}}B^{-\mathrm{T}}c_B)^{\mathrm{T}}x_N$$

若令 $y=B^{-\mathrm{T}}c_B$，则非基变量 x_{N_j} 的降低价格为 $c_{N_j}-p_{N_j}^{\mathrm{T}}y$。

在修正单纯形法中，进行最优性检验是通过如下步骤计算降低价格：

(1) 计算向量 y

$$y=B^{-\mathrm{T}}c_B$$

(2) 计算非基变量 x_{N_j} 的降低价格

$$\bar{c}_{N_j}=c_{N_j}-p_{N_j}^{\mathrm{T}}y$$

2. 最小比率规则

已知对于 $Ax=b$ 的任一解都有 $x_B=B^{-1}b-B^{-1}Nx_N$，故由基 J_B 决定的基本可行解 x^* 可以通过令 $x_N=0$ 得到

$$x_B^*=B^{-1}b$$

因此，如果已知一个基本可行解 x^*，等式约束 $Ax=b$ 可以写成

$$x_B=x_B^*-B^{-1}Nx_N$$

如果 x_{N_k} 是换入变量，那么当 x_{N_k} 的值从 0 增加到 t，而保持其他的非基变量取值为 0，我们有

$$x_B=x_B^*-B^{-1}p_{N_k}t$$

如果令 $d=B^{-1}p_{N_k}$，那么当换入变量的改变量 $t=x_{B_i}^*/d_{B_i}$ 时（其中 $d_{B_i}\neq 0$）会使得基变量 x_{B_i} 变为 0。为方便起见，这里 d 的分量的下标与 x_B 的分量的下标一致。

在修正单纯形法中，最小比率规则的实施是通过计算如下步骤实现的：

(1) 计算向量 d

$$d=B^{-1}p_{N_k}$$

(2) 计算基变量 x_{B_i} 的比率

$$\frac{\bar{b}_{B_i}}{\bar{p}_{B_i,N_k}}=\frac{x_{B_i}^*}{d_{B_i}}$$

3. 旋转运算

确定换入变量和换出变量之后，我们需要更新基变量，以便下一次迭代。注意到，在最优性检验和最小比率规则中，只有以下两组数据需要更新：①逆矩阵 B^{-1} ；②基本可行解 x^* 。

（1）基矩阵的逆矩阵 B^{-1} 的更新

一般地，基矩阵 B 的逆矩阵可以通过行的初等变换把 $[B,I]$ 变换成 $[I,B^{-1}]$ 而得之，其中 I 为单位阵。从 B 到新的基矩阵 B_{new} 所做的变换，使得 B 的一列发生变化（即用换入变量对应的列替换换出变量相应的列）。把从 $[B,I]$ 到 $[I,B^{-1}]$ 所做的变换作用在 $[B_{new},I]$ 上，得到 $[B^{-1}B_{new},B^{-1}]$ 。我们需要进一步地做行的初等变换，使得 $[B^{-1}B_{new},B^{-1}]$ 变换为 $[I,B_{new}^{-1}]$ 。这相当于找出把 $B^{-1}B_{new}$ 变换为 I 的变换，利用同样的变换就能把 B^{-1} 变换到 B_{new}^{-1} 。

当 x_{B_r} 是换出变量，x_{N_k} 是换入变量时，把 B 更新为 B_{new} ，只有 B 的第 r 列发生变化，即它被替换为 p_{N_k} 。也就是说，除了第 r 列是 p_{N_k} 之外，B_{new} 的每一列仍然是 p_{B_i} 。因此，对于 $i \neq r$ ，有

$$B^{-1} \times (B_{new} \text{ 的第 } i \text{ 列}) = \text{第 } i \text{ 个标准单位向量}$$

从而

$$B^{-1}B_{new} = \begin{bmatrix} 1 & & & & & & \\ & \ddots & & & & & \\ & & 1 & & & & \\ & & & d & & & \\ & & & & 1 & & \\ & & & & & \ddots & \\ & & & & & & 1 \end{bmatrix}$$

其中 $d = B^{-1}p_{N_k}$ 。

从 $B^{-1}B_{new}$ 变换到 I ，只需进行 m 次行的初等变换使得 d 变为第 r 个标准单位向量。这 m 个行的初等变换是

$$(r'th \text{ 行}) \leftarrow \frac{1}{d_{B_r}} \times (r'th \text{ 行})$$

$$(i'th \text{ 行}) \leftarrow (i'th \text{ 行}) - \frac{d_{B_i}}{d_{B_r}} \times (r'th \text{ 行}) \ \forall i \neq r$$

其中，$r'th$ 行 表示第 r 行，$\forall$ 表示任意的。上述这些变换把 B^{-1} 变换到 B_{new}^{-1} 。

（2）基本可行解 x^* 的更新

由于所有的非基变量都取 0，我们只要更新基变量的值。换入变量 x_{N_k} 的值正是最小比率 t ，即

$$x_{N_k}^* \leftarrow t$$

其他的基变量，它们的值的更新由 $x_B = x_B^* - B^{-1}p_{N_k}t$ 确定，即

$$x_{B_i}^* \leftarrow x_{B_i}^* - d_{B_i} \times t \quad \forall i \neq r$$

4. 修正单纯形法

综上所述，修正单纯形法的计算步骤如下：

步 1　分别确定初始基 J_B，由 J_B 确定的基本可行解 x^* 和逆矩阵 B^{-1}。

步 2

(1) 计算 $y = B^{-T} c_B$。

(2) 计算非基变量的降低价格 $\bar{c}_{N_j} = c_{N_j} - p_{N_j}^{T} y$。

(3) 如果所有的降低价格都是非正的，那么由当前的基确定的基本可行解是最优的。

步 3　否则，

(1) 取一个具有正的降低价格的非基变量 x_{N_k} 作为换入变量。

(2) 计算 $d = B^{-1} p_{N_k}$。

(3) 如果所有的 d_{B_i} 都是非正的，那么该问题是无界的。

步 4　否则，

(1) 运用最小比率规则

$$t = \min\left\{\frac{x_{B_i}^*}{d_{B_i}} : d_{B_i} > 0\right\}$$

选取一个换出变量 x_{B_r}。

(2) 利用下列行的初等变换更新逆矩阵 B^{-1}：

$$(r'th \text{ 行}) \leftarrow \frac{1}{d_{B_r}} \times (r'th \text{ 行})$$

$$(i'th \text{ 行}) \leftarrow (i'th \text{ 行}) \frac{d_{B_i}}{d_{B_r}} \times (r'th \text{ 行}) \quad \forall i \neq r$$

(3) 利用下列式子更新基本可行解 x^*：

$$x_{N_k}^* \leftarrow t$$

$$x_{B_i}^* \leftarrow x_{B_i}^* - d_{B_i} \times t \quad \forall i \neq r$$

(4) 更新基 $J_B = (J_B \cup \{x_{N_k}\}) \setminus \{x_{B_r}\}$。

步 5　转到步 2。

注 1.1　当我们从增广形式或是人工变量问题出发时，初始的基矩阵 B 总是选择单位矩阵。这种情况下，B^{-1} 很好确定。

例 1.16　用修正单纯形法求解线性规划问题

$$\begin{aligned}
\max \quad & z = 4x_1 + 3x_2 \\
s.t. \quad & 3x_1 + 2x_2 + x_3 = 13 \\
& 4x_1 + x_4 = 12 \\
& 2x_2 + x_5 = 10 \\
& x_1, x_2, x_3, x_4, x_5 \geqslant 0
\end{aligned}$$

解　记

$$A = \begin{bmatrix} 3 & 2 & 1 & 0 & 0 \\ 4 & 0 & 0 & 1 & 0 \\ 0 & 2 & 0 & 0 & 1 \end{bmatrix} = [p_1, p_2, p_3, p_4, p_5], b = \begin{bmatrix} 13 \\ 12 \\ 10 \end{bmatrix}, c = \begin{bmatrix} 4 \\ 3 \\ 0 \\ 0 \\ 0 \end{bmatrix}$$

第一次迭代：

初始基 $J_B=\{x_3,x_4,x_5\}$，由此确定的 $x_B^*=(13,12,10)^T$。而且 $B=[p_3,p_4,p_5]=I$，故 $B^{-1}=I$。

计算 $y=B^{-T}c_B=I[0\quad 0\quad 0]^T=[0\quad 0\quad 0]$。非基变量 x_1,x_2 的降低价格 $(\bar{c}_1,\bar{c}_2)=(c_1,c_2)-(y^T p_1,y^T p_2)=(4,3)$。故 x_1 为换入变量。

计算 $d=B^{-1}p_1=I\begin{bmatrix}3\\4\\0\end{bmatrix}=\begin{bmatrix}3\\4\\0\end{bmatrix}$。最小比率是

$$t=\min\left\{\frac{x_3^*}{d_3},\frac{x_4^*}{d_5},-\right\}=\min\left\{\frac{13}{3},\frac{12}{4},-\right\}=\frac{12}{4}=3$$

因此 x_4 是换出变量。

更新基为 $J_B=\{x_3,x_1,x_5\}$，相应的基变量取值为

$$x_1^*\leftarrow t=3,x_3^*\leftarrow x_3^*-d_3\times t=4,x_5^*\leftarrow x_5^*-d_5\times t=10$$

且逆矩阵

$$B^{-1}=\begin{bmatrix}1&-3/4&0\\0&1/4&0\\0&0&1\end{bmatrix}\xleftarrow[r_1-\frac{3}{4}r_2]{\frac{1}{4}r_2}\begin{bmatrix}1&0&0\\0&1&0\\0&0&1\end{bmatrix}$$

其中 $\frac{1}{4}r_2$ 表示把右边的矩阵第 2 行元素乘以 $\frac{1}{4}$，$r_1-\frac{3}{4}r_2$ 表示把右边的矩阵第 2 行元素乘以 $-\frac{3}{4}$ 加到第 1 行相应的元素。

第二次迭代：

计算 $y=B^{-T}c_B=\begin{bmatrix}1&0&0\\-3/4&1/4&0\\0&0&1\end{bmatrix}\begin{bmatrix}0\\4\\0\end{bmatrix}=\begin{bmatrix}0\\1\\0\end{bmatrix}$。非基变量 x_2,x_4 的降低价格 $(\bar{c}_2,\bar{c}_4)=(c_2,c_4)-(y^T p_2,y^T p_4)=(3,-1)$。故 x_2 为换入变量。

计算 $d=B^{-1}p_2=\begin{bmatrix}1&-3/4&0\\0&1/4&0\\0&0&1\end{bmatrix}\begin{bmatrix}2\\0\\2\end{bmatrix}=\begin{bmatrix}2\\0\\2\end{bmatrix}$。最小比率是

$$t=\min\left\{\frac{x_3^*}{d_3},-,\frac{x_5^*}{d_5}\right\}=\min\left\{\frac{4}{2},-,\frac{10}{2}\right\}=2$$

因此 x_3 是换出变量。

更新基为 $J_B=\{x_2,x_1,x_5\}$，相应的基变量取值为

$$x_2^*\leftarrow t=2,x_1^*\leftarrow x_1^*-d_1\times t=3,x_5^*\leftarrow x_5^*-d_5\times t=6$$

且逆矩阵

$$B^{-1}=\begin{bmatrix}1/2&-3/8&0\\0&1/4&0\\-1&3/4&1\end{bmatrix}\xleftarrow[r_3-\frac{2}{2}r_1]{\frac{1}{2}r_1}\begin{bmatrix}1&-3/4&0\\0&1/4&0\\0&0&1\end{bmatrix}$$

第三次迭代：

计算 $y=B^{-T}c_B=\begin{bmatrix}1/2&0&-1\\-3/2&1/4&3/4\\0&0&1\end{bmatrix}\begin{bmatrix}3\\4\\0\end{bmatrix}=\begin{bmatrix}3/2\\-1/8\\0\end{bmatrix}$。非基变量 x_3,x_4 的降低价

格 $(\bar{c}_3,\bar{c}_4)=(c_3,c_4)-(y^{\mathrm{T}}p_3,y^{\mathrm{T}}p_4)=\left(-\frac{3}{2},\frac{1}{8}\right)$。故 x_4 为换入变量。

计算 $d=B^{-1}p_4=\begin{bmatrix}1/2 & -3/8 & 0\\ 0 & 1/4 & 0\\ -1 & 3/4 & 1\end{bmatrix}\begin{bmatrix}0\\1\\0\end{bmatrix}=\begin{bmatrix}-3/8\\1/4\\3/4\end{bmatrix}$。最小比率是

$$t=\min\left\{-,\frac{x_1^*}{d_1},\frac{x_5^*}{d_5}\right\}=\min\left\{-,\frac{3}{1/4},\frac{6}{3/4}\right\}=8$$

因此 x_5 是换出变量。

更新基为 $J_B=\{x_2,x_1,x_4\}$，相应的基变量取值为

$$x_4^*\leftarrow t=8,x_2^*\leftarrow x_2^*-d_2\times t=5,x_1^*\leftarrow x_1^*-d_1\times t=1$$

且逆矩阵

$$B^{-1}=\begin{bmatrix}0 & 0 & 1/2\\ 1/3 & 0 & -1/3\\ -4/3 & 1 & 4/3\end{bmatrix}\xleftarrow[\substack{r_1-\frac{-1/8}{3/4}r_3\\ r_2-\frac{1/4}{3/4}r_3}]{\frac{1}{3/4}r_3}\begin{bmatrix}1/2 & -3/8 & 0\\ 0 & 1/4 & 0\\ -1 & 3/4 & 1\end{bmatrix}$$

第四次迭代：

计算 $y=B^{-\mathrm{T}}c_B=\begin{bmatrix}0 & 1/3 & -4/3\\ 0 & 0 & 1\\ 1/2 & -1/3 & 4/3\end{bmatrix}\begin{bmatrix}3\\4\\0\end{bmatrix}=\begin{bmatrix}4/3\\0\\1/6\end{bmatrix}$。非基变量 x_3,x_5 的降低价格 $(\bar{c}_3,\bar{c}_5)=(c_3,c_5)-(y^{\mathrm{T}}p_3,y^{\mathrm{T}}p_5)=\left(-\frac{4}{3},-\frac{1}{6}\right)$。因此当前的基本可行解

$$x^*=(1,5,0,0,8)^{\mathrm{T}}$$

为最优解，最优值 $z^*=19$。

5. 两阶段修正单纯形法

考虑两阶段法的第一阶段的人工问题的最优目标函数值为 0 的情况，此时可用修正单纯形法找到原来问题的基本可行解。如果找到的基本可行解对应的基不含人工变量，那么直接进行第二阶段的迭代。否则，我们需要把任一是基变量的人工变量 x_{B_r} 用与之在同一约束方程的决策变量或松弛变量替换，这等同于在单纯形表的 x_{B_r}-行中寻找具有非零系数的决策变量或松弛变量替换 x_{B_r}。由于运用修正单纯形法时没有整张的单纯形表，故我们需要计算出 x_{B_r}-行，这与计算降低价格相似，降低价格实际上就对应于 z-行。

注意到以非基变量表示基变量的表达式

$$x_B=x_B^*-B^{-1}Nx_N$$

该方程中的 x_{B_r}-行即为

$$x_{B_r}=x_{B_r}^*-w^{\mathrm{T}}Nx_N$$

其中 w^{T} 是 B^{-1} 的第 r 行。这说明非基变量 x_{N_j} 在 x_{B_r}-行中的系数是 $w^{\mathrm{T}}p_{N_j}$。

我们只要选择具有非零的 $w^{\mathrm{T}}p_{N_k}$ 的决策变量或松弛变量 x_{N_k} 作为换入变量，在 (x_{B_r},x_{N_k}) 处旋转就可以把人工变量 x_{B_r} 替换出基。

重复上述过程，直到把所有的人工变量都替换出来为止，我们就得到原来问题的标准形式的一个基本可行解，由此即可进行第二阶段的迭代。

例 1.17 用修正单纯形法求解线性规划问题

$$\begin{aligned}\max \quad & z = 2x_1 + x_2 \\ s.t. \quad & 3x_1 + x_2 \geqslant 3 \\ & 4x_1 + 3x_2 \geqslant 4 \\ & x_1 + 2x_2 \leqslant 3 \\ & x_1, x_2 \geqslant 0\end{aligned}$$

解 该问题的人工问题为

$$\begin{aligned}\max \quad & \omega = c^{\mathrm{T}} x \\ s.t. \quad & Ax = b \\ & x \geqslant 0\end{aligned}$$

其中 $x = (x_1, x_2, x_3, x_4, x_5, x_6, x_7)^{\mathrm{T}}$，$x_4, x_6$ 为人工变量，$c = (0,0,0,-1,0,-1,0)^{\mathrm{T}}$，

$$A = \begin{bmatrix} 3 & 1 & -1 & 1 & 0 & 0 & 0 \\ 4 & 3 & 0 & 0 & -1 & 1 & 0 \\ 1 & 2 & 0 & 0 & 0 & 0 & 1 \end{bmatrix} = [p_1, p_2, p_3, p_4, p_5, p_6, p_7], b = \begin{bmatrix} 3 \\ 4 \\ 3 \end{bmatrix}$$

用 Bland 规则的修正单纯形法，从基 $J_B = \{x_4, x_6, x_7\}$ 开始迭代。初始基变量取值为 $x_B^* = (3,4,3)^{\mathrm{T}}, B = I$，故 $B^{-1} = I$。

计算 $y = B^{-\mathrm{T}} c_B = (-1,-1,0)^{\mathrm{T}}$，$x_1$ 的降低价格为 $\bar{c}_1 = c_1 - p_1^{\mathrm{T}} y = 7 > 0$，故 x_1 为换入变量。

计算 $d = B^{-1} p_1 = (3,4,1)^{\mathrm{T}}$，最小比率规则

$$t = \min\left\{\frac{3}{3}, \frac{4}{4}, \frac{3}{1}\right\} = \frac{3}{3} = 1$$

故 x_4 是换出变量。

更新基 $J_B = \{x_1, x_6, x_7\}$，其中

$$x_1^* \leftarrow t = 1, x_6^* \leftarrow x_6^* - d_6 \times t = 0, x_7^* \leftarrow x_7^* - d_7 \times t = 2$$

且逆矩阵

$$B^{-1} = \begin{bmatrix} 1/3 & 0 & 0 \\ -4/3 & 1 & 0 \\ 1/3 & 0 & 1 \end{bmatrix} \xleftarrow[\substack{r_2 - \frac{4}{3}r_1 \\ r_3 - \frac{1}{3}r_1}]{\frac{1}{3}r_1} \begin{bmatrix} 1 & 0 & 0 \\ 0 & 1 & 0 \\ 0 & 0 & 1 \end{bmatrix}$$

由于该基中唯一的人工变量 x_6 值为 0，故人工问题的最优目标值为 0，从而当前的解可以对应原来问题的标准形式的一个可行解。接下来力图把 x_6 替换出基。

首先检查 x_2 是否可以作为换入变量，于是计算它在 x_6- 行中的系数

$$\bar{a}_{22} = w^{\mathrm{T}} p_2 = \left[-\frac{4}{3} \quad 1 \quad 0\right] \begin{bmatrix} 1 \\ 3 \\ 2 \end{bmatrix} = \frac{5}{3} \neq 0$$

其中 w 是 B^{-1} 的第 2 行，对应着 J_B 中的第 2 个基变量 x_6。因此 x_2 是可作为换入变量。

更新基 $J_B = \{x_1, x_2, x_7\}$，其中各变量的取值保持不变

$$x_1^* = 1, x_2^* = 0, x_7^* = 2$$

计算 $d = B^{-1} p_2 = \left(\frac{1}{3}, \frac{5}{3}, \frac{5}{3}\right)^{\mathrm{T}}$，从而更新逆矩阵

$$B^{-1}=\begin{bmatrix}3/5 & -1/5 & 0\\ -4/5 & 3/5 & 0\\ 1 & -1 & 1\end{bmatrix}\xleftarrow[\frac{1}{5/3}r_2]{r_1-\frac{1/3}{5/3}r_2}\begin{bmatrix}1/3 & 0 & 0\\ -4/3 & 1 & 0\\ 1/3 & 0 & 1\end{bmatrix}$$

$$r_3-\frac{5/3}{5/3}r_2$$

接着以基 $J_B=\{x_1,x_2,x_7\}$ 作为初始基进行第二阶段的迭代，此时去掉人工变量 $x_4,x_6,c=(-2,-1,0,0,0)^{\mathrm{T}}$。

习　题

1. 建立下列问题的线性规划的数学模型

（1）购买设备问题。有一个箱子制造商考虑购买两种不同型号的纸板折叠机 A 和 B。机器 A 的操作需要一个工人且每分钟能折叠 30 个箱子，机器 B 的操作需要 2 个工人且每分钟能折叠 50 个箱子。该制造商希望每分钟至少能折叠 320 个箱子且最多雇佣的工人不超过 12 个。如果购买机器 A 和 B 的费用分别是 1.5 万元和 2 万元，那么折叠机 A 和 B 应分别购买几部，使得该制造商的花费最省?

（2）农业问题。某农场共有 72 亩地用于种植玉米、大豆和小麦。每种农作物都需要一定的人力和资本，相关的数据和每种农作物的净利润如下表所示。

项目	人力（小时）	资本（元）	净利润（元）
玉米（每亩）	1	36	40
大豆（每亩）	1	24	30
小麦（每亩）	0.3	18	20

该农场主可以提供 2160 元的资本和 48 小时的工作时间用于种植这些农作物，各农作物应种植多少使得该农场获利最大?

（3）空气污染问题。考虑一个空气污染的区域，其污染源主要是一家水泥制造厂，其每年能生产 2500000 包的水泥。虽然烧窑的地方装有机械收集灰尘的设备以监测空气情况，但是这家工厂每生产一包的水泥仍会排放 2.0 磅的尘土。有两款静电除尘器 A 和 B 可供安装来控制粉尘的排放。使用机器 A 可以减少 1.5 磅的粉尘/每包，需要花费 8.4 元/每包。使用机器 B 可以减少 1.8 磅的粉尘/每包，需要花费 10.8 元/每包。环保局要求固体排放物至少要减少 84%。为达到环保局的要求，使用新的控制过程应生产多少的水泥使得该工厂控制空气污染的费用最低?

2. 考虑线性规划问题

$$\begin{aligned}\min\quad & 3x_1+4x_2\\ s.t.\quad & x_1+3x_2\leqslant 6\\ & 4x_1+3x_2\leqslant 12\\ & x_1,x_2\geqslant 0\end{aligned}$$

（1）用图解法求出该线性规划问题的最优解。

（2）用图解法具体说明当目标函数中 x_1 的系数发生怎样的改变时，（1）中的解仍是最优的。

3. 用图解法确定 a 的所有取值，使得 $(x_1,x_2)=(3,1)$ 是线性规划问题

$$\begin{aligned}\min\quad & x_1+ax_2\\ s.t.\quad & x_1+3x_2\leqslant 6\\ & x_1+x_2\geqslant 4\\ & x_1,x_2\geqslant 0\end{aligned}$$

的最优解。

4. 已知以 x_1,x_2 为决策变量的线性规划问题

$$\begin{aligned}\max\quad & z=ax_1-x_2\\ s.t.\quad & -2x_1+x_2\leqslant 4\\ & x_1-x_2\leqslant 2\\ & x_1,x_2\geqslant 0\end{aligned}$$

有无界解，其中 $a\in[-1,6]$。用图解法确定 a 的值使得该问题仍有无界解。

5. 已知以 x_1,x_2 为决策变量的线性规划问题

$$\begin{aligned}\max\quad & z=ax_1+bx_2\\ s.t.\quad & -2x_1+x_2\leqslant 4\\ & x_1-x_2\leqslant 2\\ & x_1,x_2\geqslant 0\end{aligned}$$

有无界解，其中 a 和 b 均属于区间 $[-1,6]$。用图解法确定 a 和 b 的值使得该问题仍有无界解。

6. 求出下列线性规划问题的增广形式的所有基本可行解。

(1)
$$\begin{aligned}\max\quad & z=c_1x_1+c_2x_2\\ s.t.\quad & x_1-x_2\leqslant 1\\ & -4x_1+4x_2\leqslant 2\\ & -2x_1-4x_2\leqslant 6\\ & x_1,x_2\geqslant 0\end{aligned}$$

(2)
$$\begin{aligned}\max\quad & z=c_1x_1+c_2x_2+c_3x_3+c_4x_4\\ s.t.\quad & 2x_1+3x_2+4x_3-x_4\leqslant 2\\ & 2x_2+4x_3+2x_4\leqslant 1\\ & x_1,x_2,x_3,x_4\geqslant 0\end{aligned}$$

7. 已知下列线性规划问题增广形式的基本可行解，求出与之相邻的所有基本可行解。

(1) max　$z = c_1x_1 + c_2x_2$

s.t.　$-3x_1 + 4x_2 \leqslant 5$

$2x_2 \leqslant 4$

$x_1 - x_2 \leqslant 10$

$x_1, x_2 \geqslant 0$

基本可行解　$x = (10,0,35,4,0)^T$

(2) max　$z = c_1x_1 + c_2x_2 + c_3x_3 + c_4x_4$

s.t.　$2x_1 - 4x_2 + x_3 + x_4 \leqslant 6$

$-2x_1 + 5x_2 + x_3 - 3x_4 \leqslant 10$

$x_1, x_2, x_3, x_4 \geqslant 0$

基本可行解　$x = (3,0,0,0,0,16)^T$

8. 判断下列向量是否是线性规划问题

$$
\begin{aligned}
\max\quad & z = c_1x_1 + c_2x_2 \\
s.t.\quad & x_1 + 3x_2 \leqslant 8 \\
& x_1 + 2x_2 \leqslant 6 \\
& 3x_1 + x_2 \leqslant 8 \\
& x_1, x_2 \geqslant 0
\end{aligned}
$$

的增广形式的基本解。

(1) $x = (6,0,2,0,-10)^T$，(2) $x = (4,1,1,0,-5)^T$，(3) $x = (2,2,0,0,0)^T$。

9. 考虑如下线性规划问题

$$
\begin{aligned}
\max\quad & z = -4x_1 + 9x_2 + 4x_3 \\
s.t.\quad & -3x_2 + 3x_3 + x_4 = 7 \\
& -x_1 + 2x_2 + x_3 + x_5 = 6 \\
& -4x_1 - 4x_2 + 2x_3 + x_6 = 2 \\
& x_1 - x_2 - 2x_3 + x_7 = 9 \\
& x_1, x_2, x_3, x_4, x_5, x_6, x_7 \geqslant 0
\end{aligned}
$$

以 $\{x_1, x_4, x_5, x_6\}$ 为基变量，

(1) 确定所有可能的换入变量；

(2) 对每个换入变量，确定所有可能的换出变量；

(3) 对于每一对换入变量和换出变量，确定其相应的基本可行解。

10. 证明：如果可行基对应的非基变量的降低价格都为负的，那么相应于该可行基的基本可行解是唯一的最优解。

11. 考虑如下线性规划问题

$$\begin{aligned}
\max\quad & z = 4x_1 - x_2 + 7x_3 \\
s.t.\quad & x_1 - 3x_2 + 4x_3 + x_4 = 10 \\
& -3x_1 + 2x_2 + 2x_3 + x_5 = 3 \\
& 3x_1 + 5x_2 - 4x_3 + x_6 = 10 \\
& 2x_1 - 2x_2 + x_3 + x_7 = 6 \\
& x_1, x_2, x_3, \cdots, x_7 \geqslant 0
\end{aligned}$$

以 $\{x_1, x_4, x_5, x_6\}$ 为基变量，

(1) 写出这个基对应的单纯形表；

(2) 从 (1) 中得到的单纯形表开始，分别用下列方法找出单纯形法下一次迭代的换入变量：

① 最大系数法；

② 最小足码法；

并分别确定相应的换出变量。

12. 把线性规划问题

$$\begin{aligned}
\max\quad & z = -3x_1 + 2x_2 + 3x_3 \\
s.t.\quad & 3x_1 + x_2 - x_3 + x_4 \leqslant 10 \\
& 2x_1 - 3x_2 - 3x_3 + 3x_4 \geqslant 15 \\
& 4x_1 + 4x_2 + 2x_3 - x_4 = 16 \\
& x_1, x_2, x_3 \geqslant 0
\end{aligned}$$

变换为标准形式。

13. 已知变量替换 $x_1 = x_1^+ - x_1^-$ 把线性规划问题变换为标准不等式形式。

$$\begin{aligned}
\max\quad & z = c_1x_1^+ - c_1x_1^- + c_2x_2 + \cdots + c_nx_n \\
s.t.\quad & a_{11}x_1^+ - a_{11}x_1^- + a_{12}x_2 + \cdots + a_{1n}x_n \leqslant b_1 \\
& a_{21}x_1^+ - a_{21}x_1^- + a_{22}x_2 + \cdots + a_{2n}x_n \leqslant b_1 \\
& \qquad\vdots \\
& a_{m1}x_1^+ - a_{m1}x_1^- + a_{m2}x_2 + \cdots + a_{mn}x_n \leqslant b_m \\
& x_1^+, x_1^-, x_2, \cdots, x_n \geqslant 0
\end{aligned}$$

证明：若 $x = (x_1^+, x_1^-, x_2, \cdots, x_{n+m})^{\mathrm{T}}$ 是其增广形式的基本可行解，则 x_1^+ 和 x_1^- 不能同时为正。

14. 分别用大 M 法和两阶段法解线性规划问题。

$$\begin{aligned}
\min\quad & z = -4x_1 - 2x_2 - 8x_3 \\
s.t.\quad & 2x_1 - x_2 + 3x_3 \leqslant 30 \\
& x_1 + 2x_2 + 4x_3 = 40 \\
& x_1, x_2, x_3 \geqslant 0
\end{aligned}$$

15. 用两阶段法中的第一阶段判断出下列问题是不可行的或是找出其标准形式的基本可行解。

(1) max　$z = c_1x_1 + c_2x_2 + c_3x_3$

$$\begin{aligned} s.t.\quad & 5x_1 + 2x_2 + x_3 \geqslant 4 \\ & 4x_1 + 2x_2 + 3x_3 \geqslant 6 \\ & -4x_1 + 2x_2 \geqslant 7 \\ & 5x_1 + 2x_2 + 3x_3 = 10 \\ & x_1, x_2, x_3 \geqslant 0 \end{aligned}$$

(2) max　$z = c_1x_1 + c_2x_2 + c_3x_3 + c_4x_4$

$$\begin{aligned} s.t.\quad & 2x_1 - 5x_2 - 2x_3 + 2x_4 \geqslant 12 \\ & -x_1 + x_2 - x_4 \geqslant 7 \\ & -2x_1 + 4x_3 \geqslant 12 \\ & -2x_1 - 3x_2 + 2x_3 + x_4 = 10 \\ & x_1, x_2, x_3, x_4 \geqslant 0 \end{aligned}$$

16. 下表是某最大化线性规划问题第一阶段计算的最终单纯形表。表中的 x_6, x_7 是人工变量，a,b,c,d,e,f,g,h,i,j 是待定常数。试说明这些常数分别取什么值时，以下结论成立。

z	x_1	x_2	x_3	x_4	x_5	x_6	x_7	RHS
1	0	a	0	0	b	c	1	d
0	−2	0	4	1	0	0	−2	1
0	e	f	g	0	h	i	1	j

(1) 该问题有基本可行解；

(2) 该问题是不可行的；

(3) 该问题是可行的，但是存在一个多余的函数约束。

17. 证明：两阶段法的第一阶段的人工问题的最优目标函数值是负的当且仅当原来线性规划问题是不可行的。

18. 考虑扰动方程组 $Bx = b + \boldsymbol{\epsilon}$，其中

$$B^{-1} = \begin{bmatrix} 2 & 3 & 2 \\ 2 & 2 & 3 \\ 2 & 2 & 4 \end{bmatrix}, b = \begin{bmatrix} 6 \\ 6 \\ 6 \end{bmatrix}, \boldsymbol{\epsilon} = \begin{bmatrix} \varepsilon \\ \varepsilon^2 \\ \varepsilon^3 \end{bmatrix}$$

请把 $x = B^{-1}(b + \boldsymbol{\epsilon})$ 各分量按字典序排序。

19. 用摄动/字典序法求解 Beale 给出的线性规划问题。

$$\begin{aligned} \min\quad & z = -\frac{3}{4}x_4 + 20x_5 - \frac{1}{2}x_6 + 6x_7 \\ s.t.\quad & x_1 + \frac{1}{4}x_4 - 8x_5 - x_6 + 9x_7 = 0 \\ & x_2 + \frac{1}{2}x_4 - 12x_5 - \frac{1}{2}x_6 + 3x_7 = 0 \\ & x_3 + x_6 = 1 \\ & x_j \geqslant 0, j = 1, \cdots, 7 \end{aligned}$$

20. 用两阶段修正单纯形法求解下列线性规划问题。

(1) $\max \quad z = 2x_1 + x_2 + 2x_3$

$$\begin{aligned} s.t.\quad & 4x_1 + 3x_2 + 8x_3 \leqslant 12 \\ & 4x_1 + x_2 + 12x_3 \leqslant 8 \\ & 4x_1 - x_2 + 3x_3 \leqslant 8 \\ & x_1, x_2, x_3 \geqslant 0 \end{aligned}$$

(2) $\max \quad z = x_2 + 4x_3$

$$\begin{aligned} s.t.\quad & -3x_1 + 3x_2 - 3x_3 \leqslant 9 \\ & 2x_1 - 2x_2 - 4x_3 \leqslant 16 \\ & 4x_1 + 2x_2 - x_3 \geqslant 12 \\ & -x_1 - 5x_2 + 5x_3 = 16 \\ & x_1, x_2, x_3 \geqslant 0 \end{aligned}$$

21. 考虑线性方程组 $Ax = b$，其中 $m \times n$ 矩阵 A 的秩为 m。假设 J_B 是该系统的一个基，且由它确定的基本解 x^* 是非负的，证明：存在目标函数 $c^{\mathrm{T}}x$，使得 x^* 是线性规划问题

$$\begin{aligned} \max \quad & c^{\mathrm{T}}x \\ s.t. \quad & Ax = b \\ & x \geqslant \mathbf{0} \end{aligned}$$

的唯一解。

22. 设对线性规划问题 (P) 运用两阶段法，第一阶段结束后得到人工问题的最优基 J_B，它所确定的基本解的目标值为 0。证明：如果该最优基的非人工变量 x_{N_j} 的降低价格是负的，那么在原来问题 (P) 的所有可行解中，必有 $x_{N_j} = 0$。

23. 设对标准不等式形线性规划问题（SIF）运用表格单纯形法，其初始单纯形表为

z	x_1	$\cdots$	x_n	x_{n+1}	$\cdots$	x_{n+m}	RHS
1	$-c_1$	$\cdots$	$-c_n$	0	$\cdots$	0	0
0	a_{11}	$\cdots$	a_{1n}	1			b_1
$\vdots$	$\vdots$		$\vdots$		$\ddots$		$\vdots$
0	a_{m1}	$\cdots$	a_{mn}			1	b_m

中间某一步的基为 J_B，计算表为

z	x_1	$\cdots$	x_n	x_{n+1}	$\cdots$	x_{n+m}	RHS
1	$-\bar{c}_1$	$\cdots$	$-\bar{c}_n$	$-\bar{c}_{n+1}$	$\cdots$	$-\bar{c}_{n+m}$	$\bar{v}$
0	$\bar{a}_{11}$	$\cdots$	$\bar{a}_{1n}$	$\bar{a}_{1,n+1}$	$\cdots$	$\bar{a}_{1,n+m}$	$\bar{b}_1$
$\vdots$	$\vdots$		$\vdots$	$\vdots$		$\vdots$	$\vdots$
0	$\bar{a}_{m1}$	$\cdots$	$\bar{a}_{mn}$	$\bar{a}_{m,n+1}$	$\cdots$	$\bar{a}_{m,n+m}$	$\bar{b}_m$

证明：基矩阵 B 的逆是

$$B^{-1}=\begin{bmatrix}\bar{a}_{1,n+1} & \cdots & \bar{a}_{1,n+m}\\ \vdots & & \vdots\\ \bar{a}_{m,n+1} & \cdots & \bar{a}_{m,n+m}\end{bmatrix}$$

而且，由修正单纯形法的最优性检验计算得到的 $y=B^{-\mathrm{T}}c_B$ 是

$$\begin{bmatrix}-\bar{c}_{n+1}\\ \vdots\\ -\bar{c}_{n+m}\end{bmatrix}$$

第 2 章　对偶理论和灵敏度分析

每个线性规划问题都有另一个与之密切相关的线性规划问题，即对偶问题，对偶理论揭示了原始问题和对偶问题的内在联系。对偶理论是美籍匈牙利数学家 John Von Neumann 于 1947 年提出的，为线性规划开创了许多新的研究领域，扩大了线性规划的应用范围和解题能力。1951 年，美国数学家 George B. Dantzig 利用对偶理论求解具有线性规划模型的运输问题，研究出确定降低价格的位势法原理，这将在本书第 4 章讨论。1954 年，美国数学家 C. E. Lemke 提出对偶单纯形法，它成为管理决策中进行灵敏度分析的重要工具。

对偶理论有许多重要的应用。比如，在第 1 章的产品生产计划例 1.1 中，原始问题的变量表示产品，其在目标函数中的系数表示生产该产品所带来的利润。可见，原始问题的目标函数直接反映了产品的增加如何影响所得的利润。原始问题的函数约束反映原材料的可使用性，它的提高可以引起产品的增加，从而引起利润的增加，然而这个关系在原始问题中不易体现出来。利用对偶理论能明确地反映出约束的变化对目标函数的影响。因此，对偶问题中的变量有时候被称为“影子价格”，因为它们实际上估计了资源的隐性“价格”。再比如说，在求解原始问题和对偶问题二者之一时，利用对偶理论会产生另一个线性规划的最优解。此外，当原始问题的约束条件个数远多于变量个数时，求解对偶问题比求解原始问题方便得多。这些内容将在本章详细讨论。对偶理论还被用于设计求解线性规划的有效算法，比如，当前最成功的内点算法软件的设计就同时运用了原始问题和对偶问题的相关信息。

本章首先利用线性不等式组引出标准不等式形线性规划问题的对偶问题，并讨论其对偶理论，再把相关结论推广到一般形式的线性规划问题，并讨论对偶理论与线性不等式组的关系。接着探讨对偶单纯形法，最后利用对偶理论进行灵敏度分析的讨论。

§2.1　线性规划的对偶问题及对偶理论

考虑线性规划问题：

$$
\begin{aligned}
\max \quad & z = x_1 + 3x_2 + 5x_3 \\
s.t. \quad & x_1 + x_2 + 2x_3 \leqslant 3 \\
& 5x_1 + 2x_2 + x_3 \leqslant 7 \\
& x_1, x_2, x_3 \geqslant 0
\end{aligned}
$$

和它的解 $x^* = (0,3,0)^{\mathrm{T}}$。运用单纯形法求解该线性规划问题，我们知道 x^* 是它的最优解。

倘若不用单纯形法，该如何解释这个解的最优性？事实上，利用线性不等式的相关运算即可得到结论。首先，解x^*的可行性是显而易见的。

为了解释x^*的最优性，可以利用不等式约束的线性组合来说明。首先对不等式编号

$$x_1+x_2+2x_3\leqslant 3 \quad (1)$$

$$5x_1+2x_2+x_3\leqslant 7 \quad (2)$$

$$-x_1\leqslant 0 \quad (3)$$

$$-x_2\leqslant 0 \quad (4)$$

$$-x_3\leqslant 0 \quad (5)$$

考虑线性组合 3×(1)+2×(3)+1×(5)，得到

$$\begin{array}{l} 3\times(x_1+x_2+2x_3\leqslant 3) \\ +2\times(-x_1\leqslant 0) \\ \underline{+1\times(-x_3\leqslant 0)} \\ =x_1+3x_2+5x_3\leqslant 9 \end{array}$$

这就证明了任一可行解的目标值最多不超过 9，而且解x^*的目标值恰好达到 9，因此x^*是最优解。

2.1.1　标准不等式形线性规划问题的对偶问题

可以把上述证明最优性的思想推广到一般具有标准不等式形式的线性规划问题。

考虑标准不等式形线性规划问题：

$$\begin{array}{ll} \max & z=c_1x_1+c_2x_2+\cdots+c_nx_n \\ s.t. & a_{11}x_1+a_{12}x_2+\cdots+a_{1n}x_n\leqslant b_1 \\ & a_{21}x_1+a_{22}x_2+\cdots+a_{2n}x_n\leqslant b_2 \\ & \vdots \\ & a_{m1}x_1+a_{m2}x_2+\cdots+a_{mn}x_n\leqslant b_m \\ & x_1,x_2,\cdots,x_n\geqslant 0 \end{array} \quad (P)$$

和它的解 $x^*=(x_1^*,\cdots,x_n^*)^T$。假定$x^*$是可行的，实际中这是易于验证的。我们想利用简单的线性不等式的有关运算证明x^*是最优解。更精确地说，我们要证明存在一个适当的不等式约束的线性组合，使得

$$c_1x_1+\cdots+c_nx_n\leqslant c_1x_1^*+\cdots+c_nx_n^*$$

为此，我们对不等式约束做如下编号：

$$a_{11}x_1+\cdots+a_{1n}x_n\leqslant b_1 \quad (I_1)$$

$$\vdots$$

$$a_{m1}x_1+\cdots+a_{mn}x_n\leqslant b_m \quad (I_m)$$

$$-x_1\leqslant 0 \quad (N_1)$$

$$\vdots$$

$$-x_n\leqslant 0 \quad (N_n)$$

并考虑如下组合

$$y_1\times(\mathrm{I}_1)+\cdots+y_m\times(\mathrm{I}_m)+w_1\times(\mathrm{N}_1)+\cdots+w_n\times(\mathrm{N}_n)$$

当系数 $y_1,\cdots,y_m,w_1,\cdots,w_n$ 都是非负的（从而使得不等式的方向保持不变）时，

$$\left.\begin{array}{l} y_1(a_{11}x_1+\cdots+a_{1n}x_n)+ \\ \qquad\cdots+ \\ y_m(a_{m1}x_1+\cdots+a_{mn}x_n)+ \\ w_1(-x_1)+ \\ \qquad\cdots+ \\ w_n(-x_n) \end{array}\right\}\leqslant\left\{\begin{array}{l} y_1b_1+ \\ \cdots+ \\ y_mb_m+ \\ w_1\times 0+ \\ \cdots+ \\ w_n\times 0 \end{array}\right.$$

因此，我们需要找出非负系数 $y_1,\cdots,y_m,w_1,\cdots,w_n$ 使得上述不等式中 x_j 的系数是 c_j，$j=1$，…，n，即

$$y_1a_{1j}+\cdots+y_ma_{mj}-w_j=c_j,j=1,\cdots,n$$

而且，上述不等式的右端是x^*的目标值，即

$$y_1b_1+\cdots+y_mb_m=c_1x_1^*+\cdots+c_nx_n^*$$

注意到，w_j是非负的，$y_1a_{1j}+\cdots+y_ma_{mj}-w_j=c_j$ 等价于

$$y_1a_{1j}+\cdots+y_ma_{mj}-c_j\geqslant 0$$

综上所述，要证明x^*是最优解，只需

（1）验证x^*满足所有约束条件；

（2）找出非负数y_1，…，y_m使得

$$y_1a_{1j}+\cdots+y_ma_{mj}-c_j\geqslant 0$$

及

$$y_1b_1+\cdots+y_mb_m=c_1x_1^*+\cdots+c_nx_n^*$$

事实上，满足上述条件的系数y_1，…，y_m可以通过求解一个相关的线性规划问题得到。这个结论是基于所谓的弱对偶性。

定理 2.1（(SIF）的弱对偶性） 如果 $x=(x_1,\cdots,x_n)^{\mathrm{T}}$ 是线性规划问题（P）的一个可行解，并且 $y=(y_1,\cdots,y_m)^{\mathrm{T}}$ 满足 $y_1,\cdots,y_m\geqslant 0$

及
$$y_1a_{1j}+\cdots+y_ma_{mj}\geqslant c_j,j=1,\cdots,n$$

那么

$$y_1b_1+\cdots+y_mb_m\geqslant c_1x_1+\cdots+c_nx_n$$

证 假设 x 是可行解，那么

$$b_i\geqslant a_{i1}x_1+\cdots+a_{in}x_n,i=1,\cdots,m,x_1,\cdots,x_n\geqslant 0$$

另外，如果 y 满足

$$y_1,\cdots,y_m\geqslant 0,y_1a_{1j}+\cdots+y_ma_{mj}\geqslant c_j,j=1,\cdots,n$$

那么

$$y_ib_i\geqslant y_i(a_{i1}x_1+\cdots+a_{in}x_n),i=1,\cdots,m$$

及

$$(y_1a_{1j}+\cdots+y_ma_{mj})x_j\geqslant c_jx_j,j=1,\cdots,n$$

把第一组的 m 个不等式相加得到

$$\sum_{i=1}^{m} y_i b_i \geqslant \sum_{i=1}^{m} y_i (a_{i1} x_1 + \cdots + a_{in} x_n) = \sum_{i=1}^{m} \sum_{j=1}^{n} y_i a_{ij} x_j$$

类似地，把第二组的 n 个不等式相加得到

$$\sum_{j=1}^{n} \sum_{i=1}^{m} y_i a_{ij} x_j = \sum_{j=1}^{n} (y_1 a_{1j} + \cdots + y_m a_{mj}) x_j \geqslant \sum_{j=1}^{n} c_j x_j$$

因此

$$\sum_{i=1}^{m} y_i b_i \geqslant \sum_{i=1}^{m} \sum_{j=1}^{n} y_i a_{ij} x_j = \sum_{j=1}^{n} \sum_{i=1}^{m} y_i a_{ij} x_j \geqslant \sum_{j=1}^{n} c_j x_j$$

证毕

弱对偶性表明对于每组满足

$$y_1 a_{1j} + \cdots + y_m a_{mj} \geqslant c_j, j = 1, \cdots, n$$

的非负系数y_1，…，y_m，给出线性规划问题（P）的目标函数的一个上界$y_1 b_1 + \cdots + y_m b_m$。要证明 x^* 的最优性，我们必须从满足上述条件的 y_1，…，y_m 中，找出使得$y_1 b_1 + \cdots + y_m b_m$达到最小值的 y_1，…，y_m，并验证这个值等于 $c_1 x_1^* + \cdots + c_n x_n^*$。

可以证明，如果 $x^* = (x_1^*, \cdots, x_n^*)^T$ 是（P）的最优解，那么这样的 y_1，…，y_m 存在。也就是说，我们总能找到一个适当的关于不等式约束的线性组合来证明 x^* 的最优性。这个结论称为强对偶理论，稍后我们将来证明它。

在此之前，先介绍一些相关术语。问题——寻找 y_1，…，y_m 最小化 $y_1 b_1 + \cdots + y_m b_m$，即

$$\begin{aligned} \min \quad & w = b_1 y_1 + b_2 y_2 + \cdots + b_m y_m \\ s.t. \quad & a_{11} y_1 + a_{21} y_2 + \cdots + a_{m1} y_m \geqslant c_1 \\ & a_{12} y_1 + a_{22} y_2 + \cdots + a_{m2} y_m \geqslant c_2 \\ & \vdots \\ & a_{1n} x_1 + a_{2n} y_2 + \cdots + a_{mn} y_m \geqslant c_n \\ & y_1, y_2, \cdots, y_m \geqslant 0 \end{aligned} \tag{D}$$

称为（P）的**对偶问题**。注意这个问题也是一个线性规划问题。一般地，线性规划问题（P）称为**原始问题**，其中的变量 x_1，…，x_n 称为**原始变量**。对偶问题（D）中的变量 y_1，…，y_m 称为**对偶变量**。每个在（P）中的约束称为**原始约束**，每个在（D）的约束称为**对偶约束**。

注 2.1　在对偶问题中：

（1）目标是最小化目标函数；

（2）目标函数的系数是原始问题中不等式约束的右端常数；

（3）函数约束的不等式是"$\geqslant$"；

（4）函数约束的右端常数是原始问题中目标函数的系数；

（5）函数约束的系数矩阵是原始问题中相应的矩阵的转置；

（6）所有变量都是非负的；

（7）对偶变量 y_i 的经济意义：在其他条件不变的情况下，单位资源变化所引起的目标函数的最优值的变化，称为**影子价格（Shadow Price）**。某种资源的 $y_i > 0$，表示该资源短缺，决策者要提高利润，必须先考虑影子价格高的资源。某种资源的 $y_i = 0$，表示

该资源有余，或是资源过多供应，再增加该资源无益。

例 2.1 线性规划问题

$$\begin{aligned} \max \quad & z = x_1 + 3x_2 + 6x_3 \\ s.t. \quad & x_1 + x_2 + 2x_3 \leqslant 3 \\ & 5x_1 + 2x_2 + x_3 \leqslant 7 \\ & x_1, x_2, x_3 \geqslant 0 \end{aligned}$$

的对偶问题是

$$\begin{aligned} \min \quad & w = 3y_1 + 7y_2 \\ s.t. \quad & y_1 + 5y_2 \geqslant 1 \\ & y_1 + 2y_2 \geqslant 3 \\ & 2y_1 + y_2 \geqslant 6 \\ & y_1, y_2 \geqslant 0 \end{aligned}$$

2.1.2 强对偶定理与互补松弛性

定理 2.2 ((SIF) 的强对偶性) 如果 $x^* = (x_1^*, \cdots, x_n^*)^T$ 是具有标准不等式形式的线性规划问题 (P) 的最优解，那么其对偶问题 (D) 有一个最优解 $y^* = (y_1^*, \cdots, y_m^*)^T$ 具有最优值

$$b_1 y_1^* + \cdots + b_m y_m^* = c_1 x_1^* + \cdots + c_n x_n^*$$

即 (P) 的最优值等于 (D) 的最优值。

这个定理的证明依赖于满足

$$b_1 y_1 + \cdots + b_m y_m = c_1 x_1 + \cdots + c_n x_n$$

的 (P) 任一可行解 $x = (x_1, \cdots, x_n)^T$ 和 (D) 任一可行解 $y = (y_1, \cdots, y_m)^T$ 的特征。

引理 2.1 (互补松弛性) 如果 $x = (x_1, \cdots, x_n)^T$ 是具有标准不等式形式的线性规划问题 (P) 的可行解，$y = (y_1, \cdots, y_m)^T$ 是其对偶问题 (D) 的可行解，那么

$$b_1 y_1 + \cdots + b_m y_m = c_1 x_1 + \cdots + c_n x_n$$

的充要条件是

$$(y_1 a_{1j} + \cdots + y_m a_{mj} - c_j) x_j = 0, j = 1, \cdots, n$$

及

$$(b_i - a_{i1} x_1 - \cdots - a_{in} x_n) y_i = 0, i = 1, \cdots, m$$

证 由弱对偶性的证明中，我们知道对于可行解 $x = (x_1, \cdots, x_n)^T$ 与 $y = (y_1, \cdots, y_m)^T$，有

$$\sum_{i=1}^{m} y_i b_i \geqslant \sum_{i=1}^{m} y_i (a_{i1} x_1 + \cdots + a_{in} x_n) = \sum_{j=1}^{n} (y_1 a_{1j} + \cdots + y_m a_{mj}) x_j \geqslant \sum_{j=1}^{n} c_j x_j$$

因此

$$b_1 y_1 + \cdots + b_m y_m = c_1 x_1 + \cdots + c_n c_n$$

的充要条件是

$$0 = \sum_{i=1}^{m} y_i b_i - \sum_{i=1}^{m} y_i (a_{i1} x_1 + \cdots + a_{in} x_n) = \sum_{i=1}^{m} y_i (b_i - a_{i1} x_1 - \cdots - a_{in} x_n)$$

及

$$0 = \sum_{j=1}^{n}(y_1 a_{1j} + \cdots + y_m a_{mj})x_j - \sum_{j=1}^{n} c_j x_j = \sum_{j=1}^{n}(y_1 a_{1j} + \cdots + y_m a_{mj} - c_j)x_j$$

由于解 $x=(x_1,\cdots,x_n)^{\mathrm{T}}$ 与 $y=(y_1,\cdots,y_m)^{\mathrm{T}}$ 分别满足原始约束和对偶约束，故在上述两个和式的最右端项是非负的。因此这两个和为 0 的充要条件是

$$(y_1 a_{1j} + \cdots + y_m a_{mj} - c_j)x_j = 0, j = 1,\cdots,n$$

及

$$(b_i - a_{i1}x_1 - \cdots - a_{in}x_n)y_i = 0, i = 1,\cdots,m$$

证毕

定义 2.1（互补松弛条件）　对于（P）的任一解 $x=(x_1,\cdots,x_n)^{\mathrm{T}}$ 和它的对偶问题的任一解 $y=(y_1,\cdots,y_m)^{\mathrm{T}}$，等式系统

$$(y_1 a_{1j} + \cdots + y_m a_{mj} - c_j)x_j = 0, j = 1,\cdots,n$$

及

$$(b_i - a_{i1}x_1 - \cdots - a_{in}x_n)y_i = 0, i = 1,\cdots,m$$

称为**互补松弛条件**。

例 2.2　线性规划问题

$$\begin{aligned} \max \quad & z = x_1 + 3x_2 + 6x_3 \\ s.t. \quad & x_1 + x_2 + 2x_3 \leqslant 3 \\ & 5x_1 + 2x_2 + x_3 \leqslant 7 \\ & x_1, x_2, x_3 \geqslant 0 \end{aligned}$$

和它的对偶问题

$$\begin{aligned} \min \quad & w = 3y_1 + 7y_2 \\ s.t. \quad & y_1 + 5y_2 \geqslant 1 \\ & y_1 + 2y_2 \geqslant 3 \\ & 2y_1 + y_2 \geqslant 6 \\ & y_1, y_2 \geqslant 0 \end{aligned}$$

的互补松弛条件是

$$\begin{aligned} (y_1 + 5x_2 - 1)x_1 &= 0 \\ (y_1 + 2y_2 - 3)x_2 &= 0 \\ (2y_1 + y_2 - 6)x_3 &= 0 \end{aligned}$$

及

$$\begin{aligned} (3 - x_1 - x_2 - 2x_3)y_1 &= 0 \\ (7 - 5x_1 - 2x_2 - x_3)y_2 &= 0 \end{aligned}$$

互补松弛条件与单纯形法密切相关。每个基本解 x^* 都有一个对偶问题的解 y^*，使得 (x^*, y^*) 满足互补松弛条件，而且这个对偶问题的解是可行的充要条件是 x^* 的所有降低价格都是非正的。

定理 2.3　如果 (x^*, s^*) 是由具有标准不等式形式的线性规划问题（P）的增广形式

$$\begin{aligned} \max \quad & z = c_1x_1 + c_2x_2 + \cdots + c_nx_n \\ s.t. \quad & a_{11}x_1 + a_{12}x_2 + \cdots + a_{1n}x_n + s_1 = b_1 \\ & \vdots \\ & a_{m1}x_1 + a_{m2}x_2 + \cdots + a_{mn}x_n + s_m = b_m \\ & x_1, \cdots, x_n, s_1, \cdots, s_m \geqslant 0 \end{aligned}$$

的一个基

$$J_B = \{x_{j_1}, \cdots, x_{j_k}, s_{i_1}, \cdots, s_{i_l}\}$$

决定的基本解，其中 s_i 为松弛变量，那么线性方程组

$$\begin{aligned} a_{1j_1}y_1 + \cdots + a_{i_1j_1}y_{i_1} + \cdots + a_{i_lj_1}y_{i_l} + \cdots + a_{mj_1}y_m &= c_{j_1} \\ &\vdots \\ a_{1j_k}y_1 + \cdots + a_{i_1j_k}y_{i_1} + \cdots + a_{i_lj_k}y_{i_l} + \cdots + a_{mj_k}y_m &= c_{j_k} \qquad (\mathrm{Sol_D}) \\ y_{i_1} &= 0 \\ &\vdots \\ y_{i_l} &= 0 \end{aligned}$$

有唯一解 y^*，它是对偶问题的一个解，而且 (x^*, y^*) 满足互补松弛条件。

此外，对偶问题的解 y^* 是可行的充要条件是由 J_B 确定的基本解的所有降低价格是非正的。

证　首先证明线性方程组（$\mathrm{Sol_D}$）有唯一解。注意到一个基矩阵对应于一个非奇异系统，这意味着方程组

$$\begin{aligned} a_{1j_1}x_{j_1} + \cdots + a_{1j_k}x_{j_k} &= b_1 \\ &\vdots \\ a_{i_1j_1}x_{j_1} + \cdots + a_{i_1j_k}x_{j_k} + s_{i_1} &= b_{i_1} \\ &\vdots \\ a_{i_lj_1}x_{j_1} + \cdots + a_{i_lj_k}x_{j_k} + s_{i_l} &= b_{i_l} \\ &\vdots \\ a_{mj_1}x_{j_1} + \cdots + a_{mj_k}x_{j_k} &= b_m \end{aligned}$$

有唯一解。该系统的系数矩阵正是（$\mathrm{Sol_D}$）的系数矩阵的转置，因此（$\mathrm{Sol_D}$）也有唯一解。

由于 x^* 中的非基变量取值都为 0，故对偶问题的任一解 y 都满足

$$(y_1a_{1j} + \cdots + y_ma_{mj} - c_j)x_j^* = 0, \; x_j \notin J_B$$

同样的，我们有

$$(b_i - a_{i1}x_1^* - \cdots - a_{in}x_n^*)y_i = 0, \; s_i \notin J_B$$

因此，如果 y^* 满足线性方程组（$\mathrm{Sol_D}$），同时还成立

$$y_1^*a_{1j} + \cdots + y_m^*a_{mj} - c_j = 0, x_j \in J_B$$

及

$$y_i^* = 0, \; s_i \in J_B$$

那么

$$(y_1^* a_{1j} + \cdots + y_m^* a_{mj} - c_j) x_j^* = 0,\ x_j \in J_B$$

及

$$(b_i - a_{i1} x_1^* - \cdots - a_{in} x_n^*) y_i^* = 0,\ s_i \in J_B$$

也就是说，(x^*, y^*) 满足互补松弛条件。

对目标函数的表达式及增广形式中的所有等式约束做如下运算：

$$\begin{array}{r}
(c_1 x_1 + \cdots + c_n x_n = z) \\
+(-y_1^*) \times (a_{11} x_1 + \cdots + a_{1n} x_n + s_1 = b_1) \\
+ \quad \cdots \qquad\qquad\qquad \\
+(-y_m^*) \times (a_{m1} x_1 + \cdots + a_{mn} x_n + s_m = b_m) \\
\hline
(c_1 - y_1^* a_{11} - \cdots - y_m^* a_{m1}) x_1 - y_1^* s_1 \quad z - y_1^* b_1 \\
+\cdots \qquad\qquad\qquad\qquad\qquad = - \cdots \\
+(c_n - y_1^* a_{1n} - \cdots - y_m^* a_{mn}) x_n - y_m^* s_m \quad - y_m^* b_m
\end{array}$$

由于 y^* 是 $(\mathrm{Sol_D})$ 的解，故在上述表达式中基变量 $x_j, s_i \in J_B$ 的系数为 0。因此，上述的表达式把目标函数用非基变量表示。这表明x_j的降低价格是

$$c_j - y_1^* a_{1j} - \cdots - y_m^* a_{mj}$$

s_i的降低价格是$-y_i$。因此所有的降低价格都是非正的充要条件是

$$-y_1^*, \cdots, -y_m^* \leqslant 0 \text{ 及 } c_j - y_1^* a_{1j} - \cdots - y_m^* a_{mj} \leqslant 0, j = 1, \cdots, n$$

即

$$y_1^*, \cdots, y_m^* \geqslant 0 \text{ 及 } y_1^* a_{1j} + \cdots + y_m^* a_{mj} \geqslant c_j, j = 1, \cdots, n$$

也就是说y^*是对偶问题（D）的可行解。　　　　证毕

在上述证明中，我们得到确定y^*的线性方程组的系数矩阵是B^{T}，其中 B 是由J_B确定的子方程组的系数矩阵。因此，y^*是$B^{\mathrm{T}} y = c_B$的解。也就是说定理中的解y^*正是在修正单纯形法中计算的向量$y = B^{-\mathrm{T}} c_B$。

这个解y^*，连同对偶不等式约束的松弛变量的值，称为(x^*, s^*)的**互补基本解**。称(x^*, y^*)为**互补对**。当x^*是原始问题的可行解时，该互补对是**原始可行的**，当y^*是对偶问题的可行解时，该互补对是**对偶可行的**。单纯形法可以看成是保持基本解(x^*, s^*)的可行性，通过迭代力图达到对偶解 $y = B^{-\mathrm{T}} c_B$ 的可行性。

注 2.2　互补对(x^*, y^*)满足互补松弛条件。

从互补松弛条件与单纯形法的关系，我们可以证明强对偶定理，证明如下。

运用单纯形法，必要的话可以采取两阶段法的第一阶段，找出线性规划问题（P）的增广形式的一个具有非正的降低价格的基本解(x^*, s^*)。设 y^* 是由强对偶定理确定的对偶可行解。由互补松弛引理得，x^*和y^*的目标值相等。由弱对偶性知，x^*的目标值是（D）的最优值的一个下界。又因为 y^* 的目标值达到这个下界，故它是最优的。

作为弱对偶性，互补松弛引理和强对偶定理的推论，我们有：

定理 2.4（互补松弛性定理）　对于具有标准不等式形式的线性规划问题（P）和它的对偶问题（D），原始问题的解是最优的充要条件是对偶问题有一个可行解与该解满足互补松弛条件。

例 2.3 考虑线性规划问题

$$\begin{aligned} \max \quad & z = 2x_1 + 4x_2 + 3x_3 \\ s.t. \quad & x_1 + 2x_2 + 4x_3 \leqslant 4 \\ & 2x_1 + x_2 + x_3 \leqslant 8 \\ & x_1, x_2, x_3 \geqslant 0 \end{aligned}$$

和解 $x^* = (2,1,0)^{\mathrm{T}}$。显然，$x^*$ 是可行的。

它的对偶问题是

$$\begin{aligned} \min \quad & w = 4y_1 + 8y_2 \\ s.t. \quad & y_1 + 2y_2 \geqslant 2 \\ & 2y_1 + y_2 \geqslant 4 \\ & 4y_1 + y_2 \geqslant 3 \\ & y_1, y_2 \geqslant 0 \end{aligned}$$

假设 $x^* = (x_1^*, x_2^*, x_3^*)^{\mathrm{T}} = (2,1,0)^{\mathrm{T}}, y^* = (y_1^*, y_2^*)^{\mathrm{T}}$ 满足互补松弛条件

$$\begin{cases} (2 - y_1^* - 2y_2^*)x_1^* = 0 \\ (4 - 2y_1^* - y_2^*)x_2^* = 0 \\ (3 - 4y_1^* - y_2^*)x_3^* = 0 \\ (4 - x_1^* - 2x_2^* - 4x_3^*)y_1^* = 0 \\ (8 - 2x_1^* - x_2^* - x_3^*)y_2^* = 0 \end{cases}$$

由于 $x_3^* = 0, x_1^* + 2x_2^* + 4x_3^* = 4$，故 y^* 满足第三，第四个等式。又 $x_1^*, x_2^* \neq 0, 2x_1^* + x_2^* + x_3^* \neq 8$，从第一，第二，第五个等式得到

$$\begin{cases} y_1^* + 2y_2^* = 2 \\ 2y_1^* + y_2^* = 4 \\ y_2^* = 0 \end{cases}$$

该线性方程组有唯一解 $y^* = (2,0)^{\mathrm{T}}$。容易验证 y^* 满足所有的对偶约束。由于 x^* 和 y^* 都是可行的，且满足互补松弛条件，由互补松弛性定理知，$x^*(y^*)$ 是最优的。

例 2.4 考虑线性规划问题

$$\begin{aligned} \max \quad & z = 2x_1 + 4x_2 + 9x_3 \\ s.t. \quad & x_1 + 2x_2 + 4x_3 \leqslant 4 \\ & 2x_1 + x_2 + x_3 \leqslant 8 \\ & x_1, x_2, x_3 \geqslant 0 \end{aligned}$$

和解 $x^* = (2,1,0)^{\mathrm{T}}$。显然，$x^*$ 是可行的。

它的对偶问题是

$$\begin{aligned} \min \quad & w = 4y_1 + 8y_2 \\ s.t. \quad & y_1 + 2y_2 \geqslant 2 \\ & 2y_1 + y_2 \geqslant 4 \\ & 4y_1 + y_2 \geqslant 9 \\ & y_1, y_2 \geqslant 0 \end{aligned}$$

假设 $x^*=(x_1^*,x_2^*,x_3^*)^{\mathrm{T}}=(2,1,0)^{\mathrm{T}}, y^*=(y_1^*,y_2^*)^{\mathrm{T}}$ 满足互补松弛条件

$$\begin{cases}(2-y_1^*-2y_2^*)x_1^*=0\\(4-2y_1^*-y_2^*)x_2^*=0\\(9-4y_1^*-y_2^*)x_3^*=0\\(4-x_1^*-2x_2^*-4x_3^*)y_1^*=0\\(8-2x_1^*-x_2^*-x_3^*)y_2^*=0\end{cases}$$

由于 $x_3^*=0, x_1^*+2x_2^*+4x_3^*=4$，故 y^* 满足第三、第四个等式。又 $x_1^*, x_2^*\neq 0, 2x_1^*+x_2^*+x_3^*\neq 8$，从第一、第二、第五个等式得到

$$\begin{cases}y_1^*+2y_2^*=2\\2y_1^*+y_2^*=4\\y_2^*=0\end{cases}$$

该线性方程组有唯一解 $y^*=(2,0)^{\mathrm{T}}$。此时，y^* 不满足第三个对偶约束。由此，利用反证法可以证明 x^* 不是最优的。

假设 x^* 是最优的。由互补松弛性定理知，存在对偶可行解 y^*，使得 (x^*,y^*) 满足互补松弛条件。然而上述过程说明，如果 y^* 是和 x^* 满足互补松弛条件的对偶问题的解，那么 y^* 是不可行的，因此 x^* 不是最优的。

2.1.3　原始问题与对偶问题的关系

我们知道具有标准不等式形式的线性规划问题（P）的对偶问题是（D），该对偶问题可以写成标准不等式形式

$$\begin{aligned}\max\quad & z'=-b_1y_1-b_2y_2-\cdots-b_my_m\\ s.t.\quad & -a_{11}y_1-a_{21}y_2-\cdots-a_{m1}y_m\leqslant -c_1\\ & -a_{12}y_1-a_{22}y_2-\cdots-a_{m2}y_m\leqslant -c_2\\ & \vdots\\ & -a_{1n}x_1-a_{2n}y_2-\cdots-a_{mn}y_m\leqslant -c_n\\ & y_1,y_2,\cdots,y_m\geqslant 0\end{aligned}$$

其对偶问题是

$$\begin{aligned}\min\quad & w'=-c_1x_1-c_2x_2-\cdots-c_nx_n\\ s.t.\quad & -a_{11}x_1-a_{12}x_2-\cdots-a_{1n}x_n\geqslant -b_1\\ & -a_{21}x_1-a_{22}x_2-\cdots-a_{2n}x_n\geqslant -b_2\\ & \vdots\\ & -a_{m1}x_1-a_{m2}x_2-\cdots-a_{mn}x_n\geqslant -b_m\end{aligned}$$

$$x_1, x_2, \cdots, x_n \geqslant 0$$

这个线性规划问题与原始问题（P）等价。

换句话说，具有标准不等式形式的线性规划问题，它的对偶问题的对偶问题是它自己本身。这个性质称为**原始—对偶对称性**。

我们已经证得，如果(x,s)是由增广形式的基J_B确定的基本解，那么在修正单纯形法中计算的互补对偶解$y = B^{-T}c_B$的值是

$$y_i = -(s_i \text{ 的降低价格}), i = 1, \cdots, m$$

且有剩余量

$$\delta_j = y_1 a_{1j} + \cdots + y_m a_{mj} - c_j = -(x_j \text{ 的降低价格}), j = 1, \cdots, n$$

对这个结论运用原始—对偶对称性，有

$$x_j = -(\delta_j \text{ 的降低价格}), j = 1, \cdots, n$$

且有剩余量

$$s_i = b_i - a_{i1}x_1 - \cdots - a_{in}x_n = -(y_i \text{ 的降低价格}), i = 1, \cdots, m$$

由这些关系式，我们有

(1) 原始问题单纯形表的降低价格行对应对偶问题的一个基本解，其对应关系如下表：

x	s
$-\bar{c}$	$c_B B^{-1}$
δ	y

其中，$\bar{c}$是x的降低价格向量，δ是对偶问题的松弛变量向量。

(2) 当一个基J_B确定的基本解(x,s)具有非正的降低价格时，对偶解$y = B^{-T}c_B$是对偶问题的可行解，此时称J_B是**对偶可行的**。

(3) 如果基J_B确定的基本解(x, s)是可行的，那么对偶解y具有非正的降低价格。

因此，一个基是最优的充要条件是它既是可行的又是对偶可行的。而且，如果x和y都是可行的，那么互补对(x,y)分别是各自线性规划的最优解。

例 2.5 考虑线性规划问题

$$\begin{aligned} \max \quad & z = 4x_1 + 3x_2 \\ s.t. \quad & 3x_1 + 2x_2 \leqslant 13 \\ & 4x_1 \leqslant 12 \\ & 2x_2 \leqslant 10 \\ & x_1, x_2 \geqslant 0 \end{aligned}$$

它的对偶问题为

$$\begin{aligned} \min \quad & w = 13y_1 + 12y_2 + 10y_3 \\ s.t. \quad & 3y_1 + 4y_2 \geqslant 4 \\ & 2y_1 + 2y_3 \geqslant 3 \\ & y_1, y_2, y_3 \geqslant 0 \end{aligned}$$

由原始问题的单纯形表

z	x_1	x_2	x_3	x_4	x_5	RHS
1	0	0	3/2	−1/8	0	18
0	0	1	1/2	−3/8	0	2
0	1	0	0	1/4	0	3
0	0	0	−1	3/4	1	6

知，原始问题的基本可行解为 $(3, 2, 0, 0, 6)^T$，对偶问题的基本解为 $(3/2, -1/8, 0, 0, 0)^T$（不可行）。

由原始问题的单纯形表

z	x_1	x_2	x_3	x_4	x_5	RHS
1	0	0	4/3	0	1/6	19
0	0	1	0	0	1/2	5
0	1	0	1/3	0	−1/3	1
0	0	0	−4/3	1	4/3	8

知，原始问题的基本可行解为$(1, 5, 0, 8, 0)^T$，对偶问题的基本解为$(4/3, 0, 1/6, 0, 0)^T$(可行)。故 $x=(1, 5)^T$，$y=(4/3, 0, 1/6)^T$分别是原始问题和对偶问题的最优解。

利用原始—对偶对称性，可以从对偶的角度来阐述强对偶定理。

定理 2.5 (对偶问题的强对偶定理)　如果解 $y^* = (y_1^*, \cdots, y_m^*)^T$ 是具有标准不等式形式的线性规划问题（P）的对偶问题（D）的最优解，那么（P）有一个最优解 $x^* = (x_1^*, \cdots, x_n^*)^T$，其最优值为

$$c_1 x_1^* + \cdots + c_n x_n^* = b_1 y_1^* + \cdots + b_m y_m^*$$

即（P）的最优值等于（D）的最优值。

结合（P）的强对偶定理，我们有，**标准不等式形线性规划问题有最优解的充要条件是它的对偶问题有最优解。此时，这两个最优值是相等的。**

由此可知，如果一个线性规划问题是不可行的，那么它的对偶问题或是无界的，或是不可行的。

另一方面，如果一个具有标准不等式形式的线性规划问题是可行的，由弱对偶性知，它的对偶问题不可能是无界的，因为原始问题的可行解的目标值是对偶问题的目标值的一个下界。因此，如果一个具有标准不等式形式的线性规划问题的对偶问题是无界的，那么原始问题是不可行的。运用原始—对偶对称性，我们有，**如果标准不等式形线性规划问题是无界的，那么它的对偶问题是不可行的。**

综上所述，我们得到如下结论：

定理 2.6　给定标准不等式形线性规划问题，

(1) 如果它有最优解，那么它的对偶问题有最优解；

(2) 如果它是不可行的，那么它的对偶问题或是不可行的，或是无界的。

(3) 如果它是无界的，那么它的对偶问题是不可行的。

2.1.4 其他形式线性规划的对偶问题

对于一般形式的线性规划问题，如何定义它的对偶问题？我们希望所定义的对偶问题能够使得所有的对偶定理和原始—对偶对称性仍然成立。一个直接的思路是把线性规划问题等价地变换成标准不等式形式，并写出这个等价形式的对偶问题。然而，这种转换可能会改变变量或是约束条件的数目，从而导致原始（对偶）变量和对偶（原始）函数约束不匹配。这个不匹配会导致无法写出互补松弛条件。

为了避免这个问题，我们必须小心地选择转换方式。

1. "≥"约束的对偶问题

考虑线性规划问题

$$\begin{aligned}\max\quad & z=c_1x_1+c_2x_2+\cdots+c_nx_n\\ s.t.\quad & a_{11}x_1+a_{12}x_2+\cdots a_{1n}x_n\geqslant b_1\\ & a_{21}x_1+a_{22}x_2+\cdots a_{2n}x_n\geqslant b_2\\ & \vdots\\ & a_{m1}x_1+a_{m2}x_2+\cdots a_{mn}x_n\geqslant b_m\\ & x_1,x_2,\cdots,x_n\geqslant 0\end{aligned}$$

把每个不等式约束都乘以-1变成标准不等式形式

$$\begin{aligned}\max\quad & z=c_1x_1+c_2x_2+\cdots+c_nx_n\\ s.t.\quad & -a_{11}x_1-a_{12}x_2-\cdots a_{1n}x_n\leqslant -b_1\\ & -a_{21}x_1-a_{22}x_2-\cdots a_{2n}x_n\leqslant -b_2\\ & \vdots\\ & -a_{m1}x_1-a_{m2}x_2-\cdots a_{mn}x_n\leqslant -b_m\\ & x_1,x_2,\cdots,x_n\geqslant 0\end{aligned}$$

该规划的对偶问题是

$$\begin{aligned}\min\quad & w=-b_1z_1-b_2z_2-\cdots-b_mz_m\\ s.t.\quad & -a_{11}z_1-a_{21}z_2-\cdots a_{m1}z_m\geqslant c_1\\ & -a_{12}z_1-a_{22}z_2-\cdots a_{m2}z_m\geqslant c_2\\ & \vdots\\ & -a_{1n}z_1-a_{2n}z_2-\cdots a_{mn}z_m\geqslant c_n\\ & z_1,z_2,\cdots,z_m\geqslant 0\end{aligned}$$

令$-z_i=y_i$得

$$\begin{aligned}\min\quad & w=b_1y_1+b_2y_2+\cdots+b_my_m\\ s.t.\quad & a_{11}y_1+a_{21}y_2+\cdots a_{m1}y_m\geqslant c_1\\ & a_{12}y_1+a_{22}y_2+\cdots a_{m2}y_m\geqslant c_2\\ & \vdots\end{aligned}$$

$$a_{1n}y_1+a_{2n}y_2+\cdots a_{mn}y_m\geqslant c_n$$
$$y_1,y_2,\cdots,y_m\leqslant 0$$

该线性规划定义为“≥”约束的对偶问题。注意到，对应于原始“≥”约束的对偶变量是非正的约束。

2. “=”约束的对偶问题

考虑线性规划问题

$$\begin{aligned}\max\quad & z=c_1x_1+c_2x_2+\cdots+c_nx_n\\ s.t.\quad & a_{11}x_1+a_{12}x_2+\cdots a_{1n}x_n=b_1\\ & a_{21}x_1+a_{22}x_2+\cdots a_{2n}x_n=b_2\\ & \vdots\\ & a_{m1}x_1+a_{m2}x_2+\cdots a_{mn}x_n=b_m\\ & x_1,x_2,\cdots,x_n\geqslant 0\end{aligned}$$

每个等式约束等价于两个不等式约束，即对于 $i=1$，…，m，

$$a_{i1}x_1+a_{i2}x_2+\cdots a_{in}x_n=b_i$$

等价于

$$a_{i1}x_1+a_{i2}x_2+\cdots a_{in}x_n\leqslant b_i$$
$$-a_{i1}x_1-a_{i2}x_2-\cdots a_{in}x_n\leqslant -b_i$$

这个等价的标准不等式形线性规划问题的对偶问题是

$$\begin{aligned}\min\quad & w=b_1w_1-b_1z_1+b_2w_2-b_2z_2+\cdots+b_mw_m-b_mz_m\\ s.t.\quad & a_{11}w_1-a_{11}z_1+a_{21}w_2-a_{21}z_2+\cdots+a_{m1}w_m-a_{m1}z_m\geqslant c_1\\ & a_{12}w_1-a_{12}z_1+a_{22}w_2-a_{22}z_2+\cdots+a_{m2}w_m-a_{m2}z_m\geqslant c_2\\ & \vdots\\ & a_{1n}w_1-a_{1n}z_1+a_{2n}w_2-a_{2n}z_2+\cdots+a_{mn}w_m-a_{mn}z_m\geqslant c_n\\ & w_1,z_1,w_2,z_2,\cdots,w_m,z_m\geqslant 0\end{aligned}$$

令 $y_i=w_i-z_i$ 得

$$\begin{aligned}\min\quad & w=b_1y_1+b_2y_2+\cdots+b_my_m\\ s.t.\quad & a_{11}y_1+a_{21}y_2+\cdots a_{m1}y_m\geqslant c_1\\ & a_{12}y_1+a_{22}y_2+\cdots a_{m2}y_m\geqslant c_2\\ & \vdots\\ & a_{1n}y_1+a_{2n}y_2+\cdots a_{mn}y_m\geqslant c_n\end{aligned}$$

该规划定义为“=”约束的对偶问题。注意到，对应于原始“=”约束的对偶变量是无约束的。

一般形式的线性规划问题的对偶问题可以按下列步骤得到：

步 1　按下列方式把线性规划问题转化成标准不等式形式：

（1）用－1 乘以每个“≥”约束；

（2）每个“=”约束写成一对“≤”约束；

（3）每个无约束的变量写成一对非负约束的变量。

步 2　写成等价的标准不等式形线性规划的对偶问题。

步3 按下列方式变换对偶问题：

(1) 用−1乘以对应于步1 (1) 中原始“⩾”约束的对偶变量。

(2) 把对应于步1 (2) 中原始“=”约束的一对对偶变量合并为一个变量。

(3) 把对应于步1 (3) 中原始无约束变量的对偶约束合并。

因此，原始问题（max）与其对偶问题有如下的对应特征：

(1) 非负约束的原始变量↔ 对偶“⩾”约束。

(2) 无约束的原始变量↔对偶“=”约束。

(3) 非正约束的原始变量 ↔对偶“⩽”约束。

(4) 原始“⩽”约束↔对偶非负变量。

(5) 原始“=”约束↔ 对偶无约束变量。

(6) 原始“⩾”约束↔ 对偶非正变量。

因此，当 $m \gg n$ 时，为减少计算量，可以考虑求解其对偶问题。

例 2.6 考虑线性规划问题

$$
\begin{aligned}
\min \quad & z = 2x_1 + 3x_2 - 5x_3 + x_4 \\
s.t. \quad & x_1 + x_2 - 3x_3 + 5x_4 \geqslant 5 \\
& 2x_1 + 2x_3 - x_4 \leqslant 4 \\
& x_2 + x_3 + x_4 = 6 \\
& x_1 \leqslant 0, x_2, x_3 \geqslant 0
\end{aligned}
$$

将原始问题化为

$$
\begin{aligned}
\max \quad & -z = -2x_1 - 3x_2 + 5x_3 - x_4 \\
s.t. \quad & x_1 + x_2 - 3x_3 + 5x_4 \geqslant 5 \\
& 2x_1 + 2x_3 - x_4 \leqslant 4 \\
& x_2 + x_3 + x_4 = 6 \\
& x_1 \leqslant 0, x_2, x_3 \geqslant 0
\end{aligned}
$$

此问题的对偶问题为

$$
\begin{aligned}
\min \quad & w = 5z_1 + 4z_2 + 6z_3 \\
s.t. \quad & z_1 + 2z_2 \leqslant -2 \\
& z_1 + z_3 \geqslant -3 \\
& -3z_1 + 2z_2 + z_3 \geqslant 5 \\
& z_1 - z_2 + z_3 = -1 \\
& z_1 \leqslant 0, z_2 \geqslant 0
\end{aligned}
$$

令 $y_i = -z_i$，$i=1$，2 得原始问题的对偶问题为

$$
\begin{aligned}
\max \quad & z' = 5y_1 + 4y_2 + 6y_3 \\
s.t. \quad & y_1 + 2y_2 \geqslant 2 \\
& y_1 + y_3 \leqslant 3 \\
& -3y_1 + 2y_2 + y_3 \leqslant -5 \\
& y_1 - y_2 + y_3 = 1 \\
& y_1 \geqslant 0, y_2 \leqslant 0
\end{aligned}
$$

按照上述步骤定义一般形式的线性规划问题的对偶问题，是通过具有标准不等式形式的线性规划问题的对偶问题来定义的，因此所有的对偶定理和互补松弛性定理对于一般形式的线性规划问题和它的对偶问题都成立。

定理 2.7（弱对偶性） 如果 x 是具有一般形式的线性规划问题的可行解，y 是它的对偶问题的可行解，那么 x 的目标值不超过 y 的目标值。

定理 2.8（强对偶性） 如果具有一般形式的线性规划问题有最优解，那么它的对偶问题有最优解，且原始问题的最优值等于对偶问题的最优值。

定理 2.9（互补松弛定理） 对于具有一般形式的线性规划问题和它的对偶问题，原始问题的一个解是最优解的充要条件是，它的对偶问题有一个可行解与该解满足互补松弛条件。

定理 2.10（原始—对偶对称性） 对于具有一般形式的线性规划问题，它的对偶问题的对偶问题是原始问题。

定理 2.11　给定一个具有一般形式的线性规划问题，

(1) 如果它有最优解，那么它的对偶问题有最优解。

(2) 如果它是不可行的，那么它的对偶问题或是不可行的，或是无界的。

(3) 如果它是无界的，那么它的对偶问题是不可行的。

2.1.5　对偶理论与线性不等式组

在本章的第 1 节，我们曾利用线性不等式组的线性组合得出原始问题的目标函数值的上界，从而引出对偶问题。本节我们将利用线性规划的对偶理论探讨线性不等式系统的解的情况，以具体例子来说明。下面我们用对偶理论证明凸分析中重要的定理——Farkas 定理。

定理 2.12（Farkas 定理）　设 A 为 $m\times n$ 矩阵，c 为 n 维向量，则 $A^{\mathrm{T}}y\geqslant\mathbf{0}$，$b^{\mathrm{T}}y<0$ 有解的充要条件是 $Ax=b$，$x\geqslant\mathbf{0}$ 无解。

证　考虑线性规划问题

$$\begin{aligned}(\mathrm{P})\quad \max\quad & 0^{\mathrm{T}}x\\ s.t.\quad & Ax=b\\ & x\geqslant\mathbf{0}\end{aligned}$$

及其对偶问题

$$\begin{aligned}(\mathrm{D})\quad \min\quad & b^{\mathrm{T}}y\\ s.t.\quad & A^{\mathrm{T}}y\geqslant\mathbf{0}\end{aligned}$$

由于原始问题（P）的目标函数值恒为 0，故（P）有最优解当且仅当它有可行解。因此，(P) 是不可行的当且仅当它没有最优解，从而由强对偶定理知，这等价于对偶问题（D）没有最优解。

注意到 $y=\mathbf{0}$ 是（D）的可行解，故由线性规划的基本定理 1.7 知，(D) 没有最优解当且仅当它是无界的。而且，若（D）是无界的，则存在可行解 $\hat{y}$，使得 $b^{\mathrm{T}}\hat{y}<0$，于是对于任意的 $k\geqslant 0$，$k\hat{y}$ 都是（D）的可行解。令 $k\to\infty$，则 $kb^{\mathrm{T}}\hat{y}\to-\infty$，即（D）是无界的。

综上，我们有

$Ax=b$，$x\geqslant \mathbf{0}$ 无解

$\Leftrightarrow$（P）是不可行的

$\Leftrightarrow$（P）没有最优解

$\Leftrightarrow$（D）没有最优解

$\Leftrightarrow$（D）是无界的

$\Leftrightarrow$（D）存在可行解使得目标函数值为负

$\Leftrightarrow A^{\mathrm{T}}y\geqslant \mathbf{0}, b^{\mathrm{T}}y<0$ 有解。 证毕

§2.2 对偶单纯形法

从原始问题和对偶问题的关系中，我们知道原始问题单纯形表的降低价格行对应对偶问题的一个基本解，并且如果某一次的迭代使得原始问题和对偶问题都得到可行解，那么两个问题同时达到最优解。也就是说，单纯形法是使得迭代过程中，保持原始问题的可行性，最终达到对偶问题的可行性。

运用原始—对偶对称性，可以这样考虑：保持对偶问题的基本解的可行性，原始问题的基本解从不可行的开始迭代，最终达到其基本可行解，从而也得到最优解。这样做的好处在于，无需运用人工变量等方法去寻找原始初始基本可行解，可以直接从非基本可行解开始迭代。这种方法就是所谓的对偶单纯形法。根据手算和计算机计算的不同需要，我们分别讨论表格形式的对偶单纯形法和修正对偶单纯形法。

2.2.1 表格对偶单纯形法

考虑具有等式约束形式的原始问题

$$\begin{aligned} \max \quad & z=c^{\mathrm{T}}x \\ s.t. \quad & Ax=b \\ & x\geqslant \mathbf{0} \end{aligned}$$

下面详细讨论对偶单纯形法的具体计算过程。

1. 最优性检验（换出变量的确定）

根据原始—对偶对称性，有

$$x_j=-(\delta_j \text{ 的降低价格}), j=1,\cdots,n$$

且有剩余量

$$s_i=b_i-a_{i1}x_1-\cdots-a_{in}x_n=-(y_i \text{ 的降低价格}), i=1,\cdots,m$$

其中δ_j是对偶问题的松弛变量。检查对偶问题的基本可行解 y 是否是最优的，就是检查当前原始问题的基本解 x 是否是可行的。如果 x 可行，那么 x，y 分别是原始问题和对偶问题的最优解。否则，对偶问题的基本可行解 y 的降低价格至少有一个是正的，那么此时原始问题的解是对偶可行的但不是可行的。注意到，x 中基变量的取值是$B^{-1}b=:\bar{b}$，故按照

$$\bar{b}_l=\min\{\bar{b}_i:\bar{b}_i<0\}$$

确定换出变量x_l，即选具有正的降低价格中最大者。

2. 最小比率规则（换入变量的确定）

设 x_j 的降低价格为$\bar{c}_j(j=1,\cdots,n)$，并假设换入变量为x_k，则$\bar{a}_{lk}$为主元素。这里只考虑非基变量的降低价格不为 0 的情况。在旋转运算时，z-行按下列运算更新：

$$(-\bar{c}_j) \leftarrow (-\bar{c}_j) - \frac{-\bar{c}_k}{\bar{a}_{lk}} \times \bar{a}_{lj}, j=1,\cdots,n$$

即

$$\bar{c}_j \leftarrow \bar{c}_j - \frac{\bar{c}_k}{\bar{a}_{lk}} \times \bar{a}_{lj}, j=1,\cdots,n$$

因此要保证更新之后的对偶问题的基本解仍然可行，必须满足

$$\bar{c}_j - \frac{\bar{c}_k}{\bar{a}_{lk}} \times \bar{a}_{lj} \leqslant 0 \, \forall j \Leftrightarrow \bar{c}_j \leqslant \frac{\bar{c}_k}{\bar{a}_{lk}} \times \bar{a}_{lj} \, \forall j$$

(1) 当 $j=l$ 时，$\bar{a}_{ll}=1, \bar{c}_l=0$，那么 $0 \leqslant \frac{\bar{c}_k}{\bar{a}_{lk}}$，故$\bar{a}_{lk}<0$(只有$\bar{a}_{lk}<0$ 对应的变量才有可能成为换入变量)；

(2) 当 $\bar{a}_{lj} \geqslant 0$ 时，那么 $0 \leqslant \frac{\bar{c}_k}{\bar{a}_{lk}} \times \bar{a}_{lj}$，故$\bar{c}_j \leqslant 0 \leqslant \frac{\bar{c}_k}{\bar{a}_{lk}} \times \bar{a}_{lj}$；

(3) 当 $\bar{a}_{lj}<0$ 时，那么$\bar{c}_j \leqslant \frac{\bar{c}_k}{\bar{a}_{lk}} \times \bar{a}_{lj} \Leftrightarrow \frac{\bar{c}_k}{\bar{a}_{lk}} \leqslant \frac{\bar{c}_j}{\bar{a}_{lj}}$。

因此，按最小比率规则

$$\frac{\bar{c}_k}{\bar{a}_{lk}} = \min\left\{\frac{\bar{c}_j}{\bar{a}_{lj}} : \bar{a}_{lj}<0\right\}$$

确定换入变量x_k。

如果所有的$\bar{a}_{lj} \geqslant 0$，那么

$$0 \leqslant \bar{a}_{l1}x_1 + \cdots + \bar{a}_{ln}x_n = \bar{b}_l < 0$$

故原始问题是不可行的。

3. 对偶单纯形法的计算步骤

步 1　确定初始对偶可行的基J_B，及由它确定的基本解，建立初始单纯形表。

步 2　按照

$$\bar{b}_l = \min\{\bar{b}_i : \bar{b}_i < 0\}$$

确定换出变量 x_l。如果$\bar{a}_{lj} \geqslant 0, j=1,\cdots,n$，那么原始问题是不可行的。

步 3　否则，

(1) 按最小比率规则

$$\frac{\bar{c}_k}{\bar{a}_{lk}} = \min\left\{\frac{\bar{c}_j}{\bar{a}_{lj}} : \bar{a}_{lj}<0\right\}$$

确定换入变量 x_k；

(2) 以 $\bar{a}_{lk}$ 为主元素，按单纯形法在表中进行旋转运算，得到新的单纯形表；

(3) 如果所有基变量的取值都是非负的，那么由基 $(J_B \cup \{x_k\}) \setminus \{x_l\}$ 确定的基本解是最优的。

步 4　否则，转到步 2。

例 2.7 用对偶单纯形法求解

$$\begin{aligned} \min \quad & w = 5x_1 + 2x_2 + 8x_3 \\ s.t. \quad & 2x_1 - 3x_2 + 2x_3 \geqslant 3 \\ & -x_1 + x_2 + x_3 \geqslant 5 \\ & x_1, x_2, x_3 \geqslant 0 \end{aligned}$$

解 把不等式约束两边同时乘以−1，并变换成标准形式

$$\begin{aligned} \max \quad & -w = -5x_1 - 2x_2 - 8x_3 \\ s.t. \quad & -2x_1 + 3x_2 - 2x_3 + x_4 = -3 \\ & x_1 - x_2 - x_3 + x_5 = -5 \\ & x_1, x_2, x_3, x_4, x_5 \geqslant 0 \end{aligned}$$

建立初始单纯形表如下：

$-w$	x_1	x_2	x_3	x_4	x_5	RHS
1	5	2	8	0	0	0
0	−2	3	−2	1	0	−3
0	1	[−1]	−1	0	1	−5

由于 min {−3, −5} =−5，故 x_5 为换出变量。由最小比率规则

$$\min\left\{\frac{-2}{-1}, \frac{-8}{-1}\right\} = 2$$

知x_2为换入变量，故以−1 为主元进行旋转运算得下表：

$-w$	x_1	x_2	x_3	x_4	x_5	RHS
1	7	0	6	0	2	−10
0	1	0	[−5]	1	3	−18
0	−1	1	1	0	−1	5

重复上述步骤继续迭代，得单纯形表：

$-w$	x_1	x_2	x_3	x_4	x_5	RHS
1	41/5	0	0	6/5	28/5	−158/5
0	−1/5	0	1	−1/5	−3/5	18/5
0	−4/5	1	0	1/5	−2/5	7/5

此时，右端列全为非负，降低价格行全为非正，故原来问题的最优解和最优值分别为

$$x^* = (0, 18/5, 7/5)^{\mathrm{T}}, \ w^* = 158/5$$

其对偶问题的最优解为

$$(6/5, 28/5)^{\mathrm{T}}$$

2.2.2　修正对偶单纯形法

修正对偶单纯形法类似于对原始问题的对偶问题运用修正单纯形法。不同的是，前者是作用于原始问题，而后者是作用于对偶问题，二者是通过每次迭代产生的基本解 (x^*, s^*) 和相应的 (y,δ) 之间的互补性联系起来的，其中 s^* 是原始问题的松弛变量向量，$y^* = B^{-\mathrm{T}}c_B$ 是对偶解，δ 是对偶问题的松弛变量向量。修正单纯形法可以看成是保持基本解 x^* 的可行性而试图向对偶解 $y^* = B^{-\mathrm{T}}c_B$ 靠拢。对偶修正单纯形法可以类似地看成保持对偶解 $y^* = B^{-\mathrm{T}}c_B$ 的可行性而试图向基本解 x^* 的可行性靠拢。

修正对偶单纯形法计算步骤的原理与表格对偶单纯形法一致，下面以实例说明如何选取换出变量和换入变量。

例 2.8　考虑线性规划问题

$$\begin{aligned} \max \quad & z = 3x_1 + 2x_2 \\ s.t. \quad & x_1 - 2x_2 \leqslant 7 \\ & 2x_1 + x_2 \leqslant 8 \\ & x_1 + 3x_2 \leqslant 3 \\ & x_1 + 5x_2 \leqslant -1 \\ & x_1, x_2 \geqslant 0 \end{aligned}$$

其增广形式为

$$\begin{aligned} \max \quad & z = c^{\mathrm{T}}x \\ s.t. \quad & Ax = b \\ & x \geqslant 0 \end{aligned}$$

其中，$x = (x_1, x_2, x_3, x_4, x_5, x_6)^{\mathrm{T}}, c = (3,2,0,0,0,0)^{\mathrm{T}}$，

$$A = \begin{bmatrix} 1 & -2 & 1 & 0 & 0 & 0 \\ 2 & 1 & 0 & 1 & 0 & 0 \\ 1 & 3 & 0 & 0 & 1 & 0 \\ 1 & 5 & 0 & 0 & 0 & 1 \end{bmatrix} = [p_1 \quad p_2 \quad p_3 \quad p_4 \quad p_5 \quad p_6], b = \begin{bmatrix} 7 \\ 8 \\ 3 \\ -1 \end{bmatrix}$$

它的对偶问题变换为标准不等式形式

$$\begin{aligned} \max \quad & w = -7y_1 - 8y_2 - 3y_3 + y_4 \\ s.t. \quad & -y_1 - 2y_2 - y_3 - y_4 \leqslant -3 \\ & 2y_1 - y_2 - 3y_3 - 5y_4 \leqslant -2 \\ & y_1, y_2, y_3, y_4 \geqslant 0 \end{aligned}$$

其增广形式为

$$\begin{aligned} \max \quad & z = f^{\mathrm{T}}y \\ s.t. \quad & Dy = e \\ & y \geqslant 0 \end{aligned}$$

其中，$y = (y_1, y_2, y_3, y_4, y_5, y_6)^{\mathrm{T}}, f = (-7, -8, -3, 1, 0, 0)^{\mathrm{T}}$，

$$D=\begin{bmatrix}-1 & -2 & -1 & -1 & 1 & 0\\ 2 & -1 & -3 & -5 & 0 & 1\end{bmatrix}, e=\begin{bmatrix}-3\\ -2\end{bmatrix}$$

(1) 换出变量的选择

考虑原始问题的基 $J_B=\{x_1,x_3,x_4,x_6\}$，由此确定的基变量的取值 $x_B^*=(3,4,2,-4)^{\mathrm{T}}$，且

$$B^{-1}=\begin{bmatrix}0 & 0 & 1 & 0\\ 1 & 0 & -1 & 0\\ 0 & 1 & -2 & 0\\ 0 & 0 & -1 & 1\end{bmatrix}$$

对偶解 $y=B^{-\mathrm{T}}c_B=(0,0,3,0)^{\mathrm{T}}$，非基变量 x_2，x_5 的降低价格 $(\bar{c}_2,\bar{c}_5)=(c_2-y^{\mathrm{T}}p_2,c_5-y^{\mathrm{T}}p_5)=(-7,-3)$。相应的对偶问题增广形式的解为 $(0,0,3,0,0,7)^{\mathrm{T}}$，它是由对偶问题的基 $I_B=\{y_3,y_6\}$ 确定的。

对偶问题的决策变量 y_1,y_2,y_3,y_4 的降低价格是原始问题的松弛变量 x_3,x_4,x_5,x_6 的值的相反数，分别为－4，－2，0，4。对偶问题的松弛变量 y_5,y_6 的降低价格是原始问题的决策变量 x_1,x_2 的值的相反数，分别为－3，0。由于原始问题的基本解是不可行的（$x_6=-4$），故对偶解存在降低价格为正的变量（y_4 的降低价格为4）。因而，当我们从基 $I_B=\{y_3,y_6\}$ 开始对对偶问题运用修正单纯形法时，可以选 y_4 为换入变量。注意到，由互补松弛性知，每个原始问题的决策变量是基变量当且仅当相应的对偶问题的松弛变量是非基变量，每个原始问题的松弛变量是基变量当且仅当相应的对偶问题的决策变量是非基变量。因而，我们要使得原始问题的松弛变量 x_6 成为非基变量，即选 x_6 为换出变量。

(2) 换入变量的选择

换入变量的确定需要所有非基变量的降低价格 $\bar{c}_j$ 和系数 $\bar{a}_{6j}$。由（1）知，非基变量 x_2,x_5 的降低价格 $(\bar{c}_2,\bar{c}_5)=(-7,-3)$。下面计算系数 $\bar{a}_{6j}$。由于 $d=(\bar{a}_{1j},\bar{a}_{3j},\bar{a}_{4j},\bar{a}_{6j})^{\mathrm{T}}=B^{-1}p_j$，故当前的单纯形表（除了 z-行）是把初始的单纯形表中的数据 $[A,b]$ 乘以 B^{-1} 得到的。因而，单纯形表中的 x_6-行的系数是把初始的单纯形表中的数据 $[A,b]$ 乘以 B^{-1} 的 x_6-行得到的，即

$$(\bar{a}_{62},\bar{a}_{65})=(B^{-1}\text{ 的 }x_6\text{-行})\times N=(0,0,-1,1)\begin{bmatrix}-2 & 0\\ 1 & 0\\ 3 & 1\\ 5 & 0\end{bmatrix}=(2,-1)$$

由最小比率规则

$$\min\left\{-,\frac{\bar{c}_5}{\bar{a}_{65}}\right\}=\min\left\{-,\frac{-3}{-1}\right\}=3$$

知 x_5 为换出变量。

确定换出变量 x_{B_r} 和换入变量 x_{N_k} 后，与修正单纯形法类似，我们需要更新 B^{-1}。此时计算 $d=B^{-1}p_{N_k}$，并在 B^{-1} 上施行行的初等变换

$$(r'th\text{ 行})\leftarrow\frac{1}{d_{B_r}}\times(r'th\text{ 行})$$

$$(i'th\ 行) \leftarrow (i'th\ 行) - \frac{d_{B_i}}{d_{B_r}} \times (r'th\ 行)\ \forall i \neq r$$

由于最小比率规则的实施并不是确定换入变量的增量，故基本可行解的更新不同于修正单纯形法的做法。注意到关系式

$$x_{B_i}^* = x_{B_i}^* - d_{B_i} \times x_{N_k},\ \forall i \neq r$$

当我们旋转到 (x_{B_r}, x_{N_k}) 时，换入变量更新为

$$x_{N_k}^* \longleftarrow \frac{x_{B_r}^*}{d_{B_r}}$$

这样的取值使得换出变量x_{B_r}取 0，其他的基变量更新为

$$x_{B_i}^* \leftarrow x_{B_i}^* - d_{B_i} \times \frac{x_{B_r}^*}{d_{B_r}},\ \forall i \neq r$$

最后，我们把非基变量的降低价格更新为

$$\bar{c}_j \leftarrow \bar{c}_j - \frac{\bar{c}_{N_k}}{\bar{a}_{B_r N_k}} \times \bar{a}_{B_r j},\ j = 1, \cdots, n$$

其中 $\frac{\bar{c}_{N_k}}{\bar{a}_{B_r N_k}}$ 是最小比率。因此，对于换出变量x_{B_r}，其降低价格更新为

$$\bar{c}_{B_r} \leftarrow \bar{c}_{B_r} - t \times \bar{a}_{B_r B_r} = -t$$

对于其他非基变量，其降低价格更新为

$$\bar{c}_{N_j} \leftarrow \bar{c}_{N_j} - t \times \bar{a}_{B_r N_j},\ \forall j \neq k$$

综上所述，修正对偶单纯形法的计算步骤如下：

步 1　确定初始对偶可行的基J_B（原始不可行的），及由它确定的基本解x^*，非基变量的降低价格 $\bar{c}_{N_j}$ 和逆矩阵B^{-1}。

步 2　（1）选择取负值的基变量x_{B_r}作为换出变量。

（2）计算所有非基变量的系数 $\bar{a}_{B_r N_j} = (B^{-1}$ 的第 r 行$) \times p_{N_j}$。

（3）如果所有系数 $\bar{a}_{B_r N_j} \geqslant 0$，那么原始问题是不可行的。

步 3　否则，

（1）按最小比率规则

$$t = \frac{\bar{c}_{N_k}}{\bar{a}_{B_r N_k}} = \min\left\{\frac{\bar{c}_j}{\bar{a}_{B_r N_j}} : \bar{a}_{B_r N_j} < 0\right\}$$

确定换入变量 x_{N_k}。

（2）计算 $d = B^{-1} p_{N_k}$。

（3）更新基本解x^*为：

$$x_{N_k}^* \leftarrow \frac{x_{B_r}^*}{d_{B_r}}$$

$$x_{B_i}^* \leftarrow x_{B_i}^* - d_{B_i} \times \frac{x_{B_r}^*}{d_{B_r}},\ \forall i \neq r$$

（4）如果所有基变量的取值都是非负的，那么由基 $(J_B \cup \{x_{N_k}\}) \setminus \{x_{B_r}\}$ 确定的基本解是最优的。

步 4　否则，

(1) 更新降低价格：

$$\bar{c}_{B_r} \leftarrow -t$$

$$\bar{c}_{N_j} \leftarrow \bar{c}_{N_j} - t \times \bar{a}_{B_r N_j}, \ \forall j \neq k$$

(2) 利用下列行的初等变换更新B^{-1}：

$$(r'th\ 行) \leftarrow \frac{1}{d_{B_r}} \times (r'th\ 行)$$

$$(i'th\ 行) \leftarrow (i'th\ 行) - \frac{d_{B_i}}{d_{B_r}} \times (r'th\ 行), \ \forall i \neq r$$

(3) 更新基 $J_B \leftarrow (J_B \cup \{x_{N_k}\}) \setminus \{x_{B_r}\}$。

步 5　转到步 2。

例 2.9　用修正对偶单纯形法求解例 2.8 中的线性规划问题。

解　第一次迭代：由例 2.8 的计算，取初始基 $J_B = \{x_1, x_3, x_4, x_6\}$，由此确定的基变量的取值 $x_B^* = (3,4,2,-4)^T$，且

$$B^{-1} = \begin{bmatrix} 0 & 0 & 1 & 0 \\ 1 & 0 & -1 & 0 \\ 0 & 1 & -2 & 0 \\ 0 & 0 & -1 & 1 \end{bmatrix}$$

对偶解 $y = B^{-T} c_B = (0,0,3,0)^T$，非基变量$x_2$，$x_5$的降低价格 $(\bar{c}_2, \bar{c}_5) = (-7, -3)$。由于$x_6 = -4$，故选$x_6$为换出变量，再由例 2.9 的计算，选$x_5$为换入变量，最小比率 $t = 3$，$(\bar{a}_{62}, \bar{a}_{65}) = (2, -1)$。

计算 $d = B^{-1} p_5 = (1, -1, -2, -1)^T$。更新基本解

$$x_5^* \leftarrow \frac{x_6^*}{d_6} = \frac{-4}{-1} = 4, x_1^* \leftarrow x_1^* - d_1 \times \frac{x_6^*}{d_6} = -1$$

$$x_3^* \leftarrow x_3^* - d_3 \times \frac{x_6^*}{d_6} = 8, x_4^* \leftarrow x_4^* - d_4 \times \frac{x_6^*}{d_6} = 10$$

该基本解仍是不可行的。

更新降低价格

$$\bar{c}_6 \leftarrow -t = -3, \bar{c}_2 = \bar{c}_2 - t \times \bar{a}_{62} = -13$$

更新B^{-1}为

$$B^{-1} = \begin{bmatrix} 0 & 0 & 0 & 1 \\ 1 & 0 & 0 & -1 \\ 0 & 1 & 0 & -2 \\ 0 & 0 & 1 & -1 \end{bmatrix} \xleftarrow[\substack{r_3 - \frac{-2}{-1} r_4 \\ \frac{1}{-1} r_4}]{\substack{r_1 - \frac{1}{-1} r_4 \\ r_2 - \frac{-1}{-1} r_4}} B^{-1}$$

更新基为 $J_B = \{x_1, x_3, x_4, x_5\}$。

第二次迭代：选x_1为换出变量。计算非基变量在x_1-行的系数

$$(\bar{a}_{12}, \bar{a}_{16}) = (B^{-1}\ 的\ x_1 - 行) \times N = (0,0,0,1) \begin{bmatrix} -2 & 0 \\ 1 & 0 \\ 3 & 0 \\ 5 & 1 \end{bmatrix} = (5,1)$$

由于所有系数都是正的，故该问题是不可行。

注 2.3　对偶单纯形法的优缺点：

(1) 可以从非可行解开始迭代，而不需要加入人工变量，故简化了计算。

(2) 在灵敏度分析时，如果模型需要做小的变化，对偶单纯形法常被用于很快重新求解一个问题。

(3) 从大量的计算例子求解实践中表明，对特别大型的问题对偶单纯形法经常比单纯形法更有效率。

(4) 对于大多数线性规划问题，很难找到一个初始的基是对偶可行的，因而这种方法很少单独应用。

§2.3　线性规划的其他方法简介

1. 原始—对偶单纯形法

单纯形法要求从原始问题的基本可行解出发开始迭代，对偶单纯形法要求从对偶问题的基本解开始迭代。原始—对偶单纯形法不同于前两者，其基本思想是，从对偶问题的一个可行解开始，同时计算原始问题和对偶问题，试图求出原始问题的满足互补松弛条件的可行解，这样的可行解就是最优解。有兴趣的读者可参阅文献 [5，6]。

2. 变量有界的单纯形法

考虑线性规划问题

$$\begin{aligned} \max \quad & z = c^{\mathrm{T}} x \\ s.t. \quad & Ax = b \\ & l \leqslant x \leqslant u \end{aligned}$$

其中，l，u 分别是 x 的下界向量和上界向量。该问题可以作变量替换并引入松弛变量变换成标准等式形式，再用单纯形法求解。然而，这样的处理方式会大大增加变量和等式约束的个数，从而使得计算量大幅度地增加。变量有界的单纯形法先是推广了基本可行解的概念，即非基变量取为相应的上界或下界数值，进而运用单纯形法的基本思路求解上述问题。有兴趣的读者可参阅文献 [5，7，8]。

3. 内点法

考虑标准等式形式的线性规划问题

$$\begin{aligned} \max \quad & z = c^{\mathrm{T}} x \\ s.t. \quad & Ax = b \\ & x \geqslant 0 \end{aligned}$$

其对偶问题的标准形式为

$$\begin{aligned} \max \quad & w = b^{\mathrm{T}} y \\ s.t. \quad & A^{\mathrm{T}} y + \delta = c \\ & \delta \geqslant 0 \end{aligned}$$

其中 δ 为对偶问题的松弛变量向量。互补松弛条件可以表示成 $x_j \delta_j = 0, j = 1, \cdots, n$。由互补松弛定理知，当原始问题达到最优解时，$x_j = 0$ 或 $\delta_j = 0$ 至少有一个成立。

对互补松弛条件的不同处理方式产生不同的优化算法[9]。单纯形法要求对选取$x_j=0$还是$\delta_j=0$做一个明智的“猜测”。单纯形法选取一个指标子集$I_B\subseteq\{1,\cdots,n\}$,允许$x_j\neq 0$而迫使$\delta_j=0,j\in I_B$,对于余下的指标$I_N=\{1,\cdots,n\}\setminus I_B$,迫使$x_j=0$而允许$\delta_j\neq 0$。内点法把互补松弛条件$x_j\delta_j=0$扰动成$x_j\delta_j=\mu$,其中的参数$\mu$趋于0。这就避免了猜测。内点法迫使$\mu$逐渐下降，随着算法的进行，向量$x$和$\delta$中零元素和非零元的分离会逐渐展现出来。内点法的基本思想是，从一个内点出发，沿着可行方向求出使目标函数值上升的后继点，再从得到的内点出发，沿着另一个可行方向寻找使目标函数值上升的内点，重复上述步骤，产生一个使得目标函数值严格增加的内点序列，当满足终止条件时停止迭代。有兴趣的读者可参阅文献［5，7，10］。

当然，求解线性规划的方法不止本书所介绍的这些，更多的方法见参考文献［2］。

§2.4 灵敏度分析和优化后分析

2.4.1 灵敏度分析

在前面讨论的线性规划问题中的各个系数c_j,a_{ij},b_i都是确定的常数。然而实际上这些系数往往是一些估计或预测的数字，有较大的不确定性。这些不确定性主要是由测量中的干扰、时时的变化等引起的。例如，市场的动荡会引起c_j的改变，a_{ij}会随着工艺技术条件的变化而变化，资源的供给情况决定了b_i。于是有这几个问题：(1) 当这些系数有一个或几个发生变化时，已求得的线性规划问题的最优解会有什么变化；(2) 这些系数在什么范围内变化时，线性规划问题的最优解或最优基不变；(3) 这些系数的变化如何具体影响问题的最优解和目标函数的最优值。最后一个问题是参数线性规划问题，不在本书讨论范围内，有兴趣的读者可参阅文献［5，11，12］。前两个问题就是我们将要介绍的灵敏度分析，它属于优化后分析，即找到最优解之后的分析。

如果系数的微小变化引起最优解的变化，包括值的变化和最优性的改变，称该系数是**敏感的**。如果某个系数是敏感的，那就说明该参数在求解时是重要的。

在本节中，我们做如下假设：

(1) 线性规划问题具有标准不等式约束形式：

$$\begin{aligned}\max\quad & z=c_1x_1+c_2x_2+\cdots+c_nx_n\\ s.t.\quad & a_{11}x_1+a_{12}x_2+\cdots+a_{1n}x_n\leqslant b_1\\ & a_{21}x_1+a_{22}x_2+\cdots+a_{2n}x_n\leqslant b_2\\ & \qquad\vdots\\ & a_{m1}x_1+a_{m2}x_2+\cdots+a_{mn}x_n\leqslant b_m\\ & x_1,x_2,\cdots,x_n\geqslant 0\end{aligned}$$

(2) $J_B=\{x_{B_1},\cdots,x_{B_m}\}\subseteq\{x_1,\cdots,x_{n+m}\}$是其增广形式的一个基，$J_N=\{x_{N_1},\cdots,x_{N_n}\}$为所有的非基变量的集合。

(3) 该线性规划中系数只发生微小的变化，即 $c_1,\cdots,c_n,a_{11},\cdots,a_{1n},\cdots,a_{m1},\cdots,a_{mn}$，$b_1,\cdots,b_m$ 只发生微小的变化。

为了便于讨论，把系数的变化分成如下三类：

(1) 右端常数列 b_i 的变化；

(2) 非基变量的系数 $c_{N_j},p_{N_j}(N_j\leqslant n)$ 的变化；

(3) 基变量的系数 $c_{B_i},p_{B_i}(B_i\leqslant n)$ 的变化。

1. 右端常数b_i的变化

设右端常数列从 b 变化到 $b+\Delta b$。在推导修正单纯形法中的最小比率规则时，得到由J_B确定的基本可行解 $x^*=B^{-1}b$。因此当右端常数列发生变化时，x^* 变化为

$$x_B^{*new}=B^{-1}(b+\Delta b)$$

这意味着，右端常数发生变化后，可行解有可能变成不可行的。

另一方面，在推导修正单纯形法的最优性检验时，得到非基变量的降低价格 $\bar{c}_{N_j}=c_{N_j}-p_{N_j}^{\mathrm{T}}y$，其中 $y=B^{-\mathrm{T}}c_{\mathrm{B}}$。因此，降低价格只由矩阵 A 和向量 c 确定；右端常数列的任何变化不会引起降低价格的改变。

因此，新的基本解是最优的当且仅当它是可行的。此时，最优基不变，但是最优解的值改变了。

例 2.10　运用单纯形法求解

$$\begin{aligned}\max\quad & z=4x_1+3x_2\\ s.t.\quad & 3x_1+2x_2\leqslant 13\\ & 4x_1\leqslant 12\\ & 2x_2\leqslant 10\\ & x_1,x_2\geqslant 0\end{aligned}$$

后得到最优基 $J_B=\{x_2^*,x_1^*,x_4^*\}$，且 $x_B^*=(x_2^*,x_1^*,x_4^*)^{\mathrm{T}}=(5,1,8)^{\mathrm{T}}$，其中 x_{i+2} 是第 i 个不等式约束的松弛变量。在增广形式中，最优基的逆是

$$\begin{bmatrix}0 & 0 & 1/2\\ 1/3 & 0 & -1/3\\ -4/3 & 1 & 4/3\end{bmatrix}$$

对偶最优解为 $y=(4/3,0,1/6)^{\mathrm{T}}$，非基变量 x_3,x_5 的降低价格为 $(\bar{c}_3,\bar{c}_5)=(-4/3,-1/6)$。

(1) 当 b_1,b_2,b_3 在什么范围内变化时，最优基保持不变？

(2) 若 $\Delta b=(0,0,6)^{\mathrm{T}}$，最优基是否改变？最优解是什么？

解 (1) 设右端列从 b 改变到 $b+\Delta b$，那么由 J_B 确定的新的基本解为

$$\begin{bmatrix}x_2^*\\ x_1^*\\ x_4^*\end{bmatrix}=B^{-1}(b+\Delta b)=\begin{bmatrix}0 & 0 & 1/2\\ 1/3 & 0 & -1/3\\ -4/3 & 1 & 4/3\end{bmatrix}\begin{bmatrix}13+\Delta b_1\\ 12+\Delta b_2\\ 10+\Delta b_3\end{bmatrix}=\begin{bmatrix}5+\dfrac{\Delta b_3}{2}\\ 1+\dfrac{\Delta b_1-\Delta b_3}{3}\\ 8-\dfrac{4\Delta b_1-3\Delta b_2-4\Delta b_3}{3}\end{bmatrix}$$

假设 b_2,b_3 不发生变化，则取 $\Delta b_2=\Delta b_3=0$，由 $\begin{bmatrix}5\\1+\dfrac{\Delta b_1}{3}\\8-\dfrac{4\Delta b_1}{3}\end{bmatrix}\geqslant 0$ 得 $-3\leqslant \Delta b_1\leqslant 6$。同理可求 $-8\leqslant \Delta b_2$，$-6\leqslant \Delta b_3\leqslant 3$。因此，当 $10\leqslant b_1\leqslant 19,b_2\geqslant 4,4\leqslant b_3\leqslant 13$ 时，最优基保持不变。

(2) 由于 $6\notin[-6,3]$，故最优基发生改变，此时 $x_B^*=(x_2^*,x_1^*,x_4^*)=(8,-1,14)$，但降低价格没发生变化仍为非正的，故用对偶单纯形法求最优解。下面我们用修正对偶单纯形法求最优解。

取初始基 $J_B=\{x_2^*,x_1^*,x_4^*\}$。由于 $x_1^*=-1$，故选 x_1 为换出变量。计算非基变量在 x_1 一行的系数

$$(\bar{a}_{13},\bar{a}_{15})=(B^{-1}\text{ 的}x_1\text{一行})\times N=(1/3,0,-1/3)\begin{bmatrix}1&0\\0&0\\0&1\end{bmatrix}=(1/3,-1/3)$$

由最小比率规则

$$\min\left\{-,\frac{-1/6}{-1/3}\right\}=\frac{1}{2}$$

知 x_5 为换入变量。

计算 $d=B^{-1}p_5=(1/2,-1/3,4/3)^{\mathrm{T}}$。更新基本解

$$x_5^*\leftarrow\frac{x_1^*}{d_1}=\frac{-1}{-1/3}=3,x_2^*\leftarrow x_2^*-d_2\times\frac{x_1^*}{d_1}=\frac{13}{2}$$

$$x_4^*\leftarrow x_4^*-d_4\times\frac{x_1^*}{d_1}=10$$

故最优解为 $\left(0,\dfrac{13}{2},0\right)$。此时最优值为 $\dfrac{39}{2}$。

本例的经济解释是，生产大理石台面的工厂2每单位生产时间的影子价格是1/6万元，倘若从别处再抽调6个单位的生产时间用于生产大理石台面，那么该工厂应该把最优生产方案改为只生产大理石台面6.5批，不生产钢化玻璃台面，这样获利19.5万元。由 $x_5=3$ 知，工厂2还有3个单位的生产时间未被利用。

例 2.11 考虑线性规划问题

$$\begin{aligned}\max\quad & z=2x_1+x_2\\ s.t.\quad & x_1+x_2\leqslant 2\\ & x_1-x_2\leqslant 2\\ & -x_1+2x_2\leqslant 7\\ & x_1,x_2\geqslant 0\end{aligned}$$

它的增广形式是

$$\begin{aligned}\max\quad & z=c^{\mathrm{T}}x\\ s.t.\quad & Ax=b\\ & x\geqslant 0\end{aligned}$$

其中$A=\begin{bmatrix}1&1&1&0&0\\1&-1&0&1&0\\-1&2&0&0&1\end{bmatrix}$,$b=\begin{bmatrix}2\\2\\7\end{bmatrix}$,$c=[2\ \ 1\ \ 0\ \ 0\ \ 0]^{\mathrm{T}}$。

运用修正单纯形法求解之后得到：最优基$J_B=\{x_1,x_4,x_5\}$，最优解中$x_B^*=(2,0,9)^{\mathrm{T}}$，最优基的逆为

$$\begin{bmatrix}1&0&0\\-1&1&0\\1&0&1\end{bmatrix}$$

对偶最优解为$y=(2,0,0)^{\mathrm{T}}$，非基变量的降低价格为$(\bar{c}_2,\bar{c}_3)=(-1,-2)$。

通过详细分析，确定右端参数b_1,b_2,b_3哪些是敏感的。

解　设右端列从b变化到$(2+\Delta b_1,2+\Delta b_2,7+\Delta b_3)^{\mathrm{T}}$。最优解变化为

$$x_B^{*new}=B^{-1}(b+\Delta b)=\begin{bmatrix}2+\Delta b_1\\\Delta b_2-\Delta b_1\\9+\Delta b_1+\Delta b_3\end{bmatrix}$$

由于$(x_1^*,x_2^*)=(2+\Delta b_1,0)$，故$\Delta b_1$的任何改变都会引起最优解的值的变化，因此$b_1$是灵敏的。

现假设b_1不发生变化，即$x_B^{*new}=[2\ \ \Delta b_2\ \ 9+\Delta b_3]^{\mathrm{T}}$。由于降低价格仅依赖于$c$和$A$，故$b$的变化不会引起它们的变化。因此，要使$(x_1^*,x_2^*)$仍是最优解，当且仅当

$$[2\ \ \Delta b_2\ \ 9+\Delta b_3]^{\mathrm{T}}\geqslant 0$$

因此，b_2的微小的负变化会使得$x_4^*<0$，故b_2是敏感的；b_3的微小变化不会改变上述不等式，故b_3不是敏感的。

2. 非基变量的系数c_{N_j}，p_{N_j}的变化

设非基变量x_{N_j}的系数从c_{N_j}变化到$c_{N_j}+\Delta c_{N_j}$，从p_{N_j}变化到$p_{N_j}+\Delta p_{N_j}$。

由于右端列b和基矩阵B都没有改变，基本解中$x_B^*=B^{-1}b$也没有改变。

另一方面，非基变量x_{N_j}的降低价格变化为

$$\bar{c}_{N_j}^{new}=c_{N_j}^{new}-(p_{N_j}^{new})^{\mathrm{T}}y$$

其中，$y=B^{-\mathrm{T}}c_B$没有改变，从而其他非基变量的降低价格保持不变。

因此，基本解x^*是最优的充要条件是x_{N_j}的降低价格仍然是非正的。

例2.12　继续考虑例2.11的线性规划问题。通过详细分析，确定非基变量x_2的系数c_2,a_{12},a_{22},a_{32}中哪些是敏感的。

解　设非基变量x_2的系数从c_2和p_2分别变化为$c_2+\Delta c_2,p_2+\Delta p_2$。由于基本解$x^*$仅依赖于$B^{-1}$和$b$，故仍是可行的。因此$x^*$仍是最优的当且仅当它的降低价格都是非正的。

对偶解$y=B^{-\mathrm{T}}c_B$保持不变。非基变量的降低价格依赖于y和非基变量的系数，故其他非基变量的降低价格保持不变。x_2的降低价格变化为

$$\begin{aligned}\bar{c}_2^{new}&=c_2+\Delta c_2-(p_2+\Delta p_2)^{\mathrm{T}}y\\&=\bar{c}_2+\Delta c_2-(\Delta p_2)^{\mathrm{T}}y\\&=-1+\Delta c_2-2\Delta a_{12}\end{aligned}$$

因此，基本解 x^* 仍是最优的当且仅当 $-1+\Delta c_2-2\Delta a_{12}\leqslant 0$。由于 c_2 和 a_{12} 的微小改变不会改变该不等式，故 c_2 和 a_{12} 都不是敏感的。而且，a_{22} 和 a_{32} 的任何改变不会影响降低价格和 x^* 的最优性，因此 x_2 的所有系数都不是敏感的。

3. 基变量的系数 c_{B_i}，p_{B_i} 的变化

设基变量 x_{B_i} 的系数从 c_{B_i} 变化到 $c_{B_i}+\Delta c_{B_i}$，从 p_{B_i} 变化到 $p_{B_i}+\Delta p_{B_i}$。

由于基矩阵 B 包含列 p_{B_i}，故 p_{B_i} 的改变会引起它的变化。因此基变量 x_{B_i} 系数的改变会引起基本解 $x^*=B^{-1}b$ 和对偶解 $y=B^{-\mathrm{T}}c_B$ 的改变。这意味着基本解的非负性和降低价格的非正性都会受到影响。

要考察 x_{B_i} 的系数的改变是否改变了解的最优性，需要检验：

(1) 基本解的改变是否引起原来问题中最优解（不包含松弛变量）的改变?

(2) 基本解的改变是否违背了可行性条件?

(3) 基本解的改变是否违背了最优性条件?

为此，需要更新基矩阵的逆。注意到基矩阵的变化只发生在第 i 列，即从 p_{B_i} 变化到 $p_{B_i}+\Delta p_{B_i}$。类似于修正单纯形法中做法，基矩阵的逆的更新最多只要做 m 次初等行变换。

(1) 计算 $d=B^{-1}(p_{B_i}+\Delta p_{B_i})$。

(2) 利用下列行的初等变换更新逆矩阵 B^{-1}：

$$(r'th\ 行)\leftarrow\frac{1}{d_{B_r}}\times(r'th\ 行)$$

$$(i'th\ 行)\leftarrow(i'th\ 行)-\frac{d_{B_i}}{d_{B_r}}\times(r'th\ 行),\forall i\neq r$$

例 2.13 考虑例 2.10 的线性规划问题。

(1) 设其他系数不发生变化，当 c_2 在什么范围内变化时，最优解 $x^*=(1,5)^{\mathrm{T}}$ 仍保持它的最优性?

(2) 设其他系数不发生变化，当 c_1 变为 2，p_1 变为 $p'_1=[4,5,1]^{\mathrm{T}}$ 时，最优解有什么影响?

解 (1) 由于 B^{-1} 和 b 没有发生变化，故 x^* 仍是可行的。因此 x^* 仍是最优的当且仅当它的所有降低价格是非正的。

由于非基变量 x_3,x_5 的降低价格变化为：

$$\begin{aligned}(\bar{c}_3,\bar{c}_5)&=(c_3,c_5)-(c_2+\Delta c_2,c_1,c_4)B^{-1}[p_3,p_5]\\&=(0,0)-\left(\frac{4}{3},\frac{1}{6}+\frac{\Delta c_2}{2}\right)\\&=\left(-\frac{4}{3},-\frac{1}{6}-\frac{\Delta c_2}{2}\right)\end{aligned}$$

故 $(\bar{c}_3,\bar{c}_5)\leqslant 0\Leftrightarrow(-\frac{4}{3},-\frac{1}{6}-\frac{\Delta c_2}{2})\leqslant 0$，即 $\Delta c_2\geqslant-\frac{1}{3}$，因此，当 $c_2\geqslant\frac{8}{3}$ 时，最优解 x^* 仍保持它的最优性。

(2) 由于 c_B 和 B^{-1} 发生变化，故最优解 x^* 和对偶解 y 都发生变化。注意到 d 变为

$$d=B^{-1}P'_1=\begin{bmatrix}1/2\\1\\1\end{bmatrix}$$

故更新逆矩阵 B^{-1} 的初等行变换要使得 d 变换为 $(0,1,0)^{\mathrm{T}}$；即，利用下列行的初等变换更新逆矩阵 B^{-1}：

$$r_1 \leftarrow r_1 - \frac{1/2}{1} \times r_2$$

$$r_3 \leftarrow r_3 - \frac{1}{1} \times r_2$$

由此得到

$$B_{new}^{-1} = \begin{bmatrix} -1/6 & 0 & 2/3 \\ 1/3 & 0 & -1/3 \\ -5/3 & 1 & 5/3 \end{bmatrix}$$

从而基本解 x^* 变为

$$x_B^{*\,new} = B_{new}^{-1} b = \begin{bmatrix} 9/2 \\ 1 \\ 7 \end{bmatrix}$$

且对偶解变为

$$y^{new} = (B_{new}^{-1})^{\mathrm{T}} (c_B + \Delta c_B) = \begin{bmatrix} 1/6 \\ 0 \\ 4/3 \end{bmatrix}$$

又 $(c_B^{new})^{\mathrm{T}} (x_B^{*\,new}) = \dfrac{31}{2} = b^{\mathrm{T}} y^{new}$，根据互补松弛性定理知，新的基仍是最优的，最优解变为 $(1,9/2)^{\mathrm{T}}$。

例 2.14　继续考虑例 2.11 的线性规划问题。通过详细分析，确定基变量 x_1 的系数 $c_1, a_{11}, a_{21}, a_{31}$ 中哪些是敏感的。

解　设基变量 x_1 在目标函数中的系数变为 $2+\Delta c_1$，它在约束条件中的系数分别变为 $1+\Delta a_{11}, 1+\Delta a_{21}, -1+\Delta a_{31}$，则 d 变为

$$d = B^{-1}(p_1 + \Delta p_1) = \begin{bmatrix} 1+\Delta a_{11} \\ \Delta a_{21} - \Delta a_{11} \\ \Delta a_{11} + \Delta a_{31} \end{bmatrix}$$

由于 B 的第 1 列从 $[1,1,-1]^{\mathrm{T}}$ 变为 $[1+\Delta a_{11}, 1+\Delta a_{21}, -1+\Delta a_{31}]^{\mathrm{T}}$，其他列保持不变，故更新逆矩阵 B^{-1} 的初等行变换要使得 d 变换为 $[1,0,0]^{\mathrm{T}}$；即，利用下列行的初等变换更新逆矩阵 B^{-1}：

$$r_1 \leftarrow \frac{1}{1+\Delta a_{11}} \times r_1$$

$$r_2 \leftarrow r_2 - \frac{\Delta a_{21} - \Delta a_{11}}{1+\Delta a_{11}} \times r_1$$

$$r_3 \leftarrow r_3 - \frac{\Delta a_{11} + \Delta a_{31}}{1+\Delta a_{11}} \times r_1$$

由此得到

$$B_{new}^{-1}=\begin{bmatrix}\frac{1}{1+\Delta a_{11}} & 0 & 0\\ -1-\frac{\Delta a_{21}-\Delta a_{11}}{1+\Delta a_{11}} & 1 & 0\\ 1-\frac{\Delta a_{11}+\Delta a_{31}}{1+\Delta a_{11}} & 0 & 1\end{bmatrix}$$

从而，基本解 x^* 变为

$$x_B^{*new}=B_{new}^{-1}b=\begin{bmatrix}\frac{1}{1+\Delta a_{11}}\\ -2\frac{\Delta a_{21}-\Delta a_{11}}{1+\Delta a_{11}}\\ 9-2\frac{\Delta a_{11}+\Delta a_{31}}{1+\Delta a_{11}}\end{bmatrix}$$

由于 $(x_1^*,x_2^*)=\left(\frac{1}{1+\Delta a_{11}},0\right)$，故 a_{11} 的任何改变都会引起它的改变，因而 a_{11} 是灵敏的。

现假设 a_{11} 不变，则

$$x_B^{*new}=B_{new}^{-1}b=\begin{bmatrix}1\\ -2\Delta a_{21}\\ 9-2\Delta a_{31}\end{bmatrix}$$

x_B^{*new} 仍是可行的当且仅当 $x_B^{*new}\geqslant 0$。由于 a_{21} 的微小正的变化都会违背这个不等式，故 a_{21} 是敏感的。a_{31} 的微小变化仍能保持 x_B^{*new} 的可行性。

现假设 a_{11},a_{21} 不变，那么

$$B_{new}^{-1}=\begin{bmatrix}1 & 0 & 0\\ -1 & 1 & 0\\ 1-\Delta a_{31} & 0 & 1\end{bmatrix}$$

且对偶解变为

$$y^{new}=(B_{new}^{-1})^{\mathrm{T}}(c_B+\Delta c_B)=\begin{bmatrix}2+\Delta c_1\\ 0\\ 0\end{bmatrix}$$

非基变量 x_2,x_3 的降低价格变为

$$\overline{c}_N^{new}=c_N-N^{\mathrm{T}}y^{new}=\begin{bmatrix}-1-\Delta c_1\\ -2-\Delta c_1\end{bmatrix}$$

因此，新的基本解仍是最优的（当且仅当 $-1-\Delta c_1\leqslant 0,-2-\Delta c_1\leqslant 0$ 时）。由于 c_1 的微小变化不改变这两个不等式，故 c_1 不是敏感的。而且 a_{31} 任何变化不影响新的基本解的最优性，因此 a_{31} 不是敏感的。

2.4.2 变量的增加

假设当求解完一个线性规划问题后，还要求增加新的决策变量。例如，需要生产新的产品，或是考虑购买新的金融商品等。这意味着在线性规划模型中需要加入新的

变量。

这里，我们仍然考虑标准不等式形式的线性规划问题，假设其最优基为 J_B 。设该问题增加了一个新的变量 x_p ，它在目标函数里的系数是 c_p ，在约束条件中的系数是 $a_{1p},\cdots,a_{mp}$ 。我们可以把增加的变量当作是非基变量。实际上，基 J_B 仍是新的线性规划的基，而且 $x_p \notin J_B$ 。

由基 J_B 确定的基本解没有改变，其中非基变量 $x_p = 0$ 。因此，它仍然是可行的。它的最优性依赖于降低价格。由于非基变量的降低价格由 B^{-1}, c_B 和它们在目标函数和约束条件里的系数决定，因此，除了新的非基变量的降低价格外，其他所有的降低价格都保持不变。当然，我们需要计算新的非基变量的降低价格来判定基本解是否是最优的。如果这个基本解不是最优的，那么可以运用单纯形法，从这个基本可行解出发迭代求解。

例 2.15　继续考虑例 2.11 的线性规划问题。在该问题中增加一个新的变量 x_0，其系数分别为 $c_0 = 3, p_0 = (1,2,1)^T$ 。基 J_B 确定的基本解仍是可行的，其中 $x_0^* = 0$ 。

由于对偶解 y 是由 B^{-1} 和 c_B 确定的，$x_1,\cdots,x_5$ 的降低价格是由 y 和 $c_1,\cdots,c_5$ 确定的，这些数值不会因为 x_0 的加入而改变。因而，该基本解是最优的当且仅当 x_0 的降低价格是非正的。注意到，x_0 的降低价格

$$\bar{c}_0 = c_0 - p_0^T y = 1$$

因此，该基本解不是最优的。我们需要运用单纯形法从基 J_B 开始迭代，选取 x_0 为换入变量。

2.4.3　约束的增加

假设当求解完一个线性规划问题后，还要求增加新的约束。实际上，这是经常发生的，因为变化无穷的世界总是给我们提出新规定和新约束。

考虑标准不等式形式的线性规划问题，假设其最优基和最优解分别为 J_B 和 x^* 。设该问题增加了一个新约束不等式

$$a_{m+1,1}\, x_1 + \cdots + a_{m+1,n}\, x_n \leqslant b_{m+1}$$

检查当前的最优解是否满足新的约束条件。若满足，当前的解即为新问题的最优解。否则，对新的约束不等式增加新的松弛变量 $x_p (p = n + m + 1)$ ，并选它为基变量。事实上，$J'_B = J_B \cup \{x_p\}$ 构成新问题的增广形式的一个基，基本解为 (x^*, x_p) ，其中

$$x_p = b_{m+1} - a_{m+1,1}\, x_1^* - \cdots - a_{m+1,n}\, x_n^* < 0$$

此时，

$$B_{new} = \begin{bmatrix} B & 0 \\ a_{m+1}^B & 1 \end{bmatrix}$$

其中，$a_{m+1}^B = \begin{bmatrix} a_{m+1,B_1} & \cdots & a_{m+n,B_m} \end{bmatrix}$。由于

$$\begin{bmatrix} B & 0 \\ a_{m+1}^B & 1 \end{bmatrix} \begin{bmatrix} B^{-1} & 0 \\ -a_{m+1}^B\, B^{-1} & 1 \end{bmatrix} = \begin{bmatrix} I & 0 \\ 0 & 1 \end{bmatrix}$$

故我们可以更新 B^{-1} 为

$$B_{new}^{-1}=\begin{bmatrix} B^{-1} & 0 \\ -a_{m+1}^{B}\ B^{-1} & 1 \end{bmatrix}$$

由此，我们可以计算出对偶解

$$y^{new}=(B_{new}^{-1})^{\mathrm{T}}c_B^{new}=\begin{bmatrix} B^{-\mathrm{T}} & -B^{-\mathrm{T}}(a_{m+1}^{B})^{\mathrm{T}} \\ 0 & 1 \end{bmatrix}\begin{bmatrix} c_B \\ 0 \end{bmatrix}=\begin{bmatrix} B^{-\mathrm{T}}c_B \\ 0 \end{bmatrix}=\begin{bmatrix} y \\ 0 \end{bmatrix}$$

故新问题的对偶解仍是可行的，变量 $x_1,x_2,\cdots,x_n$ 的降低价格更新为

$$\bar{c}_j^{new}=c_j-\begin{bmatrix} p_j \\ a_{m+1,j} \end{bmatrix}^{\mathrm{T}}\begin{bmatrix} y \\ 0 \end{bmatrix}=c_j-p_j^{\mathrm{T}}y=\bar{c}_j$$

因此，这些变量的降低价格保持不变。由于 x_p 是新问题的基中的成员，故它的降低价格为0。可见，所有变量的降低价格都是非正的，而 $x_p<0$，因此可用对偶单纯形法从 J'_B 开始迭代求解。

例 2.16 继续考虑例 2.11 的线性规划问题。在该问题中增加一个新的不等式约束

$$x_1+5x_2\leqslant -1$$

记 x_6 为它的松弛变量。基 $J'_B=J_B\cup\{x_6\}=\{x_1,x_4,x_5,x_6\}$ 确定的基本解中，x_1，x_4,x_5 的取值不变，即 $(x_1^*,x_4^*,x_5^*)=(2,0,9)$，而

$$x_6^*=-1-(x_1^*+5x_2^*)=-3$$

该基本解是不可行的。新的 B^{-1} 是由增加行

$$(-a_{41},-a_{44},-a_{45})B^{-1}=(-1,0,0)B^{-1}=(-1,0,0)$$

和列 $(0,0,0,1)^{\mathrm{T}}$ 得到的，即

$$B_{new}^{-1}=\begin{bmatrix} 1 & 0 & 0 & 0 \\ -1 & 1 & 0 & 0 \\ 1 & 0 & 1 & 0 \\ -1 & 0 & 0 & 1 \end{bmatrix}$$

新的对偶解 $y^{new}=(y^{\mathrm{T}},0)^{\mathrm{T}}=(2,0,0,0)^{\mathrm{T}}$。

由于新的基本解是不可行的，对偶解是可行的，因此我们可用修正对偶单纯形法从 J'_B 迭代求解。

习　题

1. 考虑线性规划问题：

$$\begin{aligned} \max\quad & z=2x_1+3x_2-3x_3 \\ s.t.\quad & x_1-3x_2+3x_3\geqslant 8 \\ & -2x_1-x_2+2x_3=3 \\ & x_1,x_2\leqslant 0 \end{aligned}$$

(1) 写出它的对偶问题。

(2) 写出互补松弛条件。

(3) 利用互补松弛条件判断 $x=(0,-3,0)^{\mathrm{T}}$ 是否为最优解。

2. 考虑线性规划问题：

$$\begin{aligned} \max \quad & z=-5x_1-8x_2+3x_3 \\ s.t. \quad & 3x_1+3x_2-3x_3 \leqslant 7 \\ & 2x_1+2x_2-x_3 \geqslant 1 \\ & -3x_1-5x_2+2x_3=2 \\ & -x_1,x_2,x_3 \geqslant 0 \end{aligned}$$

(1) 写出它的对偶问题。

(2) 写出互补松弛条件。

(3) 利用互补松弛条件以及解 $x^*=(4,0,7)^{\mathrm{T}}$，找出对偶问题的一个最优解。

3. 假设线性规划问题

$$\begin{aligned} \max \quad & c^{\mathrm{T}}x \\ s.t. \quad & Ax=b \\ & x \geqslant \mathbf{0} \end{aligned}$$

有非退化的最优解 x^*。利用互补松弛定理证明该问题有唯一的最优解。

4. 证明：线性不等式组 $Ax \leqslant b$ 无解当且仅当系统 $A^{\mathrm{T}}y=\mathbf{0}, y \geqslant \mathbf{0}, b^{\mathrm{T}}y<0$ 有解。

5. 假设 A 是 $m \times n$ 矩阵，D 是 $p \times n$ 的矩阵，$c \in \mathbb{R}^n$。证明：不存在 n 维向量 x 满足

$$Ax \leqslant \mathbf{0}, Dx=\mathbf{0}, c^Tx>0$$

当且仅当 存在 $y \in \mathbb{R}^m, w \in \mathbb{R}^p$ 使得

$$\begin{aligned} & y \geqslant \mathbf{0} \\ & A^{\mathrm{T}}y+D^{\mathrm{T}}w=c \end{aligned}$$

6. 分别用对偶单纯形法和修正对偶单纯形法求解下列线性规划问题。

(1)
$$\begin{aligned} \max \quad & z=-x_1+4x_2 \\ s.t. \quad & -2x_1-x_2 \leqslant 4 \\ & -2x_1+4x_2 \leqslant -8 \\ & -x_1+3x_2 \leqslant -7 \\ & x_1,x_2 \geqslant 0 \end{aligned}$$

(2)
$$\begin{aligned} \min \quad & w=-2x_1-7x_2-6x_3-5x_4 \\ s.t. \quad & 2x_1-3x_2-5x_3-4x_4 \geqslant 20 \\ & 7x_1+2x_2+6x_3-2x_4 \leqslant 35 \\ & 4x_1+5x_2-3x_3-2x_4 \geqslant 15 \\ & x_1,x_2,x_3,x_4 \geqslant 0 \end{aligned}$$

7. 下表是某最大化线性规划问题的对偶单纯形表。表中没有人工变量，a,b,c,d,e,f,g,h 是待定常数。试说明这些常数分别取什么值时，以下结论成立。

z	x_1	x_2	x_3	x_4	x_5	x_6	x_7	RHS
1	0	a	0	0	3	b	c	2
0	0	-1	1	3	-1	0	1	1
0	1	1	0	d	e	0	f	g
0	0	h	0	-2	-2	1	-1	2

(1) 该表格是合理的对偶单纯形表。

(2) 该问题有基本可行解。

(3) 该问题是不可行的。

(4) 该问题是无界的。

(5) 当前的解是不可行的。由对偶单纯形法，x_4 是唯一的换入变量。

(6) x_7 是换入变量，但得到的基本解仍是不可行的。

8. 运用修正单纯形法求解线性规划问题

$$\begin{aligned} \max \quad & z = c^{\mathrm{T}} x \\ s.t. \quad & Ax \leqslant b \\ & x \geqslant \mathbf{0} \end{aligned}$$

其中，

$$A = \begin{bmatrix} 2 & -2 & 3 \\ 1 & 1 & -1 \\ 1 & -1 & 1 \end{bmatrix}, b = \begin{bmatrix} 5 \\ 3 \\ 2 \end{bmatrix}, c = [1, -1, 2]^{\mathrm{T}}$$

得到最优基 $\{x_2, x_6, x_3\}$。这里 x_{i+3} 是第 i 个不等式约束的松弛变量，$i = 1,2,3$。它确定的最优解 x^* 中 $(x_2^*, x_6^*, x_3^*) = (14,5,11)$。对偶最优解为 $y = [1,1,0]^{\mathrm{T}}$。在其增广形式中的基矩阵的逆为

$$B^{-1} = \begin{bmatrix} 1 & 3 & 0 \\ 0 & 1 & 1 \\ 1 & 2 & 0 \end{bmatrix}$$

非基变量的降低价格 $(\bar{c}_1, \bar{c}_4, \bar{c}_5) = (-2, -1, -1)$。通过详细分析，确定

(1) 若要保持基的最优性，右端常数 b_1, b_2, b_3 允许变动的范围分别是多少？

(2) x_1 的系数 $c_1, a_{11}, a_{21}, a_{31}$ 哪些是敏感的？

9. 设线性规划问题

$$\begin{aligned} \max \quad & 4x_1 - x_2 \\ s.t. \quad & 5x_1 + 2x_2 + x_3 \leqslant 8 \\ & 4x_1 + 2x_2 + 3x_3 \leqslant 5 \\ & x_1 + x_2 \leqslant 1 \\ & x_1, x_2 \geqslant 0 \end{aligned}$$

的增广形式的最优基为 $\{x_1, x_4, x_5\}$，其中 x_{i+3} 是第 i 个不等式约束的松弛变量，$i = 1, 2, 3$。确定哪些参数是敏感的。

10. 考虑线性规划问题

$$\begin{aligned} \max \quad & z = 16x_1 + 18x_2 + 9x_3 + 9x_4 \\ s.t. \quad & 2x_1 + x_2 + 3x_3 + x_4 \leqslant 8 \\ & 2x_1 + 3x_2 + 4x_4 \leqslant 12 \\ & 3x_1 + x_2 + 2x_3 \leqslant 18 \\ & x_1, x_2, x_3, x_4 \geqslant 0 \end{aligned}$$

在 3 个不等式约束中分别加入松弛变量 x_5, x_6, x_7 之后，运用单纯形法求解，得到如下

的最终单纯形表：

z	x_1	x_2	x_3	x_4	x_5	x_6	x_7	RHS
1	0	0	0	14	3	5	0	84
0	4/9	0	1	−1/9	1/3	−1/9	0	4/3
0	2/3	1	0	4/3	0	1/3	0	4
0	13/9	0	0	−10/9	−2/3	−1/9	1	34/3

经过详细分析，

(1) 求出哪些右端常数是敏感的？

(2) 求出 x_1 的哪些系数是敏感的？

(3) 求出 x_2 的哪些系数是敏感的？

(4) 若增加新的非负变量 x_8，$c_8 = 18$ 和 $p_8 = (0,3,1)^T$，求解更新后的问题。

(5) 若增加新的约束条件：

$$3x_1 + 3x_2 + x_3 + 4x_4 \leqslant 12$$

求解更新后的问题。

11. 设线性规划问题

$$\begin{aligned} \max \quad & 5x_1 + x_2 \\ s.t. \quad & 3x_1 - x_2 - x_3 \leqslant 1 \\ & x_1 - x_2 + 3x_3 \leqslant 1 \\ & x_1 + x_2 - 2x_3 \leqslant 1 \\ & x_1 - x_2 - x_3 \leqslant 1 \\ & x_1, x_2, x_3, x_4 \geqslant 0 \end{aligned}$$

的增广形式的最优基为 $\{x_2, x_3, x_4, x_7\}$，其中 x_{i+3} 是第 i 个不等式约束的松弛变量，$i = 1,2,3,4$。从该基确定的基本解出发，寻找增加下列约束后问题的解：

$$3x_1 + x_2 - x_3 \leqslant 1$$

12. 证明：若标准不等式形式的线性规划问题有一非退化的最优基本可行解，则它的对偶问题有唯一的最优解。

13. 证明：若标准不等式形式的线性规划问题有一非退化的最优基本可行解，而且它的对偶问题有一退化的最优基本可行解，则原始问题的最优解不止一个。

14. 考虑线性规划问题：

$$\begin{aligned} \max \quad & c_1 x_1 + c_2 x_2 + \cdots + c_n x_n \\ s.t. \quad & a_{11} x_1 + a_{12} x_2 + \cdots + a_{1n} x_n = b_1 \\ & a_{21} x_1 + a_{22} x_2 + \cdots + a_{2n} x_n = b_2 \\ & \vdots \\ & a_{m1} x_1 + a_{m2} x_2 + \cdots + a_{mn} x_n = b_m \\ & x_1, x_2, \cdots, x_n \geqslant 0 \end{aligned}$$

假设通过引进人工变量 $x_{n+1}, \cdots, x_{n+m}$ 后，运用单纯形法求解人工问题得到负的最优目标函数值 v^*。令 $y_i = -1 - \bar{c}_{n+i}$，其中 $\bar{c}_{n+i}$ 是最终单纯形表中 x_{n+i} 的降低价格。

(1) 证明：

$$a_{1j}y_1+\cdots+a_{mj}y_m\geqslant 0,i=1,\cdots,n$$
$$b_1y_1+\cdots+b_my_m<0$$

（提示：①这个结论与人工问题的对偶问题的最优解相关。②运用修正单纯形法求出降低价格，说明 y 是人工问题的对偶问题的最优解。）

(2) 证明该问题是不可行的。

15. 证明 $Ax\leqslant 0,c^{\mathrm{T}}x>0$ 有解，其中

$$A=\begin{bmatrix}1 & -2 & 1\\ -1 & 1 & 1\end{bmatrix},c=(2,1,0)^{\mathrm{T}}$$

16. 证明：若线性规划问题

$$\begin{aligned}\max\quad & c^{\mathrm{T}}x\\ s.t.\quad & Ax\leqslant b\\ & x\geqslant \mathbf{0}\end{aligned}$$

有最优解 x^* 满足 $Ax^*<b$，则它的最优值为 0。

第3章　图与网络优化

图论（Graph Theory）是组合数学的一个分支，它起源于1736年瑞士数学家欧拉（Eular）的第一篇关于图论的论文，这篇论文解决了著名的"哥尼斯堡七桥问题"，因此欧拉成为图论的创始人。东普鲁士的哥尼斯堡城（大哲学家康德的故乡，现在的加里宁格勒）是建在两条河流的交汇处以及河中的两个小岛上的，共有七座小桥将两个小岛及小岛与城市的其他部分连接起来。1736年，欧拉来到哥尼斯堡后，发现当地市民们有一项消遣活动，就是试图将图3.1中的每座桥恰好走过一遍并回到原出发点，但从来没有人成功过。

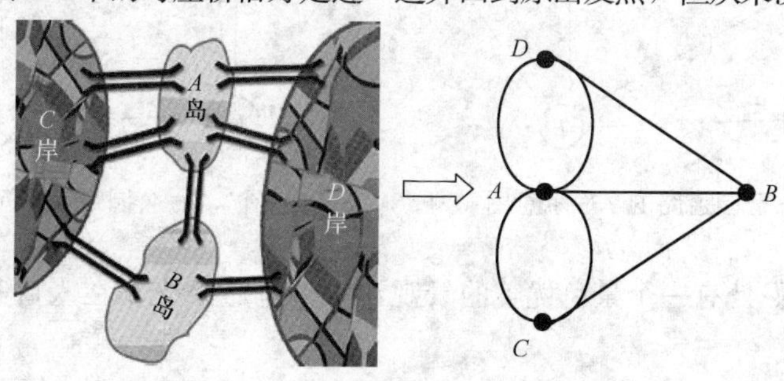

图3.1　哥尼斯堡城七桥

欧拉巧妙地解决了这个问题：把四块陆地设想为四个顶点，分别用A、B、C、D表示，而将桥画成相应的边，如图3.1的右边所示。于是"七桥"问题就转化为"一笔画"问题，也就是说图3.1中右边的图形里是否存在经过每条边一次且仅一次的回路。欧拉经过研究，终于找到解决这类问题的一个简便原则，可以鉴别一个图能否一笔画，并对七桥问题给出了否定的结论，写了一篇论文。

"七桥"问题以后，图论的研究停滞了一百多年，直到1847年，德国物理学家基尔霍夫（Kirchhoff）用"树"图解决了电路理论中的求解联立方程的问题，十年后英国数学家凯莱用"树"图计算有机化学中的问题。在这一时期流行着两个著名的图论问题：哈密尔顿回路问题和"四色猜想"问题。1856年，英国数学家哈密尔顿（Hamilton）设计了一个周游世界的游戏，他在一个正十二面体的二十个顶点上标上二十个著名城市的名字，要求游戏者从一个城市出发，经过每一个城市一次且仅一次，然后回到出发点。另外，人们在长期为地图（平面图）着色时发现，最少只要四种颜色，就能使得有相邻国界的国家涂上不同的颜色。

四色猜想问题出现后，它的证明很长一段时间内没有得到解决，图论的研究又停滞了半个世纪，直到1920年匈牙利数学家科尼格（Konig）写了许多关于图论方面的论文，并于1936年发表了第一本关于图论的书。此后图论从理论上到应用上都有了很大发展，特别是计算机的出现使图论得到飞快的发展，在计算机的帮助下，于1976年用计算机算了一千两百多个小时证明了四色猜想问题。

下面举些具体的例子。

如果把我国的各个城市当成顶点，连接城市的国道当成边，那么全国的公路干线就是图论中所说的图。应用图论的方法可以解决很多实际中的问题，比如优化公园的道路系统。

有一森林公园最近只允许一定数量的观光者和背包者徒步旅行，小轿车不允许进入公园，但是公园工作人员可以在一些狭窄的弯曲道路上开电瓶公交车。这些道路（不包括转弯）的平面示意图如图 3.2 所示，其中，点 S 表示公园入口，其他字母表示看守站点所在位置，线上的数字表示道路的长度。

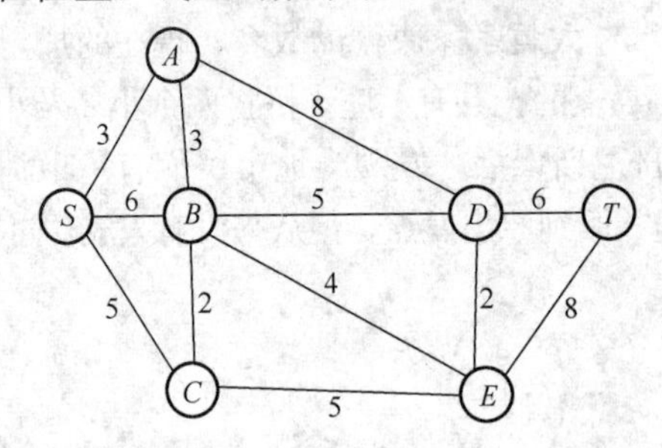

图 3.2　公园道路的平面示意图

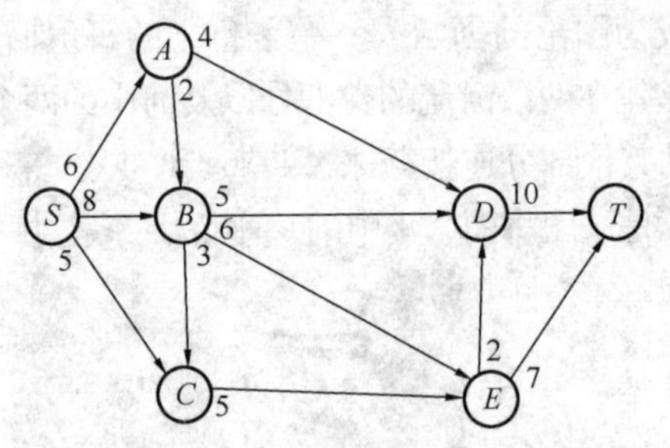

图 3.3　公园最大流问题

公园在位置 T 处有一个景色优美的景观，一些电瓶公交车在入口和位置 T 之间运送游客。

目前公园管理面临三个问题。

第一个问题是，在入口选择哪条路到达位置 T 具有最短距离？这是本章要讨论的最短路径问题。

需要在所有的站点安装电话线路来保证通信联系（包括公园的入口）。由于安装线很贵，而且在自然条件下容易破裂，电话线要在道路下面安装以保证每两点之间都能够通信联系。第二个问题是，在哪里安装电话线可使总的线路最短？这是本章要讨论的最小生成树问题。

车辆的调整。由于公园旅游旺季时有更多的人想要从公园入口坐电瓶公交车到 T 站，为了尽量避免干扰公园里的生态和野生动物，每天每条路都被严格地限制允许行驶的车辆数目。对于每条路来说，旅游方向已经用箭头标识出来，如图 3.3 所示。每个箭头上标出的数字表示每天允许从出发点输送的最大电瓶公交车趟数。第三个问题是，如何在不破坏每条路的限制条件下，调整不同路上发出的车次，使得公园发车的次数最多？这是本章要讨论的最大流问题。

在数学上，网络是一个图。很多线性规划问题可以看成是一个在网络中最小化“运输”费用的问题，称之为**网络优化（Network Optimizaion）**问题，成为最重要的一类特殊线性规划问题。它们在交通网、电力网及通信网中的应用遍及我们日常生活的各个方面。此外，它们在设施选址、资源管理、财务计划等方面也有着重要的作用。本章我们主要讨论一类特殊的线性规划问题——**最小费用流问题**。该问题具有很多特殊的性质，使得单纯形法能更加有效地实施，从而使有效地解决大型问题成为可能。本章我们首先介绍网络优化的相关术语，接着在第 3.2 节中把最短路径问题和最大流问题等价地转化为最小费用流问题，进而用单纯形法求解最小费用流问题。把作用在网络优化问题上的单纯形法称为**网络单纯形法**，大量计算实例表明它是一种可以和求解该问题的其他方法如 Fulkerson 算法竞争的方法[6,13]。求解最短路径问题的 Dijkstra 法和求解最大流问题的标号法见参考文献［4，12］。

§3.1　基本概念

一个**网络**（**Network**）或**图**（**Graph**）是由点和连线组成的集合，其中的点称为**节点**（**Node**）或**顶点**（**Vertex**），连线称为**弧**（**Arc**）或**边**（**Edge**），如图 3.2 和图 3.3 所示。弧可用两个节点来命名，如在网络图 3.2 中，AB 或 BA 可以表示节点 A 和 B 之间的弧。网络是用于拓扑结构建模的数学工具，比如交通系统，其中的交叉路口和停车场的出入口是节点，它们之间的公路是弧；电网，其中的发电厂、变电站和建筑物是节点，它们之间的传输线是弧；互联网，其中的服务器、路由器和终端是节点，它们之间的连接线是弧。

3.1.1　有向网络与无向网络

网络中带有箭头的连线称为**有向弧**（**Directed Arc**）。有向弧是用于表示单向连接，比如单行道和输电线路。没有箭头的连线称为**无向弧**（**Undirected Arc**），用于表示双向连接，如双行道和网络连接。若一个网络只含有有向弧，如电网和图 3.4，则称之为**有向网络**（**Directed Network**）。若一个网络只含有无向弧，如互联网和图 3.5，则称之为**无向网络**（**Undirected Network**）。若一个网络既有有向弧又有无向弧，比如交通网，我们可以把每个无向弧用一对有向弧替代，就像把一条双行道看成两条单行道一样。转换后的有向网络跟原来的网络是等价的，如网络图 3.6 与有向网络图 3.7 是等价的。

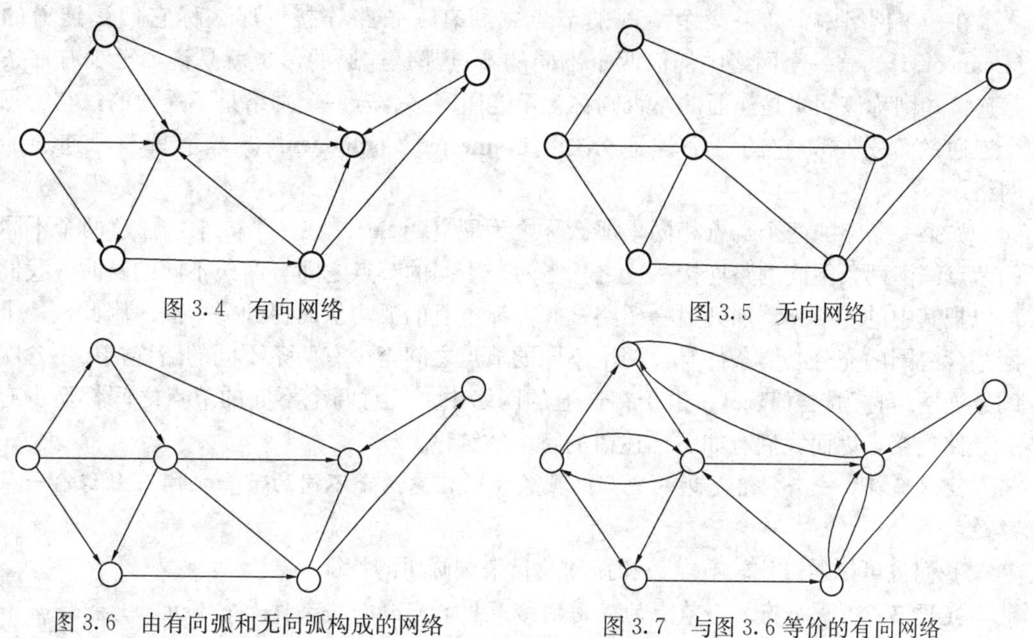

图 3.4　有向网络

图 3.5　无向网络

图 3.6　由有向弧和无向弧构成的网络

图 3.7　与图 3.6 等价的有向网络

3.1.2 路

若两个节点由一条弧相连，则称它们是**相邻的**（**Adjacent**），又称**关联的**（**Incident**）。注意，一条弧至多与两个节点关联。一个有限节点和弧的交错序列，如果所有弧都不同，而且每条弧都连着它的前节点和后节点，那么我们称之为**路**（**Path**），这个序列的两个端点就是这条路的两个端点。例如，在图 3.2 中，连接端点 S 和 T 的一条路是由序列 S, SC, C, CE, E, ET 组成的，记为 (S, C, E, T)，其中弧 SC 的前后节点分别是 S 和 C。若一条路上的所有弧都是有向弧，而且其方向一致地从前节点指向后节点，则称之为**有向路**（**Directed Path**），如图 3.8 所示。我们说一条有向路是从一个序列的第一个节点通向最后一个节点。任何一条不是有向路的路称为**无向路**（**Undirected Path**），如图 3.9 所示。注意，一条无向路可以含有有向弧；实际上，在无向路中的所有弧都可以是有向弧，只是在这种情况下，至少有一条弧的方向是从它的后节点指向前节点。

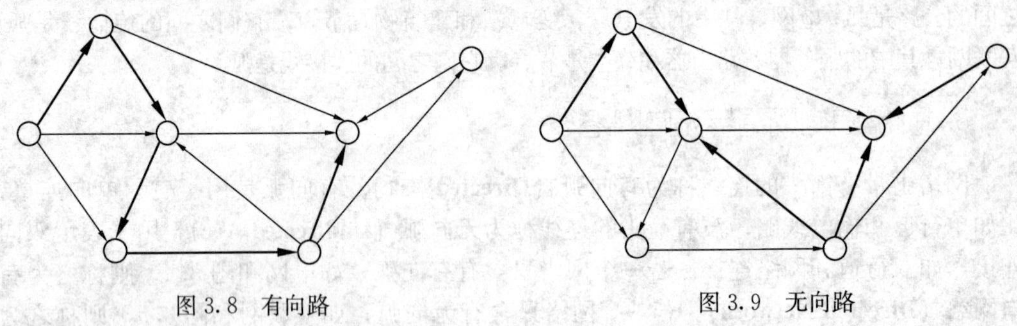

图 3.8　有向路　　　　图 3.9　无向路

3.1.3 生成树

在一个网络中，如果两个不同的节点之间有一条路连接，那么称它们是**连通的**（**Connected**）。若一个网络中任何两个不同的节点都是连通的，也就是说，至少有一条路连接，则称该网络是连通的，否则称为**不连通网络**。若一个网络是不连通的，它的每个连通的部分称为它的一个**连通分支**（**Connected Component**）。本章只考虑连通的网络。

如果一条路的两个端点相同，那么称之为**圈**（**Cycle**）。在一个圈中，任意两个不同的节点都由两条不同的路连接。反之，当两个不同的节点之间有两条不同的路时，我们可以把其中的一条路添加到另一条路，并去掉重复的弧，从而得到一个圈。因此，一个网络含有圈的充分必要条件是，两个不同的节点之间至少有两条不同的路连接。不含圈的连通网络称为**树**（**Tree**）。由于在连通的网络中，任意两个不同的节点之间都至少有一条路连接，因而我们有如下描述树的特征的结论。

定理 3.1　一个网络是树的充分必要条件是任意两个不同的节点之间有且仅有一条路连接。

我们也可以通过比较节点数和弧的数目来刻画树的特征。

定理 3.2　一个有 n 个节点的连通网络是树的充分必要条件是它有 $n-1$ 条弧。

证　在一个连通的网络中，我们可以按如下步骤构造一个 $n-1$ 个节点和 $n-1$ 条弧之间的匹配：

（1）任选一个节点 A，放入集合 $\mathcal{S}$。

（2）在网络中，选取一个与节点 $V\in\mathcal{S}$ 相连接的节点 $U\notin\mathcal{S}$，将弧 UV 和节点 U 匹配，并把节点 U 放入集合 $\mathcal{S}$。重复这个过程，直到 $\mathcal{S}$ 之外不存在与 $\mathcal{S}$ 中的节点相连接的节点。

注意，由于 $\mathcal{S}$ 中与 $U\notin\mathcal{S}$ 相连接的节点可能不止一个，故按上述步骤构造的匹配可能不唯一。

我们首先证明上述步骤构造一个除节点 A 外的所有其他节点和 $n-1$ 条弧之间的匹配，从而表明一个有 n 个节点的连通网络至少有 $n-1$ 条弧。这是因为：

①每条弧至多与一个节点匹配。事实上，一旦一条弧 UV 和一个节点 U 匹配后，节点 U 就被放入集合 $\mathcal{S}$，这样弧 UV 不再与 $\mathcal{S}$ 外的其他节点关联，因而它不能再与其他节点匹配。

②每个节点至多与一条弧匹配。事实上，一旦一个节点 U 与一个弧 UV 匹配后，它就被放入集合 $\mathcal{S}$，因而它将不会再被考虑与其他的弧匹配。

③除节点 A 外，每个节点至少与一条弧匹配。事实上，由于该网络是连通的，任一节点 U 与节点 A 之间都有路连接，而且，在节点 U 被放入集合 $\mathcal{S}$ 之前，在这条路上总是存在一个不是 A 的节点，它是在 $\mathcal{S}$ 外而与 $\mathcal{S}$ 中的节点相连接。因此，上述步骤在 U 被放入集合 $\mathcal{S}$ 之前不会停止。

上述构造匹配的步骤有可能没有用完所有弧，也就是说，有些弧可能没有节点与之匹配。下面证明，上述步骤用尽所有弧的充分必要条件是该网络中没有圈，从而证明了该网络是树（当且仅当它恰有 $n-1$ 条弧时）。

注意到，对于任一节点 $U\neq A$，我们可以沿着跟它匹配的弧 UV 到达节点 V，这样继续下去直到到达节点 A。因而，总存在一条连接节点 $U\neq A$ 和 A 的路，使得其上的弧均是匹配过的弧。

如果存在弧 UV 与节点 U 和 V 都不匹配，那么，这条弧，连同已匹配过的弧构成的连接节点 U 和 A 的路形成一个圈（去掉所有重复的弧之后）。反之，如果存在一个圈，那么该圈，连同连接该圈和节点 A 的路，恰有同样数目的节点和弧。由于每条弧只能与跟它关联的一个节点匹配，但不能与节点 A 匹配，故这些弧中存在一条弧没有节点与之匹配。

证毕

若移去一个网络中的部分或所有的弧，则得到另一个网络，我们称之为**子网络**（**Sub-network**）。注意，子网络与原来的网络具有相同的节点。若一个网络的子网络是树，则称之为该网络的**生成树**（**Spanning Tree**）。连通的网络中必有生成树。事实上，如果一个连通的网络不含圈，那它就是生成树；否则，任取一个圈，从圈中去掉一条弧，得到一个子网络，易知它是连通的。如果该子网络不含圈，那么它是原网络的一个生成树；如果该子网络还有圈，再从圈中去掉一条弧，得到另一个连通的子网络，由于网络的弧的数目是有限的，因此重复这个步骤，最终必能得到一个生成树。下面介绍在一个网络中找出生成树的两种方法。

1. 破圈法

上述说明连通的网络中必有生成树的方法称为**破圈法**，即任取一个圈，从圈中去掉一条弧，对余下的网络重复这个步骤，直到不含圈时为止，即得到一个生成树。

例 3.1 用破圈法找出森林公园的道路平面网络图 3.2 的一个生成树。

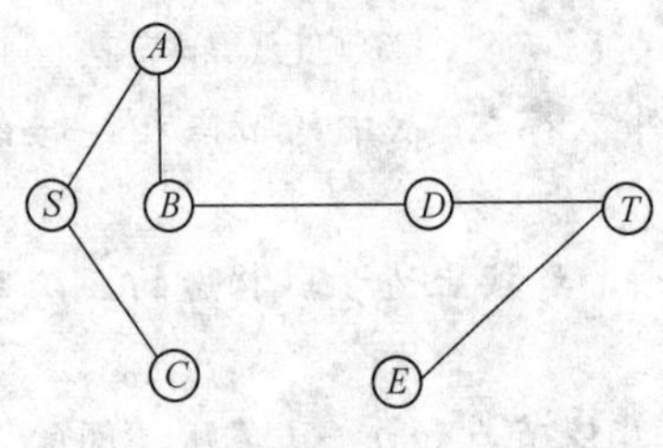

图 3.10 用破圈法找出的生成树

解 取一个圈 (S,A,B,S)，从中去掉弧 SB；在余下的网络中，再取一个圈 (S,A,B,C,S)，去掉弧 BC；在余下的网络中，从圈 (A,B,D,A) 中去掉弧 AD；再从圈 (B,D,E,B) 中去掉弧 BE；再从圈 (S,B,D,E,C,S) 中去掉弧 CE；再从圈 (D,E,T,D) 中去掉弧 DE。此时，余下的网络是不含圈的连通网络，故得到一个生成树，如图 3.10 所示。

2. 避圈法

在网络中任取一条弧 1，找一条与弧 1 不构成圈的弧 2，再找一条与弧 1 和弧 2 不构成圈的弧 3。一般，设已有 $k-1$ 条弧，找一条与这 $k-1$ 条弧中的任何一条弧不构成圈的弧 k。重复这个过程，直到不能进行为止。这时，由所有取出的弧所构成的图是一个生成树。

避圈法的正确性的证明可参阅文献 [4]，下面介绍一个例子。

例 3.2 用避圈法找出森林公园的道路平面网络图 3.2 的一个生成树。

解 任取弧 SA，由于弧 SB 与弧 SA 不构成圈，故可取弧 SB；因弧 SC 与弧 SA 和 SB 不构成圈，故取弧 SC；取与弧 SA,SB 及 SC 不构成圈的弧 AD，再取与弧 SA,SB,SC 及 AD 不构成圈的弧 DT；最后取与弧 SA,SB,SC,AD 及 DT 不构成圈的弧 BE。此时，由弧 SA,SB,SC,AD,DT 及 BE 构成的网络即为一个生成树，如图 3.11 所示。

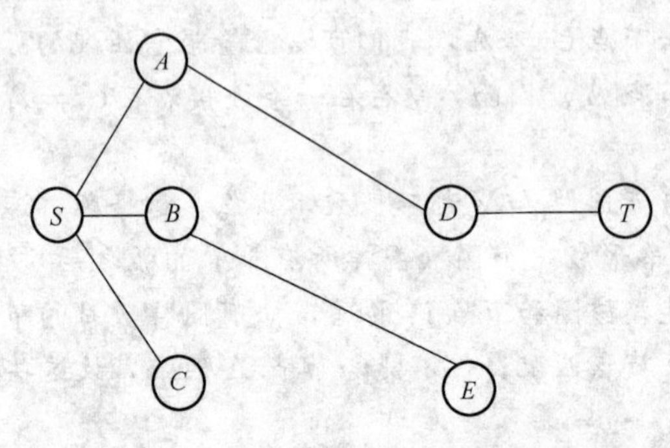

图 3.11 用避圈法找出的生成树

3.1.4 流

在网络优化问题中，决策变量是沿着网络中的每条弧传送的流量，称之为**流变量（Flow Variable）**。这些流表示在两个节点之间移动的客体，比如车流、电流或数据流等。我们假设在每条弧中传送的客体是守恒的，也就是说，流沿着每条弧传送时既不会减少也不会增加。这个假设被称为**弧上流量的守恒（Conservation of Flow Along the Arcs）**。

在网络优化问题中，一个解称为一个**流的分配（Flow Assignment）**，它是对网络中每条弧的流量的分配。目标函数是传送总流量的费用。我们假设每条弧中传送流的费用跟它的流量成比例的。一条弧上传送每单位流量的费用称为**弧价格**（**Arc Cost**）。一个弧如果允许通过最大数量的流是有限制的，则称之为**有界弧**（**Bounded Arc**），否则称为**无界弧**（**Unbounded Arc**）。允许通过弧的最大流量称为**弧容量**（**Arc Capacity**）。我们假设这些弧容量与网络中通过的流量无关。

给定一个流的分配，我们把节点分成如下三类：

（1）若一个节点的总输出量超过其总输入量，则称之为**供给节点**（**Supply Node**）或称**发点**、**源**。

（2）若一个节点的总输入量超过其总输出量，则称之为**需求节点**（**Demand Node**）或称**收点**、**汇**。

（3）若一个节点的总输入量等于其总输出量，则称之为**转载节点**（**Transshipment Node**）或**中间点**。

一个节点的总输出量与总输入量的差，称之为该节点的**净输出量**（**Net Out-flow**）。发点是净输出量为正的节点，收点是净输出量为负的节点。中间点是净输出量为零的节点，我们称该节点满足**节点上流的守恒**（**Conservation of Flow at the Node**）。在整个网络中，在弧的流量守恒假设下，所有节点的总输入量会等于所有节点的总输出量，这就是所谓的**网络中流的守恒**（**Conservation of Flow on the Network**）。

给定一个带有弧价格的连通网络，最小生成树问题就是要在所有的生成树中选出一个总费用最小的生成树。例如，给定一些城市，已知每两个城市间铺设电话线的费用，要求铺设一个连接这些城市的电话线网，使总的铺设费用最小，这个问题就是最小生成树问题。最小生成树问题是网络上的优化问题之一。

最小生成树问题的一些应用：

（1）通信网络设计（光缆网络、计算机网络、电话线网、有线电视网络等）；

（2）费用最低的运输网络设计（铁路、公路等）；

（3）高压输电线路的网络设计；

（4）线路总长度最短的电子设备的线路网络设计（如计算机系统）；

（5）连通多个地方的管道网络设计。

在构造生成树的过程中，如果同时考虑弧价格的影响，将得到构造最小生成树的方法。下面介绍求最小生成树的两种方法。

1. 避圈法（Kruskal 算法）

开始选一条最小价格的弧，以后每一步中，总从与已选弧不构成圈的那些未选的弧中，选一条价格最小的弧。每一步中，如果有两条或两条以上的弧都是价格最小的边，则从中任选一条。

Kruskal 算法正确性的证明详见文献［4，12］。下面介绍一个例子。

例 3.3　用避圈法解决本章开头提出的第二个问题，即在哪里安装电话线可使总的线路最短？这里每条道路的长度可以看成是每条弧的弧价格。

解　取最小价格的弧之一 BC，由于弧 BC 与弧 DE 不构成圈，故可取余下弧中的最小价格者 DE；因弧 SA 与弧 BC 和 DE 不构成圈，故取余下弧中的最小价格者之一 SA；取与弧 SA, BC 及 DE 不构成圈的余下弧中最小价格者弧 AB，再取与弧 SA, BC,

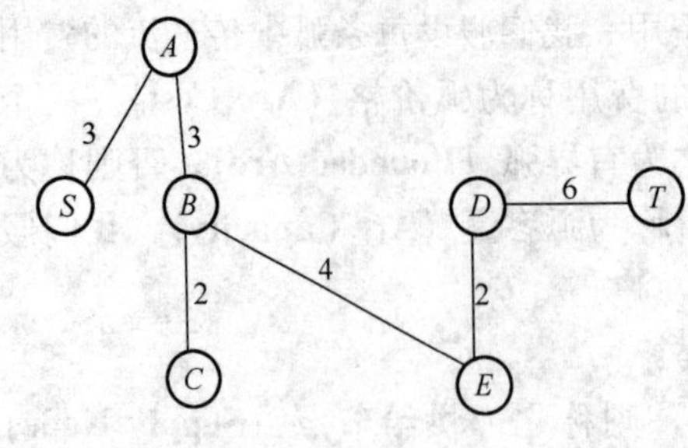

图 3.12 森林公园的最小生成树

DE 及 AB 不构成圈的余下弧中最小价格者 BE；最后取与弧 SA,SB,SC,AD 及 BE 不构成圈的余下弧中最小价格者 DT。此时，由弧 SA,AB,BC,BE,ED 及 DT 构成的网络即为一个最小生成树，如图 3.12 所示。

2. 破圈法

任取一个圈，从圈中去掉一条价格最大的弧。如果有两条或两条以上的弧都是价格最大的弧，则任意去掉其中一条。在余下的网络中，重复这个步骤，直至得到一个不含圈的网络为止，这时的网络便是最小生成树。

例 3.4 用破圈法解决本章开头提出的第二个问题。

解 取一个圈 (S,A,B,S)，从中去掉最大价格的弧 SB；在余下的网络中，再取一个圈 (S,A,B,C,S)，去掉最大价格弧 SC；在余下的网络中，从圈 (A,B,D,A) 中去掉最大价格的弧 AD；再从圈 (B,D,E,B) 中去掉最大价格的弧 BD；再从圈 (B,C,E,B) 中去掉最大价格的弧 CE；再从圈 (D,E,T,D) 中去掉最大价格的弧 ET。此时，余下的网络是不含圈的连通网络，故得到一个最小生成树，如图 3.12 所示。

§3.2 最小费用流问题

给定一个连通的有向网络，其中每个弧给定容量和每单位流量的费用，每个顶点给定净输出量。**最小费用流问题（Minimum Cost Flow Problem）**是寻找一个流的分配的网络优化问题，使得在所有的可行流中总费用取最小值，其中可行流是指，每条弧传送的流量不超过其容量，每个节点满足净输出量的要求。最小费用流问题被应用于现实生活中的多媒体网络信息传播、产品的运输与调度、指派问题等方面，并在许多工程领域及物理、化学、生物及应用数学等科学领域有着广泛的研究。

本章中，我们对最小费用流问题做如下假设：

（1）网络满足流的守恒条件，也就是说，所有节点的净输出量之和为 0；

（2）网络中至少有一个发点。在网络中流的守恒条件之下，这等价于存在一个收点。

典型应用见表 3.1。

表 3.1 最小费用流的典型应用

应用类型	发点	中间点	收点
配送网络运营	货源	中间存储设施	客户
固体废物管理	固体废物源	处理设施	垃圾场
供应网络运营	供应商	中途仓库	加工设施
产品车间组装	车间	某种产品的生产	某一产品的市场
现金管理	在某一时刻的现金来源	短期的投资机会	在某一时间的现金需求

最小费用流的两个重要例子是最短路问题和最大流问题。

3.2.1　最短路问题

给定一个连通的有向网络，其中每条弧都赋予一个正数，表示长度，并指定两个特殊的点——一个发点和一个收点，**最短路问题（Shortest Path Problem）**是寻找从发点到收点的最短有向路。

一些应用：

(1) 使路程总距离最短，如公园道路系统的设计；

(2) 使一组作业的总费用最小；

(3) 使一组作业的总时间最少。

最短路问题可以按下列步骤转化为最小费用流问题：

(1) 发点的净输出量赋予 1，收点的净输出量赋予 −1，其他节点作为中间点，它们的净输出量为 0。每一条从发点到收点的有向路可以对应一个可行流，即在这条路上的所有弧的流量为 1，不在这条路上的弧的流量为 0。这样的流的分配满足所有节点的净输出量要求。

(2) 每条弧都是无界弧，弧的单位流量的费用为它的长度。从而，从发点到收点的路的距离就等于它相应的流的分配的总费用。

(3) 因此，最短路问题与最小费用流问题等价。

例 3.5　把本章开头的第一个问题，即在入口选择哪条路到达位置 T 具有最短距离，等价地转化为最小费用流问题。

解　由于第一个问题中的最短路问题的网络是无向的，而最小费用流问题是针对有向网络的，故除了与发点和收点关联的弧不需要双向外，把跟中间点关联的所有无向弧替换为一对有向弧（用双向箭头线表示）。接着按照上述步骤，该问题可等价地转化为最小费用流问题，对应的网络如图 3.13。

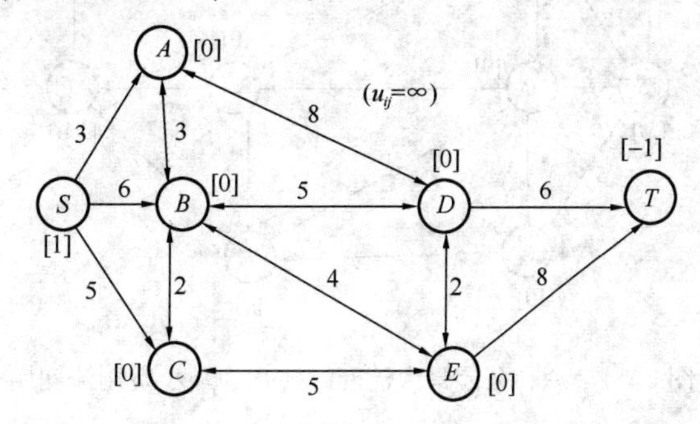

图 3.13　森林公园最短路问题转化为最小费用流问题

3.2.2　最大流问题

给定一个连通的有向网络，其中每条弧上的容量都为正，并指定两个特殊的点——一个发点和一个收点，**最大流问题（Maximum Flow Problem）**是寻找一个可行流，使得从发点到收点的流量最大。

一些应用：

（1）公司配送网络中，使从工厂到客户的流量（运送量）最大化；

（2）公司供应网络中，使从供应商到工厂的流量（运送量）最大化；

（3）使石油管道系统的石油流量最大化；

（4）使沟渠系统的水流量最大化；

（5）使交通网络的车流量最大化。

最大流问题可以按下列步骤转化为最小费用流问题：

（1）首先，在给定的网络中添入一条从发点到收点的额外弧来构造一个连通的有向图。

（2）发点的净输出量赋为 M，收点的净输出量赋为 $-M$，其中 M 是原网络中从发点到收点的可能最大流量的一个上界。例如，可以取 M 为从发点流出的所有弧的容量之和。其他顶点的净输出量为 0。原网络中从发点传送到收点的每一单位流量，对应着不使用额外弧传送流量的新网络中，发点的一个单位的净输出量。因此，加在额外弧上的流量为 $M-f$，其中 f 为原网络中从发点传送到收点的流量。

（3）额外弧是无界弧，它的单位流量费用为 1，而其他所有弧的单位流量费用为 0。因此，在新的网络中，一个流的分配的总费用就是经过这个额外弧的流量，即 $M-f$。

（4）因此，最大流问题与最小费用流问题等价。

例 3.6 把本章开头的第三个问题，即车辆的调整问题，等价地转化为最小费用流问题。

解 按照上述步骤，该问题可等价地转化为最小费用流问题，对应的网络如图 3.14 所示。

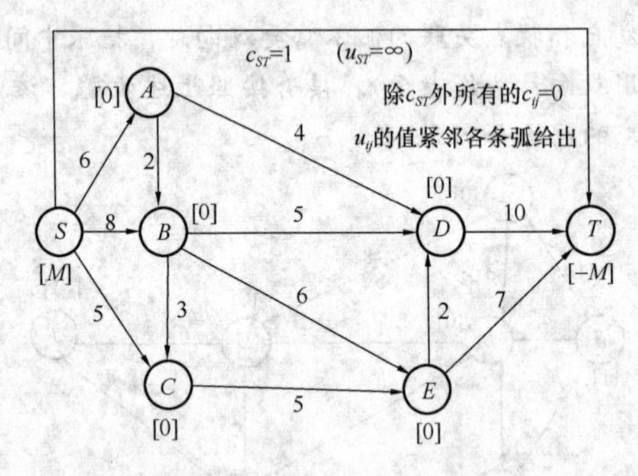

图 3.14 森林公园最大流问题转化为最小费用流问题

3.2.3 最小费用流的线性规划模型

下面用优化模型表述最小费用流问题。

首先，把节点依次标识为 $A,B,\cdots$。对每个有界弧 (U,V)，用 u_{UV} 记它的容量，对每一个弧 (U,V)，用 c_{UV} 记它的单位流量的费用，即弧价格。对每个顶点 U，b_U 记它的净输出量。

对每一个弧 (U,V)，记流过它的流量为 x_{UV}。所有的流变量 x_{UV} 集合就是所有的决策变量集合。它们是非负的；而往弧的相反方向流过的流量是负的。

目标函数是最小化流的分配的总费用，因此，其表达式是

$$\sum_{(U,V)\in\mathcal{A}} c_{UV}\, x_{UV}$$

其中，$\mathcal{A}$ 表示 弧的集合。

这些决策变量的约束条件可分为两类：

(1) 弧的约束；

(2) 节点的约束。

对每个有界弧 (U,V)，由它的容量产生约束

$$x_{UV} \leqslant u_{UV}$$

对每个节点，由净输出量要求所产生的约束

$$\sum_{(U,V)\in\mathcal{A}} x_{UV} - \sum_{(V,U)\in\mathcal{A}} x_{VU} = b_U$$

综上所述，它的最优化模型是

$$\begin{aligned} \min \quad & \sum_{(U,V)\in\mathcal{A}} c_{UV}\, x_{UV} & \\ s.t. \quad & x_{UV} \leqslant u_{UV} & \forall \text{ 有界弧}(U,V) \\ & \sum_{(U,V)\in\mathcal{A}} x_{UV} - \sum_{(V,U)\in\mathcal{A}} x_{VU} = b_U & \forall \text{ 节点 } U \\ & x_{UV} \geqslant 0 & \forall \text{ 弧}(U,V) \end{aligned}$$

注意到，在节点的约束表达式中，对应于每个弧 (U,V) 的变量 x_{UV} 出现两次——对于节点 U 和 V 分别出现一次。而且，x_{UV} 在节点 U 的约束中的系数是 1，在节点 V 的约束中的系数是 -1。因此，当把所有的节点约束表达式相加时，得到的和式中，x_{UV} 的系数是 0。由于对于所有的决策变量都是这样的，因此，有

$$0 = \sum_{U} b_U$$

这个方程就是恒等式 $0 = 0$，因此网络中流的守恒条件中要求总的净输出量为 0。

由于把所有节点的约束表达式相加得到 $0 = 0$，说明在这些约束条件中，至少有一个条件是多余的。事实上，任何一个节点的约束都可以认为是多余的，因为它可以表示为其余的节点约束的负的和式。因此，可以去掉其中任何一个节点的约束而不影响该线性规划模型。于是得到一个更小规模的线性规划问题

$$\begin{aligned} \min \quad & \sum_{(U,V)\in\mathcal{A}} c_{UV}\, x_{UV} & \\ s.t. \quad & x_{UV} \leqslant u_{UV} & \forall \text{ 有界弧}(U,V) \\ & \sum_{(U,V)\in\mathcal{A}} x_{UV} - \sum_{(V,U)\in\mathcal{A}} x_{VU} = b_U & \forall \text{ 节点 } U \neq A \\ & x_{UV} \geqslant 0 & \forall \text{ 弧}(U,V) \end{aligned}$$

其中，A 是任意一个节点。

在不等式约束加入松弛变量，可以得到上述线性规划问题的增广形式

$$\begin{array}{llr} \max & -\sum_{(U,V)\in\mathcal{A}} c_{UV}\,x_{UV} & \\ s.t. & x_{UV}+t_{UV}=u_{UV} & \forall \text{ 有界弧}(U,V) \\ & \sum_{(U,V)\in\mathcal{A}} x_{UV}-\sum_{(V,U)\in\mathcal{A}} x_{VU}=b_U & \forall \text{ 节点 } U\neq A \\ & x_{UV},t_{UV}\geqslant 0 & \forall \text{ 弧}(U,V) \end{array} \quad \text{(MCF)}$$

这个线性规划具有 $m+k$ 个变量，$n+k-1$ 个等式约束，其中 m 是弧的数目，n 是节点数，k 是有界弧的数目。

§3.3 网络单纯形法

如果要用单纯形法求解上一节的线性规划问题（MCF），那么必须保证它的增广形式能找到基矩阵，也就是说从等式约束的系数矩阵中能够找到非奇异的子矩阵。事实上，增广形式的一个基对应着网络的一个生成树。

3.3.1 网络单纯形法的基本定理

我们先考虑这样的问题：一个决策变量集合 J_B 什么时候可以成为一个基？根据定义，对应于 J_B 的矩阵是增广形式（MCF）的等式约束系统的一个基矩阵当且仅当该矩阵确定的线性方程组有唯一解。注意到，如果 J_B 是基，那么不在 J_B 中的变量取值为 0，即

（1）当 $x_{UV}\notin J_B$ 时，$x_{UV}=0$；

（2）当 (U,V) 是有界弧且 $t_{UV}\notin J_B$ 时，$t_{UV}=0$。注意到，当 (U,V) 是无界弧时，不定义 t_{UV}。

这等价于存在唯一的流的分配满足节点约束：

（1）当 $x_{UV}\notin J_B$ 时，$x_{UV}=0$；

（2）当 (U,V) 是有界弧且 $t_{UV}\notin J_B$ 时，$x_{UV}=u_{UV}$，这是因为 $x_{UV}=u_{UV}-t_{UV}$。

现在考虑所有未被上述约束条件确定流量的弧组成的子网络，记为 T_B。这意味着，子网络 T_B 包含的弧 (U,V) 满足 (U,V) 是无界弧且 $x_{UV}\in J_B$，或 (U,V) 是有界弧且 $x_{UV},t_{UV}\in J_B$。

对每个不在 T_B 中的弧 (U,V)，我们有下列三种情况：

（1）若 (U,V) 是无界弧且 $x_{UV}\notin J_B$，则 $x_{UV}=0$。

（2）若 (U,V) 是有界弧且 $x_{UV}\notin J_B$，则 $x_{UV}=0$。

（3）若 (U,V) 是有界弧且 $t_{UV}\notin J_B$，则 $x_{UV}=u_{UV}$。

由于不在 T_B 中的弧的流量已经确定，故给这些弧分配流量之后，每个节点的净输出量变为

$$b_U-\sum_{\substack{(U,V)\notin T_B\\ t_{UV}\notin J_B}} u_{UV}+\sum_{\substack{(V,U)\notin T_B\\ t_{VU}\notin J_B}} u_{VU}$$

因此，J_B 是一个基当且仅当子网络 T_B 存在唯一的流的分配满足上述每个节点的净

输出量。由于一个基矩阵和线性方程组的右端常数列的取值无关，因此，J_B 是基当且仅当子网络 T_B 存在唯一的流的分配满足任何的节点净输出量的要求，只要 T_B 的流的分配还保持网络的流的守恒条件。

由此我们有，如果 J_B 是一个基，那么 T_B 的是连通的。否则，有一对节点 U,V 之间没有 T_B 中的路连接。令 U,V 的净输出量分别为 1 和 -1，其余节点的净输出量都为 0。那么，找不到一个流的分配满足这样的节点净输出量要求，比如 U,V 分别为发点和收点的情况，相应的网络如图 3.15 所示。

接着，我们证明，如果 J_B 是一个基，那么 T_B 是不含圈的。否则，有一对节点 U，V 之间有 T_B 中的两条路连接。于是，这个圈上的流的分配可以是任意值，从而存在无限多个解，如图 3.16 所示网络，其中的 x 可以取任意值。

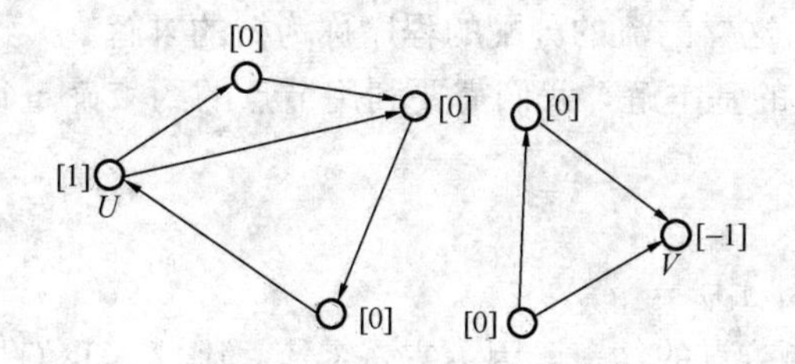

图 3.15　U，V 之间没有路连接的网络图

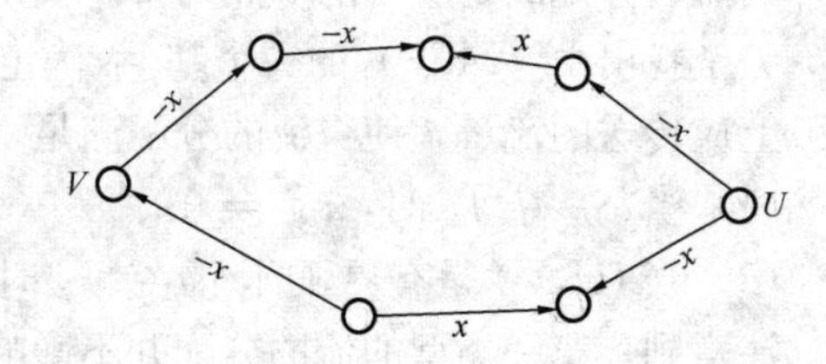

图 3.16　U，V 之间有两条路连接的网络图

综上所述，如果 J_B 是一个基，那么 T_B 是一个树。下面，我们说明 T_B 是网络的一个生成树。为此，我们分四种情况来计算与 T_B 相关的基变量的个数。设 k_1 是 T_B 中有界弧的数目，则 $k-k_1$ 是不在 T_B 中的有界弧的数目，$\#arc(T_B)-k_1$ 是 T_B 中无界弧的数目，其中 $\#arc(T_B)$ 表示 T_B 中的弧的数目。

(1) 对于在 T_B 中的每个有界弧，它的流变量和松弛变量都是基变量，因此，与 T_B 的有界弧相关的基变量个数为 $2k_1$ 。

(2) 对于在 T_B 中的每个无界弧，它的流变量是基变量，因此，与 T_B 的无界弧相关的基变量个数为 $\#arc(T_B)-k_1$ 。

(3) 对于不在 T_B 中的每个有界弧，它的流变量和松弛变量恰有一个是基变量。这是因为，它们不能同时为基变量，否则这样的弧在 T_B；它们也不能都不是基变量，否则，$u_{UV}=x_{UV}+t_{UV}=0$，这与 $u_{UV}>0$ 矛盾。因此，与不在 T_B 中的有界弧相关的基变量个数为 $k-k_1$ 。

(4) 对于不在 T_B 中的每个无界弧，它的流变量不是基变量，否则，它在 T_B 中。因此，没有与不在 T_B 中的无界弧相关的基变量。

因此，基变量个数是

$$2k_1+(\#arc(T_B)-k_1)+(k-k_1)+0=\#arc(T_B)+k$$

另一方面，基变量个数等于增广形式中等式约束的个数 $n+k-1$，所以 T_B 有 $n-1$ 个弧。之前已证得 T_B 是一个树，由树的性质知，T_B 的节点数为 n，这等于网络中的节点数，因此 T_B 是网络的一个生成树。

定理 3.3 (网络单纯形法的基本定理)　一个变量的集合 J_B 是 (MCF) 的一个基当且仅当由满足下列条件之一的弧组成的子网络 T_B 是一个生成树：

(1) (U,V) 是无界弧且 $x_{UV} \in J_B$；

(2) (U,V) 是有界弧且 $x_{UV}, t_{UV} \in J_B$ 。

证 已证得，J_B 是一个基当且仅当存在唯一的 T_B 的流的分配满足任何的节点净输出量要求，只要它在 T_B 上的网络的流的守恒条件仍然满足。我们还进一步证得：如果 J_B 是一个基，那么 T_B 是一个生成树。因此，只需证明如果 T_B 是一个生成树，那么存在唯一的 T_B 的流的分配满足任何的节点净输出量要求，只要它在 T_B 上的网络的流的守恒条件仍然满足。这由树T_B的求解可以得到。 证毕

3.3.2 树的求解

给定一个树，其中各个节点的净输出量满足这个树上的流的守恒条件，总可以找到唯一的流的分配满足所有的节点约束。找出这样的流的分配的程序称为**树的求解**。

为了找出由（MCF）的一个基 J_B 确定的基本解，我们需要利用节点的约束确定每条弧上应传送的流量，使得流的分配满足

（1）当 $x_{UV} \notin J_B$ 时，$x_{UV} = 0$ ；

（2）当 (U,V) 是有界弧且 $t_{UV} \notin J_B$ 时，$x_{UV} = u_{UV}$ 。

注意到，第一类型的流的分配并不影响节点的约束，因为它是零流。因此，我们只要考虑第二类型的流的分配。称满足 $t_{UV} = 0$ 的有界弧为**反向弧（Reverse Arc）**，其他的弧都称为**正常弧（Normal Arc）**。对于由 J_B 确定的基本解的流的分配，沿着反向弧的流量是它的容量，即 $x_{UV} = u_{UV}$ 。

树的求解的一般步骤如下：

步 1 对所有的反向弧，分配其流量为它的容量，分配其他的不在这个树上的弧的流量为 0。

步 2 选择一个叶节点，即选一个节点使得它恰有一个弧与这个树关联。

步 3 利用该节点约束来确定这个节点与树的剩下部分关联的弧的流量。这称为**弧的求解**。

步 4 从这个树上去掉该节点和已经求解的弧。

步 5 如果这个树上还剩下弧，转到步 2。

若最后得到的流的分配违背了任何一个弧的容量约束，或是有负的流量，我们说这个树是不可行的。这也意味着相应的基是不可行的。

例 3.7 考虑如图 3.17 所示的最小费用流问题，其中弧上的数字表示单位流量的费用，每个节点上的数字表示净输出量，弧 (A,C)，(A,E)，(B,F)，(E,F)，(F,D)，(F,E) 的容量分别是 20,30,10,60,10,60，余下的弧都是无界弧。找出由弧

$$\{(A,C),(A,E),(B,F),(D,A),(F,C)\}$$

构成的生成树确定的流的分配。

解 为突出树，我们用虚线表示这个树之外的弧。简单起见，我们把弧上的单位费用去掉，因为它们在树的求解中是不需要的，并且用一个更简洁的记号表示弧的容量，如图 3.18 所示。

由于该网络中没有反向弧，不在这个树上的弧的流量都为 0。现在考虑叶节点 B，并求解在这个树上和它关联的弧 (B,F)。沿着弧 (B,F) 的流量必须是 30 才能满足 B 的

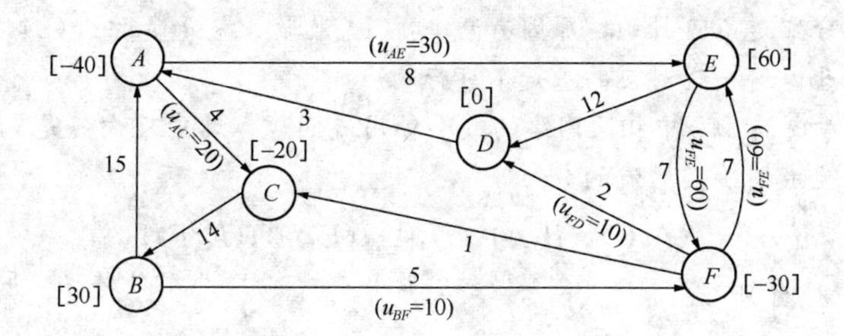

图 3.17　例 3.7 的网络图

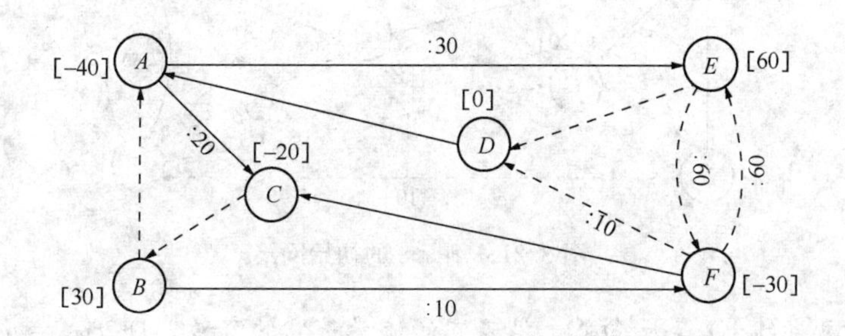

图 3.18　例 3.7 中给定的生成树

节点约束。当求解了弧 (B,F) 后，去掉这个已求解的弧和与它关联的节点来减少这个树的大小，结果如图 3.19 所示。

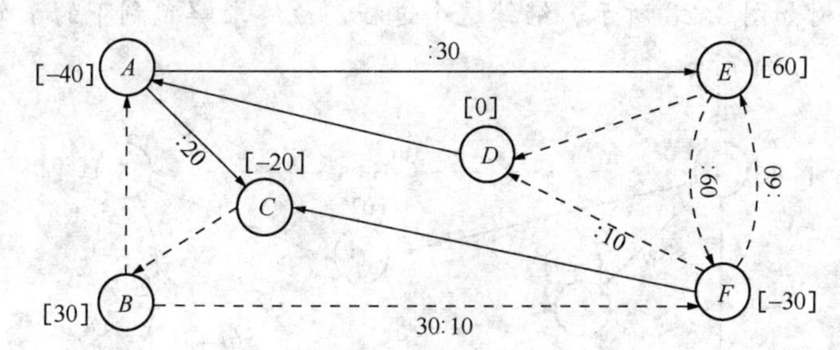

图 3.19　例 3.7 中弧 (B,F) 的求解

在这个更小的树上，选取叶节点 F。利用 F 的节点约束，我们求解弧 (F,C) 得到它的流是 0。接着，去掉弧 (F,C) 和跟它关联的节点 F。继续这个过程，最后我们求解了剩下的三个弧，从而得到如图 3.20 所示的流的分配，其中没有标明流量的弧是 0 流。

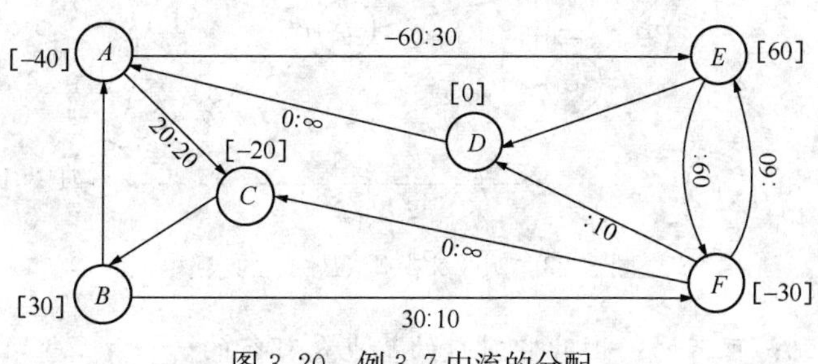

图 3.20　例 3.7 中流的分配

这个流的分配是不可行的，原因有两个：(1) 流量 x_{AE} 是负的；(2) 流量 x_{BF} 超过它的容量。因此，这个树对应的基是不可行的。

例 3.8 考虑例 3.7 中相同网络的最小费用流问题，其中反向弧是 (B,F)。找出由下列弧构成的生成树确定的流的分配

$$\{(A,C),(B,A),(D,A),(E,D),(E,F)\}$$

初始网络如图 3.21 所示。

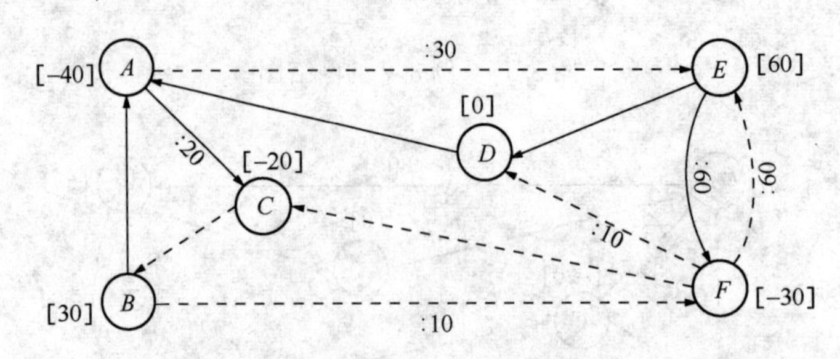

图 3.21 例 3.8 的初始网络

解 由于弧 (B,F) 是反向弧，沿着它的流量是它的容量，即 $x_{BF}=u_{BF}=10$，而不在这个树上的其他弧的流量为 0，如图 3.22 所示。首先考虑叶节点 B 并求解在这个树上跟它关联的弧 (B,A)。由于沿着弧 (B,F) 的流量是 10，沿着弧 (B,A) 的流量必须是 20，才能满足 B 的节点约束。于是，从这个树上去掉已求解的弧 (B,A) 和跟它关联的节点 B，得到的树如图 3.23 所示。继续这个过程，最终求解完剩下的 4 个弧，从而得到的流的分配如图 3.24 所示。

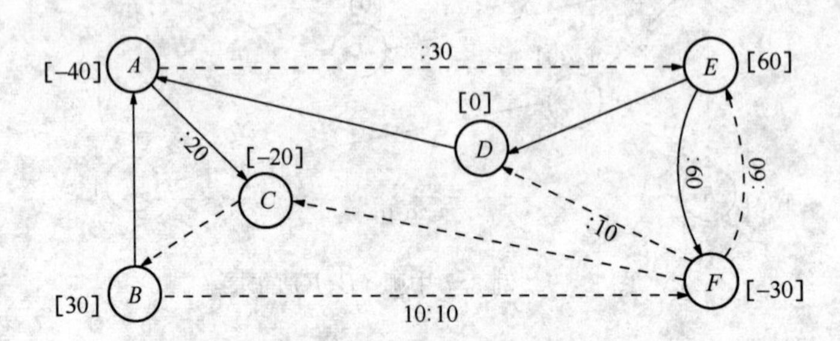

图 3.22 例 3.8 中弧 (B,F) 的求解

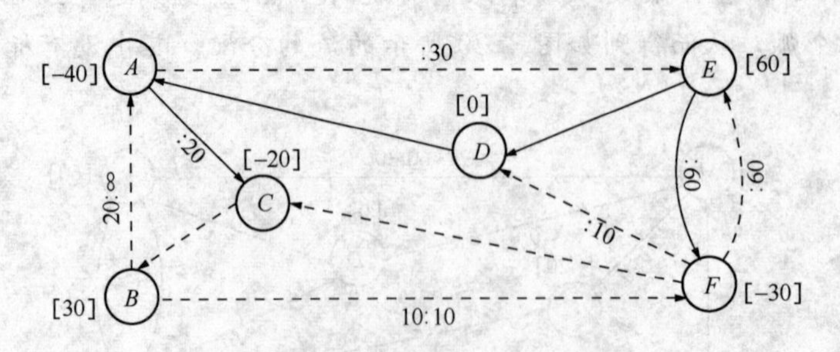

图 3.23 例 3.8 中弧 (B,A) 的求解

这个流的分配是可行的，因此它对应的基也是可行的。

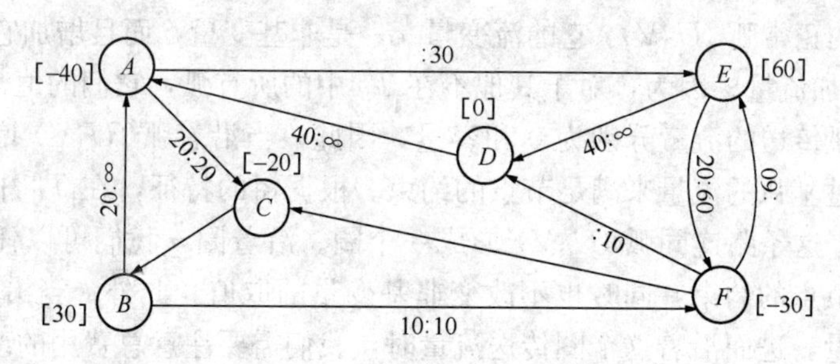

图 3.24　例 3.8 中流的分配

3.3.3　基本解的整数性

在所有的系数都为整数的假设下，上一节中求解树的程序给出了所有基本解的整数性的构造性证明。

定理 3.4(最小费用流的整数性定理)　对于最小费用流问题，如果所有的净输出量和所有弧的容量都是整数，那么它的线性规划模型的增广形式的基本解中沿着每个弧的流量都是整数。

证　基本解中沿着每个弧的流量是下面三种情况之一：

(1)　0；

(2) 容量；

(3) 由树的求解确定。

当所有弧的容量和节点的净输出量都是整数时，达到容量的流量必须是整数，从而在求解树的过程中，弧的求解使得流量是整数。　　证毕

3.3.4　网络单纯形法

本章开始已提到网络单纯形法是作用在网络优化问题上的单纯形法，因而本节先介绍单纯形法的关键步骤最优性检验和换出变量如何在网络上实现，再给出网络单纯形法的具体计算步骤。

1. 最优性检验

假设在单纯形法的迭代开始时我们有一个可行的基 J_B，它对应着一个可行的生成树和反向弧（如果有的话）。在迭代的第一步要检验这个基的最优性。这就需要确定所有非基变量的降低价格；也就是要确定，在增广形式（MCF）中，随着一个非基变量的增加而保持其余的非基变量仍为 0，它的目标函数

$$-\sum_{(U,V)\in\mathcal{A}} c_{UV}\,x_{UV}(=-\text{总费用})$$

会怎样变化。

根据树的定义，树 T_B 对应着一个可行基 J_B，如果弧 (U,V) 是不在 T_B 中的正常弧，那么流变量 x_{UV} 是非基变量；如果弧 (U,V) 是不在 T_B 中的反向弧，那么松弛变量 t_{UV} 是非基变量。因此，可以通过对应的弧不在 T_B 中来识别非基变量，反之亦然。称这些弧为**非基弧（Nonbasic Arc）**。在 T_B 中的弧称为**基弧（Basic Arc）**。

对于非基的正常弧 (U,V)，它的流变量 x_{UV} 是非基变量，而且增加它的值意味着沿着弧 (U,V) 增加流量。因为，对于其他不在 T_B 中的所有弧，它们的值都为 0，即沿着正常弧和反向弧传送的流量分别为 0 和容量，因此，当沿着弧 (U,V) 增加流量时，我们只能改变经过基弧的流量来满足节点的约束。根据树的特征，在 T_B 中有唯一的路连接节点 U 和 V。这条路连同弧 (U,V) 形成一个圈。沿着圈，我们可以任意地增加流量而不违背任何节点的约束，同时也不改变非基变量的取值。此外，当沿着弧 (U,V) 增加一个单位流量，进而沿着这个圈传送流量时，我们需要注意总费用的改变情况。注意到，总费用的改变量是 x_{UV} 的降低价格的相反数。如果这个总费用的改变量是负的，那么这个降低价格是正的，我们就选 x_{UV} 为换入变量。

类似地，对于非基的反向弧 (U,V)，它的松弛变量 t_{UV} 是非基变量，而且增加它的值意味着沿着弧 (U,V) 减少流量，这是因为 $x_{UV}=u_{UV}-t_{UV}$。就像前面那样，当沿着弧 (U,V) 增加流量时，我们只能改变通过基弧的流量来满足节点的约束。同样的，我们需要找出在 T_B 中连接节点 U,V 的唯一路，并注意总费用的变化以确定 t_{UV} 的降低价格。如果这个总费用的改变量是负的，那么这个降低价格是正的，我们就选 t_{UV} 为换入变量。

例 3.9 考虑例 3.7 中相同网络的最小费用流问题，由下列弧构成的可行生成树

$$\{(A,C),(B,A),(D,A),(E,D),(E,F)\}$$

和反向弧 (B,F)。这个树以及由它确定的流的分配如图 3.25 所示。

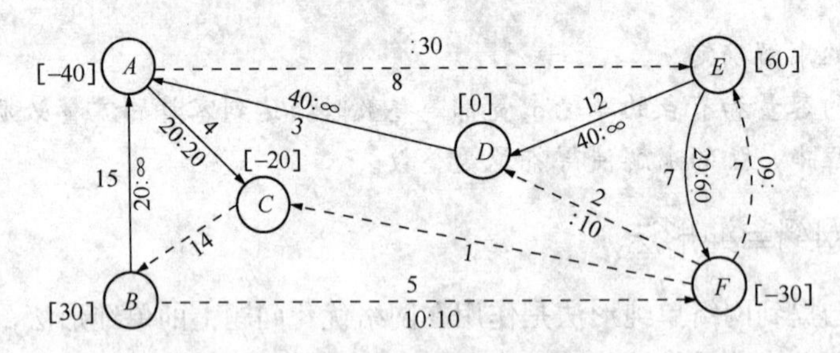

图 3.25 例 3.9 中给定的树及流的分配

解 我们现在考虑非基的正常弧 (F,C)。它的流变量 x_{FC} 是非基变量，否则它是这个树上一个弧。增加 x_{FC} 的值意味着沿着弧 (F,C) 增加流量。因为只允许改变基弧（在这个树上的弧）的流量来满足节点的约束，所以我们必须沿着弧 $(A,C),(D,A),(E,D)$ 减少同样数量的流量，沿着弧 (E,F) 增加同样的流量。因此，沿着弧 (F,C) 增加一个单位流量将会花费

$$1-4-3-12+7=-11$$

故在增广形式中，x_{FC} 的降低价格是 11。这意味着 x_{FC} 可以选为换入变量。把弧 (F,C) 称为**换入弧（Entering Arc）**。

现在考虑非基的反向弧 (B,F)。它的松弛变量 t_{BF} 是非基变量。增加 t_{BF} 的值意味着沿着弧 (B,F) 减少流量。因为只允许改变基弧的流量来满足节点的约束，所以我们必须沿着弧 (B,A) 增加一定数量的流量，沿着弧 $(D,A),(E,D)$ 减少同样的流量，并沿着弧 (E,F) 增加同样的流量。因此，沿着弧 (B,F) 减少一个单位流量将会花费

$$-5+15-3-12+7=2$$

故在增广形式中，t_{BF} 的降低价格是-2。这意味着 t_{BF} 不能选为换入变量。

2. 换出变量

当进行最优性检验之后，我们或是找到一个最优解，或是选出换入变量。如果是后者，那么我们需要找出换出变量。在单纯形法中，换出变量是由最小比率规则确定的。对于最小费用问题的增广形式（MCF），由于等式约束的系数矩阵的特殊结构，我们可以用一种更简单的方法来实现这个规则从而确定换出变量。注意到，最小比率规则是用来找出，当换入变量从 0 开始增加时，第一个变成负的基变量。

在确定换入变量时，我们必须要找出在树中连接换入弧 (U,V) 的端点 U 和 V 的一条路。这条路和弧 (U,V) 构成一个圈。这个圈上的每条弧或增加或减少的流量与换入变量增加的流量一样。注意到，除了弧 (U,V) 外，这个圈上的有界弧的流变量和松弛变量都是基变量；若弧 (U,V) 是有界的，那么它的松弛变量是基变量。如果这个圈上的一条弧（包括换入弧 (U,V) 本身）是有界的，那么它的松弛变量也增加或是减少一样的量。在这个圈中的所有基变量，取值第一个达到 0 的变量就是换出变量。

一个基弧变量 x_{PQ} 的取值变为 0 当且仅当，在这个圈中通过弧 (P,Q) 的流量为 0。一个为基变量的松弛变量 t_{PQ} 的取值变为 0 当且仅当，在这个圈中通过弧 (P,Q) 的流量为它的容量。因此，我们只要在这个圈中寻找第一个达到零流或是容量的基变量，包括换入弧 (U,V) 本身。相应的弧就是**换出弧 (Leaving Arc)**。

注意到，一个换入弧有可能成为换出弧。

例 3.10　考虑例 3.7 中相同网络的最小费用流问题，由下列弧构成的可行生成树

$$\{(A,C),(B,A),(D,A),(E,D),(E,F)\}$$

和反向弧 (B,F)。这个树以及由它确定的流的分配如图 3.25 所示。

（1）若换入正常弧 (F,C)，找出相应的可能的换出弧和换出变量；

（2）若换入正常弧 (F,D)，找出相应的可能的换出弧和换出变量；

（3）若换入反向弧 (B,F)，找出相应的可能的换出弧和换出变量。

解　(1) 考虑换入正常弧 (F,C)。沿着弧 (F,C) 每增加一个单位的流量会引起弧 (A,C)，(D,A)，(E,D) 的流量减少一个单位，弧 (E,F) 的流量增加一个单位。沿着弧 (A,C)，(D,A)，(E,D) 减少流量，在它们的流量达到 0 之前，我们可以分别最多减少 20，40 和 40 单位的流量。沿着弧 (E,F) 增加流量，在它的流量达到容量之前，我们最多可以增加 40 单位的流量。沿着弧 (F,C) 增加流量，我们可以无限量地增加它的流量，因为它是无界弧。

因此，在流的分配变成不可行之前，沿着弧 (F,C) 我们最多可以增加 20 单位的流量。由于瓶颈是沿着弧 (A,C)，故它是换出弧。换出变量是 x_{AC}，因为沿着换入弧增加 20 单位的流量时，它变为 0。

(2) 考虑换入正常弧 (F,D)。沿着弧 (F,D) 每增加一个单位的流量会引起弧 (E,D) 的流量减少一个单位，弧 (E,F) 的流量增加一个单位。沿着弧 (E,D)，在它的流量达到 0 之前，我们可以最多减少 40 单位的流量。沿着弧 (E,F)，在它的流量达到容量之前，我们最多可以增加 40 单位的流量。沿着弧 (F,D)，在它的流量达到容量之前，我们最多可以增加 10 单位的流量。

因此，在流的分配变成不可行之前，沿着弧 (F,D) 我们最多可以增加 10 单位的流

量。由于瓶颈是沿着弧 (F,D)，故它是换出弧。换出变量是 t_{FD}，因为沿着换入弧增加10单位的流量时，它变为0。

(3) 考虑换入反向弧 (B,F)。沿着弧 (B,F) 每减少一个单位的流量会引起弧 (D,A)，(E,D) 的流量减少一个单位，弧 (B,A)，(E,F) 的流量增加一个单位。沿着弧 (D,A)，(E,D)，在它们的流量达到0之前，我们可以分别最多减少40和40单位的流量。沿着弧 (B,A)，(E,F)，在它们的流量达到容量之前，我们最多可以分别增加无穷大和40单位的流量。沿着弧 (B,F)，在它的流量达到0之前，我们可以最多减少10单位的流量。

因此，在流的分配变成不可行之前，沿着弧 (B,F) 我们最多可以减少10单位的流量。由于瓶颈是沿着弧 (B,F)，故它是换出弧。换出变量是 x_{BF}，因为沿着换入弧减少10单位的流量时，它变为0。

3. 网络单纯形法

一旦确定了换入变量和换出变量，流的分配的更新可以按以下过程确定。沿着换入弧和在树中连接这条弧并和它构成圈的路增加或减少流量，直到换出弧的流量达到0或容量而变成一个非基弧为止。这将改变树 T_B 和反向弧（如果有的话），接着我们转向最优性检验。重复这个过程，直到所有的降低价格都是非正的为止，于是当前的流的分配以及它确定的基就是最优的。

给定一个可行的生成树和反向弧的集合，网络单纯形法计算步骤如下：

步1　求解树 T_B 以确定由这个生成树确定的可行的流的分配。

步2

(1) 对每个非基弧，确定其相应的非基变量的值从0开始增加时总费用的改变量，其中非基弧上流量的改变按下列方式进行：

① 如果它是正常弧，沿着该弧增加流量。

② 如果它是反向弧，沿着该弧减少流量。

(2) 如果增加所有非基弧相应的非基变量都不会降低总费用，那么当前的流的分配是最优的，停止计算；否则，选一个这样的非基弧作为换入弧：增加它相应的非基变量的值会降低总费用。

步3　换入弧与树 T_B 上连接该弧两个端点的路形成圈。当增加换入弧对应的非基变量时，在该圈中找出第一个达到0流或容量的弧，并选它为换出弧。

步4

(1) 在保持流的可行性的前提下，尽可能地增加换入变量的值来更新流的分配。

(2) 如果换出弧是在树 T_B 上，那么在树 T_B 上用换入弧替换它。

(3) 如果换出弧的流量是容量，那么把它令为反向弧，否则是正常弧。

(4) 转到步2。

例3.11　考虑例3.7中相同网络的最小费用流问题，网络如图3.17所示。给定可行的生成树的弧集合 $\{(A,C),(B,A),(D,A),(E,D),(E,F)\}$ 和反向弧 (B,F)。用网络单纯形法求解该问题。

解　由树的求解的例3.8，我们得到如图3.25可行的流的分配。对于每个非基弧对应的非基变量，计算其每增加一个单位的流量引起的总费用的改变量，从而计算出相应于这个生成树的所有非基变量的降低价格如表3.2。

表 3.2　第一次迭代的非基变量的降低价格

非基弧	非基变量	在树上的路	总费用的改变量
(A, E)	x_{AE}	(E, D, A)	8＋12＋3＝23
(B, F)	t_{BF}	(B, A, D, E, F)	－5＋15－3－12＋7＝2
(C, B)	x_{CB}	(B, A, C)	14＋15＋4＝33
(F, C)	x_{FC}	(C, A, D, E, F)	1－4－3－12＋7＝－11
(F, D)	x_{FD}	(D, E, F)	2－12＋7＝－3
(F, E)	x_{FE}	(E, F)	7＋7＝14

应用最大系数法，得 (F,C) 是换入弧，因为它对应的非基变量 x_{FC} 的降低价格最大。

沿着圈 (F,C,A,D,E,F) 的瓶颈是沿着弧 (A,C)，它允许减少的最大流量是 20 单位。因此换出弧是 (A,C)，换出变量是 x_{AC}。沿着弧 (F,C) 增加 20 单位的流量，得到如图 3.26 所示的流的分配的更新。

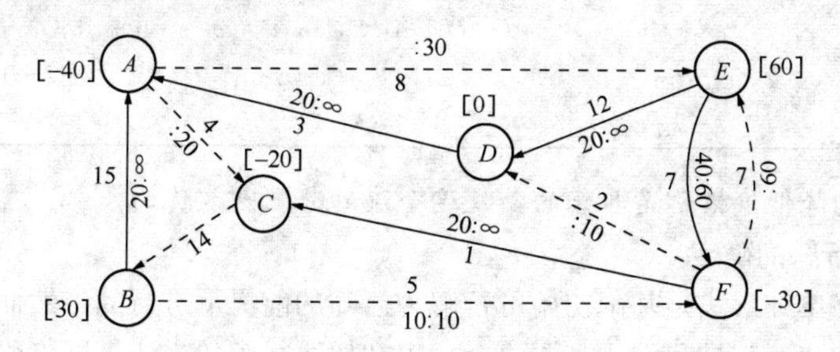

图 3.26　第一次迭代后流的分配

计算降低价格如表 3.3。

表 3.3　第二次迭代的非基变量的降低价格

非基弧	非基变量	在树上的路	总费用的改变量
(A, E)	x_{AE}	(E, D, A)	8＋12＋3＝23
(A, C)	x_{AC}	(C, F, E, D, A)	4－1－7＋12＋3＝11
(B, F)	t_{BF}	(B, A, D, E, F)	－5＋15－3－12＋7＝2
(C, B)	x_{CB}	(B, A, D, E, F, C)	14＋15－3－12＋7＋1＝22
(F, D)	x_{FD}	(D, E, F)	2－12＋7＝－3
(F, E)	x_{FE}	(E, F)	7＋7＝14

由上表可知，只有非基变量 x_{FD} 的降低价格是正的，故 (F,D) 是换入弧，x_{FD} 是换入变量。

沿着圈 (F,D,E,F) 的瓶颈是沿着弧 (F,D)，它允许增加的最大流量是 10 单位。因此换出弧是 (F,D)，换出变量是 t_{FD}。沿着弧 (F,D) 加 10 单位的流量，得到如图 3.27 所示的流的分配的更新。

计算降低价格如表 3.4。

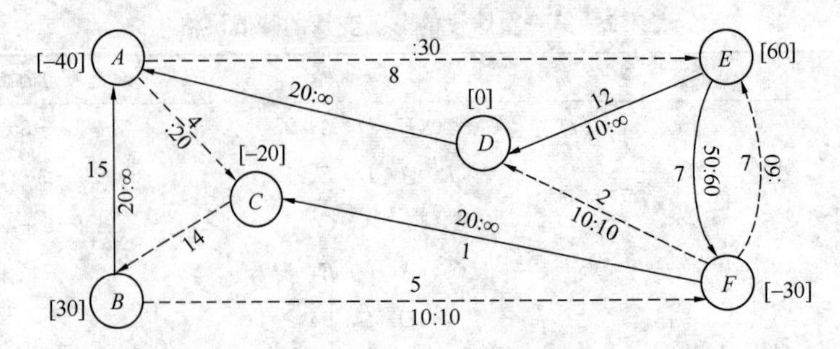

图 3.27 第二次迭代后流的分配示意图

表 3.4 第三次迭代的非基变量的降低价格

非基弧	非基变量	在树上的路	总费用的改变量
(A, E)	x_{AE}	(E, D, A)	$8+12+3=23$
(A, C)	x_{AC}	(C, F, E, D, A)	$4-1-7+12+3=11$
(B, F)	t_{BF}	(B, A, D, E, F)	$-5+15-3-12+7=2$
(C, B)	x_{CB}	(B, A, D, E, F, C)	$14+15-3-12+7+1=22$
(F, D)	t_{FD}	(F, E, D)	$-2+12-7=3$
(F, E)	x_{FE}	(E, F)	$7+7=14$

因为所有的降低价格都是非正的，故这个流的分配是最优的。

4. 初始可行解的确定

上述的网络单纯形法是基于初始可行解为已知的前提下进行的，然而一般情况下初始可行解并不知晓，于是我们还需要一个找出初始可行解的方法。网络优化问题中寻找初始可行解的方法类似于一般的线性规划问题。在网络优化问题中，我们可以添加人工弧产生一个显然的初始可行解。注意到，这些人工弧对应于人工变量。接着利用两阶段法的第一阶段或是大 M 法替换出基中的人工变量，便可得到原来问题的一个基本可行解。下面介绍找出初始可行解的一种可行方案。

在网络中选一个节点作为根节点，接着按下列方式添加人工弧：添加从发点指向根节点的人工弧，以及从根节点指向收点和中间点的人工弧，这些弧都为无界弧。相应于两阶段法的第一阶段和大 M 法，这些弧上的单位流量费用分别赋予 1 和 M，于是就得到一个扩充的网络。在扩充的网络中，由所有的节点和这些人工弧就构成它的一个生成树，所有发点输出的流量都要经过根节点传送到收点，从根节点不传送任何流量到中间点，这样便得到一个扩充网络的可行的流的分配。

例 3.12 考虑例 3.7 中相同网络的最小费用流问题，找出其扩充网络的初始可行解。

解 选节点 D 为根节点，由于原网络中的发点为 B,E，收点为 A,C,F，除 D 外无其他中间点，故添加人工弧 (B,D)，(E,D)，(D,A)，(D,C)，(D,F)，用虚线表示如图 3.28 所示，其上的单位流量费用赋予 1。

按上述方式分配各弧的流量，得到如下可行的流的分配：

$$x_{BD}=30, x_{ED}=60, x_{DA}=40,\ x_{DC}=20, x_{DF}=30$$

余下的变量都取 0。

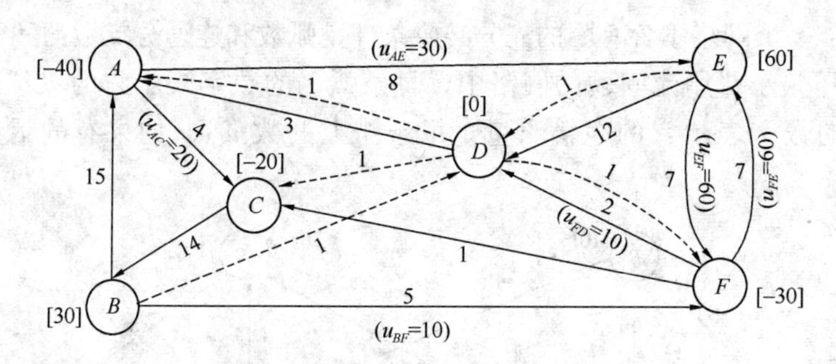

图 3.28　添加人工弧后的网络图

5. 退化情形

在网络优化问题中，退化现象是经常出现的，即使不发生循环，也有可能会连续产生一系列的退化迭代。倘若用一种特殊的方式更新基，并适当地选择换入变量，那么对于有 m 个节点 n 条弧的最小费用流问题，至多有 mn 次连续的循环迭代发生，从而保证网络单纯形法可以在有限次内终止，即使是退化的问题也能这样。这在实际应用中改进了网络单纯形法的有效性。如果网络单纯形法在每次的迭代中都选择所谓的“强可行基”就能保证其在有限次内终止。利用摄动法，强可行基对应于扰动后网络优化问题的可行解，详见参考文献［14］。

习　题

1. 分别用破圈法和避圈法求如下网络的生成树。

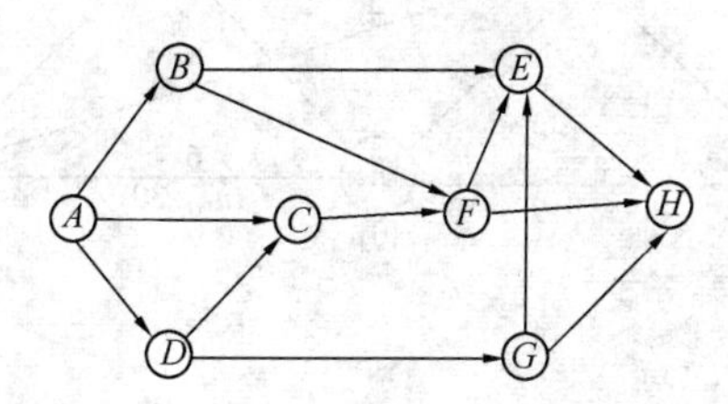

2. 已知 7 个城市北京，济南，西安，上海，福州，深圳和海口的距离矩阵如下表(单位：千米)。现在要在这几个城市间修建高速公路，要求任意两个城市之间都能到达，问如何铺设高速路才能使得费用最省？

城市	北京	济南	西安	上海	福州	深圳	海口
北京	0	365	911	1068	1558	1945	2284
济南	365	0	778	729	1193	1597	1960
西安	911	778	0	1220	1345	1846	1587
上海	1068	729	1220	0	607	1214	1669
福州	1558	1193	1345	607	0	664	1138
深圳	1945	1597	1846	1214	664	0	475
海口	2284	1960	1587	1669	1138	475	0

3. 证明：一个网络不含有圈的充分必要条件是弧数和连通分支数的和等于节点数。

4. 在如下最小费用流问题的网络中，每条弧上的数字表示它的单位流量的费用，每个节点上的数字表示它的净输出量，每条弧上的数 u_{UV}（如果有的话），表示它的容量。

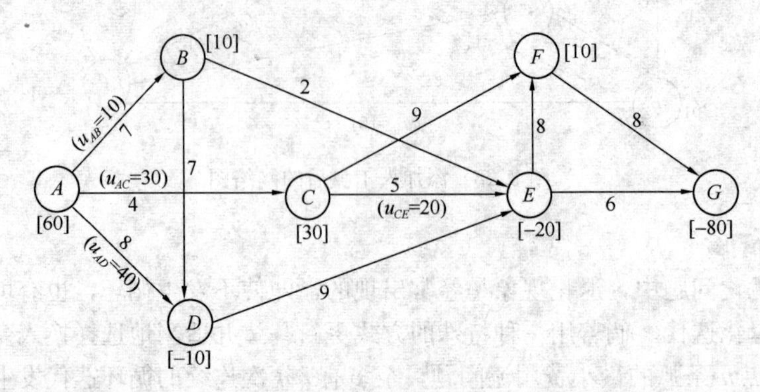

（1）写出该问题的线性规划模型的增广形式，要求满足所有的弧和节点的约束。

（2）用两阶段法的第一阶段确定该网络的一个初始可行解。

5. 在如下网络中，每条弧上的数字表示它的单位流量的费用，每个节点上的数字表示它要求的净输出量，每条弧上的数 u_{UV}（如果有的话），表示它的容量。

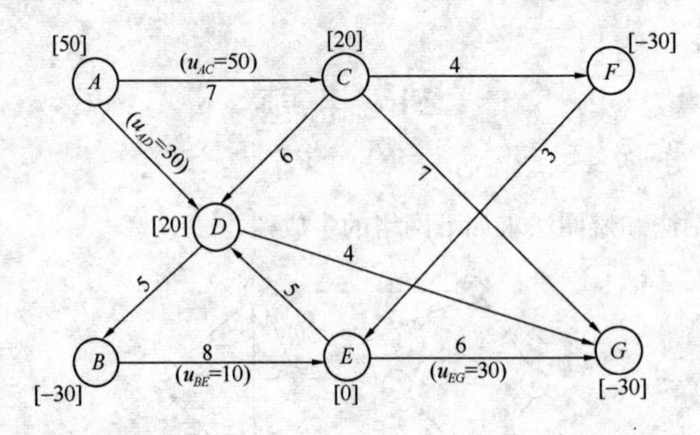

（1）写出由生成树

$$\{(A,D),(D,B),(B,E),(C,D),(C,F),(D,G)\}$$

和反向弧 (E,G) 确定的一个基 J_B 及相应的解。

（2）计算不在（1）的基 J_B 中的所有非基变量的降低价格，并判断当前的 J_B 是否是最优的。如果不是，用最大系数法确定网络单纯形法下一次迭代的换入变量和相应的换出变量。

（3）设由生成树

$$\{(A,C),(C,F),(C,G),(D,B),(E,D),(D,G)\}$$

及反向弧 (A,D) 和 (B,E) 确定的一个基为 J_B，求出不在基 J_B 中的所有非基变量的降低价格，并对每个可能的换入变量确定其相应的所有可能的换出变量。

6. 在如下网络中，每条弧上的数字表示它的单位流量的费用，每个节点上的数字表示它要求的净输出量，每条弧上的数 u_{UV}（如果有的话），表示它的容量。

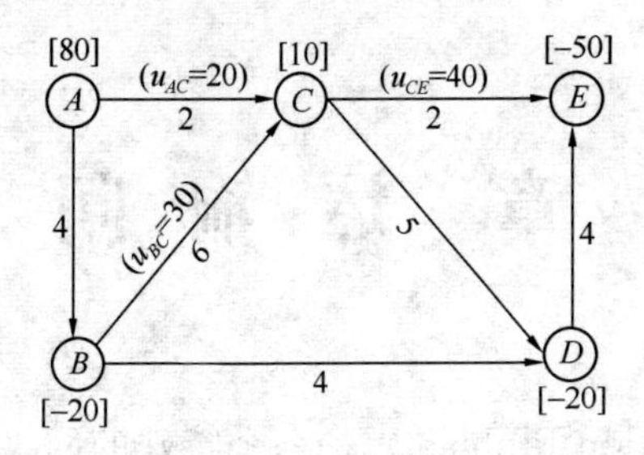

(1) 证明可行流

$$x_{AB}=60, x_{AC}=20, x_{BC}=10$$
$$x_{BD}=30, x_{CE}=40, x_{DE}=10$$

是最优的。

(2) 设增加新的无界弧 (A,E)，其单位流量费用为 c_{AE}，求出 c_{AE} 的取值范围，使得 (1) 的解仍是最优的。

7. 假设在一个最大流问题中，有向弧 (U,V) 和 (U,W) 除了满足弧的约束外，还要求这两条弧传送的总流量不超过 u'。说明如何把该问题转化为最小费用流问题。

8. 若一个方阵满足下列性质，则称之为**三角矩阵**。

(1) 该矩阵至少存在一行，使得它恰含一个非零元 a_{ij}。

(2) 若删去 a_{ij} 所在的行和列，则余下的矩阵具有同样的性质 (1)。

考虑所有弧都是无界弧的最小费用流问题。证明：如果 J_B 是其线性规划模型增广形式的一个基，B 是相应的基矩阵，那么 B 是三角矩阵。

9. 在一个最大流问题中，假设通过节点 U 的总流量不超过 u。说明如何把该问题转化为最小费用流问题。

10. 在一个最小费用流问题的变种形式中，假设节点 U 总输出量不超过 l。说明如何把该问题转化为最小费用流问题。

11. 给定一个生成树及反向弧，它们对应最小费用流的线性规划模型的增广形式的一个基。同时，这个基确定了一个与原始基本解互补的对偶解。类似于树的求解，给出确定对偶解的程序，并证明，如果最小费用流的所有参数都是整数，那么对偶解的值都是整数。

12. 假设在一个最小费用流问题中，有一个有向弧 (U,V)，它的弧容量和弧价格分别为 u_{UV} 和 c_{UV}，如下所示。

U　$:x_{UV}$　V
c_{UV}

证明：若该弧被下列的节点和无界弧所替换，其中节点 U' 和 V' 的净输出量分别为 $-u_{UV}$ 和 u_{UV}，则得到的新最小费用流问题与原来问题等价。

U　c_{UV}　U′　0　V′　0　V

第4章 运输问题

运输问题（Transportation Problem）是一个特殊的网络优化问题，它的线性规划形式是由美国数学家和物理学家 F. L. Hitchcock 于 1941 年提出的，1951 年 George B. Dantzig 研究了求解运输问题的单纯形法，也称运输单纯形法或表上作业法，这是本章讨论的主要内容。

§4.1 运输问题

运输问题解决的是把一种物资从多个产地运往多个销地。它的目标是要这种物资的调运满足所有销地的销量，同时使得总运费最小。

在本章中，我们对运输问题做如下假设：

（1）每个产地的物资的产量都是正的。

（2）每个销地的物资的销量都是正的。

（3）从每个产地到销地的运价跟这两地之间调运的物资的量呈线性关系。

（4）所有的产品都需要运往销地。

（5）所有销地接收的产品都是从产地运来的。

一般地，运输问题可以描述如下。给定 m 个产地（Source）$S_1, S_2, \cdots, S_m$ 和 n 个销地（Destination）$D_1, D_2, \cdots, D_n$，产地 S_i 的产量（Supply）为 $s_i, i=1,\cdots,m$，销地 D_j 的销量（Demand）为 $d_j, j=1,\cdots,n$，从 S_i 到 D_j 运输单位物资的运价为 c_{ij}，运输问题是寻找一个调运方案最小化总运费，使得所有的产品都需要运往销地，且所有销地接收的产品都是从产地运来的。

一个调运方案是**可行的**，如果它使得每个产地到每个销地的运量是非负的，所有的产品都需要运往销地，且所有销地接收的产品都是从产地运来的。

具有 m 个产地和 n 个销地的运输问题中共有 $m+n+mn$ 个参数。这些参数如表 4.1 所示。

表 4.1 运输问题的参数

产地 \ 单位运价 \ 销地	D_1	D_2	…	D_n	产量
S_1	c_{11}	c_{12}	…	c_{1n}	s_1
S_2	c_{21}	c_{22}	…	c_{2n}	s_2
⋮	⋮	⋮	⋱	⋮	⋮
S_m	c_{m1}	c_{m2}	…	c_{mn}	s_m
销量	d_1	d_2	…	d_n	

4.1.1　最小费用流的表示

运输问题是一个特殊的最小费用流问题。给定一个具有 m 个产地和 n 个销地的运输问题，我们可以构造一个具有 $m+n$ 个节点 $S_1,\cdots,S_m,D_1,\cdots,D_n$ 和 mn 条弧 (S_i,D_j)，$i=1,\cdots,m,j=1,\cdots,n$ 的网络，如图 4.1 所示。弧 (S_i,D_j) 的单位流量费用就是单位运价 c_{ij}。每个产地 S_i 要求的净输出量是 s_i，每个销地 D_j 要求的净输出量是 $-d_j$。在该最小费用流中我们用 x_{ij} 表示沿着弧 (S_i,D_j) 的流量。

这是个没有中间点的网络，是一个二分图。整个网络满足流的守恒条件当且仅当总产量等于总销量。我们将证明这个条件是这个运输问题存在可行解的充要条件。

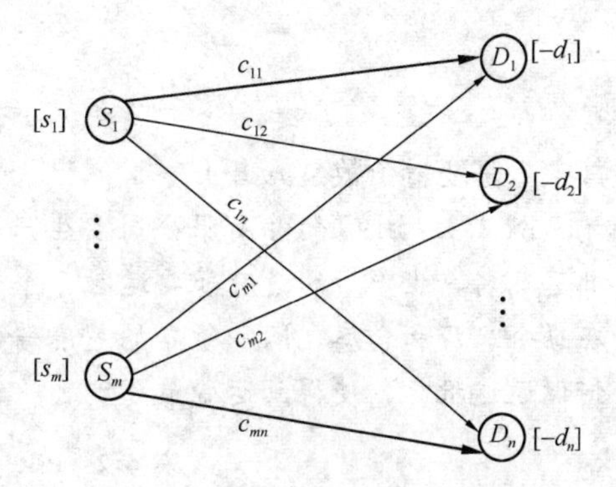

图 4.1　运输问题的网络图

类似于最小费用流问题，运输问题也有相应的线性规划模型。由于没有有界弧，则没有弧的约束条件，故没有松弛变量，只有流变量 x_{ij}。产地 $S_1,\cdots,S_m$ 的节点约束是

$$
\begin{aligned}
x_{11}+\cdots+x_{1n} &= s_1 \\
&\vdots \\
x_{m1}+\cdots+x_{mn} &= s_m
\end{aligned}
$$

销地 $D_1,\cdots,D_n$ 的节点约束是

$$
\begin{aligned}
-x_{11}-\cdots-x_{m1} &= -d_1 \\
&\vdots \\
-x_{1n}-\cdots-x_{mn} &= -d_n
\end{aligned}
$$

运输问题的线性规划模型是

$$
\begin{aligned}
\max \quad & \sum_{i=1}^{m}\sum_{j=1}^{n}(-c_{ij}x_{ij}) \\
s.t. \quad & x_{11}+\cdots+x_{1n}=s_1 \\
& \vdots \\
& x_{m1}+\cdots+x_{mn}=s_m \\
& -x_{11}-\cdots-x_{m1}=-d_1 \\
& \vdots \\
& -x_{1n}-\cdots-x_{mn}=-d_n \\
& x_{11},\cdots,x_{mn}\geqslant 0
\end{aligned}
\tag{TP}
$$

注意到，当总产量等于总销量时，整个网络满足流的守恒条件。在这种情况下，我们可以去掉任意一个节点约束。因此，当总产量等于总销量时，我们有如下等价的线性规划模型。

$$
\begin{aligned}
\max \quad & \sum_{i=1}^{m}\sum_{j=1}^{n}(-c_{ij}x_{ij}) \\
s.t. \quad & x_{21}+\cdots+x_{2n}=s_2 \\
& \vdots \\
& x_{m1}+\cdots+x_{mn}=s_m \\
& -x_{11}-\cdots-x_{m1}=-d_1 \\
& \vdots \\
& -x_{1n}-\cdots-x_{mn}=-d_n \\
& x_{11},\cdots,x_{mn}\geqslant 0
\end{aligned}
$$

其中，基变量个数是$m+n-1$。

例 4.1 BBQ 食品有限公司要生产一批芝麻酱。该公司有 4 个芝麻加工厂来生产这批芝麻酱，生产后的芝麻酱要运往 5 个仓库，每个工厂的产量，每个仓库的销量，以及在每个工厂和仓库之间一货车的芝麻酱的运费如表 4.2 所示。在这些工厂和仓库之间如何调运这批货，使得总运费最少？

表 4.2 BBQ 公司的运输问题参数表

工厂 \ 单位运价 \ 仓库	D_1	D_2	D_3	D_4	D_5	产量
S_1	46	54	65	86	64	75
S_2	35	41	69	79	52	125
S_3	99	68	38	68	95	100
S_4	13	16	54	88	67	50
销量	80	65	70	75	60	

解 这是个运输问题，它的线性规划模型如下：

$$
\begin{aligned}
\max \quad & -46x_{11}-54x_{12}-65x_{13}-86x_{14}-64x_{15} \\
& -35x_{21}-41x_{22}-69x_{23}-79x_{24}-52x_{25} \\
& -99x_{31}-68x_{32}-38x_{33}-68x_{34}-95x_{35} \\
& -13x_{41}-16x_{42}-54x_{43}-88x_{44}-67x_{45} \\
s.t. \quad & x_{21}+\cdots+x_{25}=125 \\
& x_{31}+\cdots+x_{35}=100 \\
& x_{41}+\cdots+x_{45}=50 \\
& -x_{11}-\cdots-x_{41}=-80 \\
& -x_{12}-\cdots-x_{42}=-65 \\
& -x_{13}-\cdots-x_{43}=-70 \\
& -x_{14}-\cdots-x_{44}=-75 \\
& -x_{15}-\cdots-x_{45}=-60 \\
& x_{11},\cdots,x_{45}\geqslant 0
\end{aligned}
$$

定理 4.1（运输问题的可行性定理） 一个运输问题有可行解的充要条件是总产量

等于总销量。

证　如果运输问题有一个可行解，那么它的最小费用流的表示必须满足整个流的守恒条件。由于每个产地的净输出量是其产量，每个销地的净输出量是其销量的相反数，因此，整个流的守恒条件等价于总产量等于总销量。

反之，如果总产量等于总销量，我们可以利用**西北角法**（**Northwest Corner Rule**）来构造一个可行解。　　证毕

由于

$$0 \leqslant x_{ij} \leqslant \min\{s_i, d_j\}$$

故运输问题必存在最优解。

4.1.2　西北角法

在假设总产量等于总销量下，**西北角法**是确定运输问题的可行解的一种方法。算法如下：

步 1　令 $i=1, j=1$，和 $J_B=\phi$。

步 2　从 S_i 调运尽可能多的产量到 D_j，即取 x_{ij} 为 S_i 的剩余产量和 D_j 的剩余销量中的最小者，并令

$$J_B = J_B \cup \{x_{ij}\}。$$

步 3　如果 S_i 的产品都被运往销地，且 $i<m$，那么令 $i=i+1$（向下移动一行），并转到步 2。

步 4　如果销地 D_j 接收的产品都是从产地运来的，且 $j<n$，那么令 $j=j+1$（向右移动一列），并转到步 2。

例 4.2　若把 BBQ 食品公司的工厂视为产地，仓库视为销售地，那么其调运方案的安排就是具有 4 个产地和 5 个销地的运输问题，所有的参数如表 4.2 所示。运用西北角法找出一个可行的调运方案。

解　西北角法的具体迭代步骤如下：

$i=1, j=1$：考虑从 S_1 调运尽可能多的物资到 D_1。由于 S_1 的产量小于 D_1 的销量，则 S_1 的产量可以全部运往 D_1，即 $x_{11}=75$。这意味着 D_1 还差 5 个单位的销量。

$i=2, j=1$：考虑从 S_2 调运尽可能多的物资到 D_1。由于 D_1 还差的销量小于 S_2 的产量，则要调运到 D_1 的物资正好是它还差的销量，即 $x_{21}=5$。这意味着 S_2 还剩 120 个单位的产量。

$i=2, j=2$：考虑从 S_2 调运尽可能多的物资到 D_2。由于 S_1 剩余的产量大于 D_2 的销量，则要调运到 D_2 的物资正好是它的销量，即 $x_{22}=65$。这意味着 S_2 还剩 55 个单位的产量。

$i=2, j=3$：考虑从 S_2 调运尽可能多的物资到 D_3。由于 S_2 剩余的产量小于 D_3 的销量，则 S_2 剩余的产量可以全部运往 D_3，即 $x_{23}=55$。这意味着 D_3 还差 15 个单位的销量。

$i=3, j=3$：考虑从 S_3 调运尽可能多的物资到 D_3。由于 D_3 还差的销量小于 S_3 的产量，则要调运到 D_3 的物资正好是它还差的销量，即 $x_{33}=15$。这意味着 S_3 还剩 85 个单位的产量。

$i=3, j=4$：考虑从 S_3 调运尽可能多的物资到 D_4。由于 S_3 剩余的产量大于 D_4 的销量，则要调运到 D_4 的物资正好是它的销量，即 $x_{34}=75$。这意味着 S_3 还剩 10 个单位的产量。

$i=3, j=5$：考虑从 S_3 调运尽可能多的物资到 D_5。由于 S_3 剩余的产量小于 D_5 的销量，则要调运到 D_4 的物资正好是 S_3 剩余的产量，即 $x_{35}=10$。这意味着 D_5 还差 50 个单位的产量。

$i=4, j=5$：考虑从 S_4 调运尽可能多的物资到 D_5。由于总产量等于总销量，则要调运到 D_5 的物资正好是它还差的产量，即 $x_{45}=50$。

至此，i 和 j 都达到最大值，停止迭代。

上述过程如表 4.3 所示，其中基变量的确定顺序按箭头方向。

表 4.3 西北角法的迭代过程

产地＼销地	D_1		D_2		D_3		D_4		D_5	产量
S_1	75									75
	↓									
S_2	5	→	65	→	55					125
					↓					
S_3					15	→	75	→	10	100
									↓	
S_4									50	50
销量	80		65		70		75		60	

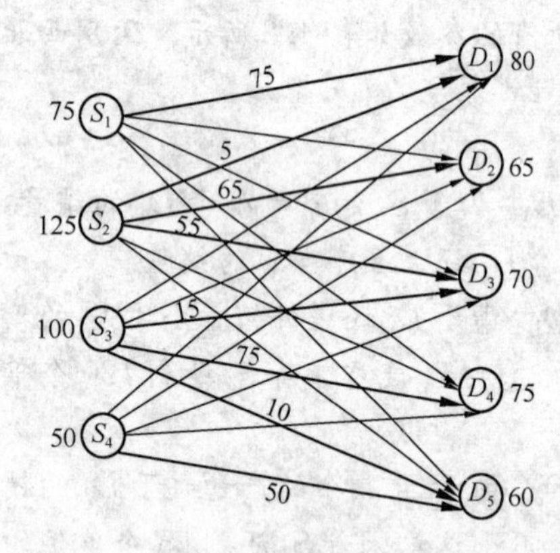

图 4.2 调运方案对应的网络图

因此，得到一个可行的调运方案

$$x_{11}=75,\quad x_{21}=5,\quad x_{22}=65,\quad x_{23}=55$$
$$x_{33}=15,\quad x_{34}=75,\quad x_{35}=10,\quad x_{45}=50$$

该可行解对应的网络如图 4.2 所示。

西北角法的正确性将在下一节给予证明。注意到，在西北角法实施过程中，不需要单位运价，换句话说，西北角法不考虑运价带来的影响，因而由它得到的基本可行解一般离最优解较远。确定初始基本可行解还有其他方法，比如**最小费用法（Least Cost Method）**和**伏格尔近似法（Vogel’s Approximation Method）**，见本章习题第 2 题和第 3 题。

§4.2 运输单纯形法

由于运输问题可以转化为最小费用流问题，故可以用网络单纯形法来求解。在网络单纯形法中，最基本的要素是生成树和反向弧。每个生成树和反向弧（如果有的话）对应着增广形式的一个基。对于运输问题，因为没有有界弧，故没有反向弧。因此运输问题的增广形式的每一个基对应着一个生成树。下面我们详细阐述运输单纯形法的计算步骤。

1. 初始基本可行解

利用西北角法可以得到运输问题一个可行的调运方案。这个可行的调运方案实际上是（TP）的增广形式一个基本可行解。

定理 4.2　对于总产量等于总销量的运输问题，西北角法得到（TP）增广形式的初始可行解是基本可行解。

证　在西北角法中，我们构造了一个基变量集合 J_B。设 T_B 是运输问题中由相应于 J_B 中的流变量的弧构成的子网络。西北角法的每迭代一次，J_B 就增加一个变量。因此，J_B 所含变量的个数为西北角法的迭代次数。在每次迭代中，i 或 j 增加 1，但不会同时增加 1，从 $i=j=1$ 直到 $i=m,j=n$。因此迭代次数是 $1+(m-1)+(n-1)=m+n-1$。故 J_B 含 $m+n-1$ 个变量；因此 T_B 中共有 $m+n-1$ 条弧。由树的性质知，T_B 是树当且仅当 T_B 是连通的，从而由网络单纯形法知 J_B 是基。

现在对节点的总数用数学归纳法证明 T_B 是连通的。

当只有两个节点，即一个产地 S_1 和一个销地 D_1 时，西北角法必须把 S_1 的所有产量运往 D_1 来满足它的销量要求。因此 T_B 只含有连接这两点的弧，故它是连通的。

假设当节点数小于 $m+n$ 时，西北角法产生的子网络 T_B 是连通的。现在考虑节点数等于 $m+n$ 的情况。最后一次迭代总是把弧 (S_m,D_n) 加到 T_B 中。在西北角法的倒数第二次迭代中，或是 i 增加 1 而达到 m，或是 j 增加 1 而达到 n，而另一个指标已经达到最后的值。

情况 1　$i=m-1,j=n$：从 S_{m-1} 调运物资到 D_n。此时，弧 (S_m,D_n) 是 T_B 中唯一与 S_m 关联的弧。去掉节点 S_m，并把 D_n 的销量减去从 S_m 调运到 D_n 的物资的量。这就产生具有 $m+n-1$ 个节点的运输问题的一个可行解。而且，运用西北角法来求解这个更小的网络产生一个子网络 T'_B，它跟去掉节点 S_m 和弧 (S_m,D_n) 之后的 T_B 一样。根据归纳假设，T'_B 是连通的。因此，T_B 是连通的，因为 S_m 在树 T_B 中由弧 (S_m,D_n) 连接。

情况 2　$i=m,j=n-1$：从 S_m 调运物资到 D_{n-1}。此时，弧 (S_m,D_n) 是 T_B 中唯一与 D_n 关联的弧。去掉节点 D_n，并把 S_m 的产量减去从 S_m 调运到 D_n 的物资的量。这就产生具有 $m+n-1$ 个节点的运输问题的一个可行解。而且，运用西北角法来求解这个更小的网络产生一个子网络 T'_B，它跟去掉节点 D_n 和弧 (S_m,D_n) 之后的 T_B 一样。根据归纳假设，T'_B 是连通的。因此，T_B 是连通的，因为 D_n 在树 T_B 中由弧 (S_m,D_n) 连接。

证毕

作为最小费用流问题的整数性定理的一个特殊情况，我们有如下结论：

定理 4.3　如果一个运输问题的所有的产量和销量都是整数，那么它的任一基本解都是整数解。

2. 最优性检验

在进行最优性检验时，我们要确定当前的所有非基变量的降低价格。在网络单纯形法中，这是通过计算沿着圈增加一个单位流量总费用的改变量来得到的，这里的圈是由非基弧和在生成树中连接这个非基弧的两个端点的一条路组成。

由于具有 m 个产地 n 个销地的运输问题的网络模型中，弧数是 mn，基弧（即在生成树中的弧）的数目是 $m+n-1$，则还剩 $mn-(m+n-1)=(m-1)(n-1)$ 个非基弧。这意味着，在很多情况下，特别是运用最大系数法时，我们必须找出 $(m-1)(n-1)$ 个路，它们是连接每个非基弧的两个端点。一般地，这样的路的平均距离随着 m 和 n 的增加线性地增加，因此，用于计算所有降低价格所需要的总的加法或减法运算次数以 m 和 n 的立方增长。

如果我们借助互补对偶解 y 来计算降低价格，那么总的运算次数会大大减少。注意到，在修正单纯形法中，互补对偶解 $y=B^{-T}c_B$，其中 B 是（TP）等式约束中对应于基变量的系数子矩阵，c_B 是（TP）的目标函数中对应于基变量的系数向量。

在节点 S_i（除被删去的 S_1 之外）和节点 D_j 的约束中，变量 x_{ij} 的系数分别是 1 和 -1，它们不会再在其他别的节点约束中出现。变量 x_{ij} 在目标函数中的系数是 $-c_{ij}$。因此，系数矩阵 B 的每一列都有一个 1，一个 -1，系数向量 c_B 的分量是 $-c_{ij}$。当计算互补对偶解 y 时，利用 $B^T y=c_B$ 很容易求解。如果把对偶变量记为 $y=(-u_1,-u_2,\cdots,-u_m,v_1,\cdots,v_n)^T$，则由 $B^T y=c_B$ 得方程组

$$-u_i-v_j=-c_{ij},x_{ij}\in J_B$$

其中，我们取 $u_1=0$，因为它是对应于被删去的节点 S_1 约束的对偶变量。注意到，每个 $-u_i$ 是对应于节点 S_i 约束的对偶变量，每个 v_j 是对应于节点 D_j 约束的对偶变量。从含有 u_1 的方程开始，利用前向替换法很容易求解这个系统。

当求得互补对偶解后，我们可以得到每个非基变量 x_{ij} 的降低价格 $\bar{c}_{ij}$，因为

$$\bar{c}_{ij}=-c_{ij}-a_{ij}^T y=-c_{ij}-(-u_i-v_j)=u_i+v_j-c_{ij}$$

其中，a_{ij} 是在节点约束中 x_{ij} 的系数列向量，除了 $i=1$ 之外，含有一个 1 和一个 -1。因此，如果对于所有的非基变量 x_{ij}，都成立 $\bar{c}_{ij}\leqslant 0$，或是 $c_{ij}-u_i-v_j\geqslant 0$，那么当前的调运方案是最优的。否则，选一个 $c_{kl}-u_k-v_l<0$ 的弧 (S_k,D_l) 作为换入弧，它的流变量 x_{kl} 是换入变量。

上述确定非基变量的降低价格的方法称为**位势法**。

例 4.3 考虑例 4.2 的运输问题。由西北角法，得到一个可行的调运方案

$$x_{11}=75,\quad x_{21}=5,\quad x_{22}=65,\quad x_{23}=55,$$
$$x_{33}=15,\quad x_{34}=75,\quad x_{35}=10,\quad x_{45}=50$$

求所有非基变量的降低价格。

解 设互补对偶解为 $y=(-u_1,-u_2,-u_3,-u_4,v_1,v_2,v_3,v_4,v_5)$。
对于基变量 x_{11}，由 $u_1+v_1=c_{11}=46,u_1=0$ 得，$v_1=46$。
对于基变量 x_{21}，由 $u_2+v_1=c_{21}=35,v_1=46$ 得，$u_2=-11$。
对于基变量 x_{22}，由 $u_2+v_2=c_{22}=41,u_2=-11$ 得，$v_2=52$。
对于基变量 x_{23}，由 $u_2+v_3=c_{23}=69,u_2=-11$ 得，$v_3=80$。
对于基变量 x_{33}，由 $u_3+v_3=c_{33}=38,v_3=80$ 得，$u_3=-42$。
对于基变量 x_{34}，由 $u_3+v_4=c_{34}=68,u_3=-42$ 得，$u_4=110$。
对于基变量 x_{35}，由 $u_3+v_5=c_{35}=95,u_3=-42$ 得，$v_5=137$。
对于基变量 x_{45}，由 $u_4+v_5=c_{45}=67,v_5=137$ 得，$u_4=-70$。

将上述数值汇总在表 4.4 中。

表 4.4　互补对偶解的确定

c_{ij}	D_1	D_2	D_3	D_4	D_5	u_i
S_1	46	54	65	86	64	0
S_2	35	41	69	79	52	−11
S_3	99	68	38	68	95	−42
S_4	13	16	54	88	67	−70
v_j	46	52	80	110	137	

运用公式 $\bar{c}_{ij}=u_i+v_j-c_{ij}$ 计算所有非基变量的降低价格，得到表 4.5。

表 4.5　非基变量的降低价格的确定

c_{ij} / $c_{ij}-u_i-v_j=-\bar{c}_{ij}$	D_1	D_2	D_3	D_4	D_5	u_i
S_1	46	54 2	65 −15	86 −24	64 −73	0
S_2	35	41	69	79 −20	52 −74	−11
S_3	99 95	68 58	38	68	95	−42
S_4	13 37	16 34	54 44	88 48	67	−70
v_j	46	52	80	110	137	

由于变量 x_{13}，x_{14}，x_{15}，x_{24} 和 x_{25} 的降低价格都是正的，故当前的可行解不是最优的。利用最大系数法知，x_{25} 是换入变量。

3. 换出变量

确定换入变量后，网络单纯形法的下一步需要确定换出变量。当沿着换入弧的流量增加的时候，通过观察沿着由换入弧和生成树中连接它的路构成的圈的流量的变化来确定换出变量。

在运输问题中，圈是由具有交替方向的弧构成的；也就是说，当我们沿着圈行进时，弧的方向是向前和向后交替出现的。例如，在图 4.2 中，沿着圈（S_2，D_5，S_3，D_3，S_2）传送流量时，向前的弧有（S_2，D_5），（S_3，D_3），向后的弧有（S_3，D_5），（S_2，D_3），它们是交替出现的。这意味着沿着圈中的每条弧的流量是交替地增加和减少。由于没有弧的容量限制，我们只要考虑流量减少的弧。因此，在当前的调运方案中，在这个圈中具有最少流量的向后的弧是换出弧，对应的流变量是换出变量。

例 4.4　考虑例 4.1 的运输问题及其由西北法得到的基本可行解。若 x_{42} 为换入变量，求相应的换出变量。

解　把题中的一个可行调运方案用表格表示如表 4.6 所示。

表 4.6　运输问题的一个可行调运方案

c_{ij} / x_{ij}	D_1	D_2	D_3	D_4	D_5	u_i
S_1	75					
S_2	5	65	55			
S_3			15	75	10	
S_4					50	
v_j						

在图 4.2 中，生成树中连接节点 D_2 和 S_4 的路是 $(D_2, S_2, D_3, S_3, D_5, S_4)$。当我们沿着弧 (S_4, D_2) 增加流量时，沿着弧 (S_2, D_2)，(S_3, D_3)，(S_4, D_5) 减少同样的流量，沿着弧 (S_2, D_3)，(S_3, D_5) 增加同样的流量。在弧 (S_2, D_2)，(S_3, D_3)，(S_4, D_5) 中，弧 (S_3, D_3) 是当前通过的流量最少的弧，因此，它将会第一个达到 0 流。换出弧是 (S_3, D_3)，换出变量是 x_{33}。

得到换出弧后，接下来就是要更新流的分配。当我们沿着换入弧 (S_4, D_2) 增加尽可能多的流量时，我们得到新的可行调运方案如表 4.7 所示。

表 4.7　新的可行调运方案

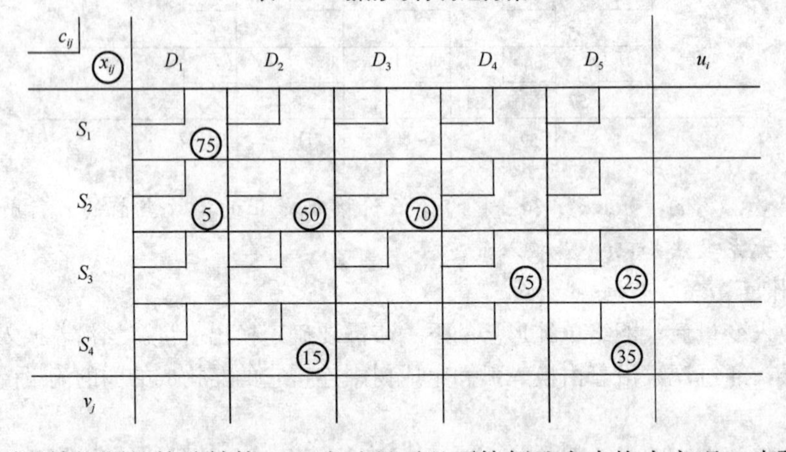

c_{ij} / x_{ij}	D_1	D_2	D_3	D_4	D_5	u_i
S_1	75					
S_2	5	50	70			
S_3				75	25	
S_4		15			35	
v_j						

注意到运输问题的特殊结构，上述过程可以更简便地在表格中实现，步骤如下：

步 1　找闭回路。以换入变量所在的空格为起点，标上记号“＋”，按水平或是垂直方向行进，当碰上第一个数字格时（基变量对应的数字格），进行试探，判断出选择该数字格能否回到起点，若能，标上记号“－”，否则继续按水平或是垂直方向行进，一定能找到第一个可以标“－”的数字格，此时旋转 90°后，继续行进，对找到的数字格交替标上“＋”和“－”，直到回到起始空格为止，便找到由“＋”和“－”标识的唯一闭回路。

步 2　选取闭回路上具有“－”的数字格中的最小者 $x_{ij} = \theta$，选 x_{ij} 为换出变量；按照闭回路上的正、负号，加上和减去 θ，得到新的调运方案。

这个方法称为**闭回路法**，可以用来确定换出变量，并改进调运方案。

例 4.5　考虑例 4.1 的运输问题及其由西北法得到的基本可行解。若 x_{42} 为换入变量，用闭回路法求相应的换出变量，并更新调运方案。

解　利用闭回路法，以 x_{42} 所在的空格为起点，得到如表 4.8 所示的闭回路。

表 4.8　利用闭回路法得到的闭回路

c_{ij} / x_{ij}	D_1	D_2	D_3	D_4	D_5	u_i
S_1	75					
S_2	5	− 65	+ 55			
S_3			− 15	75	+ 10	
S_4		+			− 50	
v_j						

从表中知，标有"—"的数字格中的最小者 $x_{33}=15$，故 x_{33} 为换出变量，闭回路上的其他变量更新为

$$x_{22}=50,\quad x_{23}=70,\quad x_{34}=50,$$
$$x_{35}=25,\quad x_{43}=15,\quad x_{45}=35$$

从而得到表 4.7 所示的调运方案。

4. 运输单纯形法

把上述简化之后的网络单纯形法运用到运输问题上就称为运输单纯形法，其算法如下：

步 1　确定一个可行的生成树 T_B 和由它确定的可行的调运方案。

步 2　运用位势法求非基变量的降低价格：

(1) 令 $u_1=0$，从下列方程组中求得 $u_2,\cdots,u_m,v_1,\cdots,v_n$

$$\text{对所有的基弧}(S_i,D_j),u_i+v_j=c_{ij}$$

(2) 如果对所有的非基弧 (S_i,D_j)，有 $c_{ij}-u_i-v_j\geqslant 0$，那么当前的调运方案是最优的，停止计算；否则选一个满足 $c_{kl}-u_k-v_l<0$ 的非基弧作为换入弧。

步 3　在 T_B 中连接 S_k 和 D_l 的路中，运用闭回路法选一个流量最早达到 0 的弧作为换出弧。

步 4　执行如下步骤：

(1) 在不违背可行性的前提下，尽可能多地增加换入变量的值，从而更新调运方案。

(2) 在 T_B 中用换入弧替代换出弧。

(3) 转到步 2。

例 4.6　用运输单纯形法求解例 4.1。

解　运用西北角法得到初始基本可行解，利用位势法计算降低价格，由最大系数法

确定换入变量，闭回路法确定换出变量，并更新调运方案，迭代过程如表 4.9～表 4.12 所示。

表 4.9　迭代一

c_{ij}	D_1	D_2	D_3	D_4	D_5	u_i
S_1	46　(75)	54　2	65　−15	86　−24	64　−73	0
S_2	35　(5)	41　(65)	69　−　(55)	79　−20	52　+　[−74]	−11
S_3	99　95	68　58	38　+　(15)	68　(75)	95　−　(10)	−42
S_4	13　−37	16　34	54　44	88　48	67　(50)	−70
v_j	46	52	80	110	137	

表 4.10　迭代二

c_{ij}	D_1	D_2	D_3	D_4	D_5	u_i
S_1	46　(75)	54　2	65　−15	86　−24	64　1	0
S_2	35　(5)	41　−　(65)	69　(45)	79　−20	52　+　(10)	−11
S_3	99　95	68　58	38　(25)	68　(75)	95　74	−42
S_4	13　−37	16　+　[−40]	54　−30	88　−26	67　−　(50)	−4
v_j	46	52	80	110	63	

表 4.11　迭代三

c_{ij}	D_1	D_2	D_3	D_4	D_5	u_i
S_1	46　−　(75)	54　2	65　−15	86　+　[−24]	64　1	0
S_2	35　+　(5)	41　(15)	69　−　(45)	79　−20	52　(60)	−11
S_3	99　95	68　58	38　+　(25)	68　−　(75)	95　74	−42
S_4	13　3	16　(50)	54　10	88　14	67　40	−36
v_j	46	52	80	110	63	

表 4.12　迭代四

c_{ij}	D_1	D_2	D_3	D_4	D_5	u_i
S_1	46　(30)	54　2	65　9	86　(45)	64　1	0
S_2	35　(50)	41　(15)	69　24	79　4	52　(60)	−11
S_3	99　71	68　34	38　(70)	68　(30)	95　50	−18
S_4	13　3	16　(50)	54　34	88　38	67　40	−36
v_j	46	52	56	86	63	

从表 4.12 知，当前所有非基变量的降低价格都是非正的，因而它是最优的，最优值为 16235。

5. 无穷多最优解

在 4.1 节中提到，产销平衡的运输问题，由于它的可行域是有界凸集，故它必存在最优解，因而它的解的情况只有两种可能，唯一解或是有无穷多最优解。类似于一般的线性规划的单纯形法，如果存在非基变量 x_{ij} 的降低价格为 0，那么该问题有无穷多最优解。此时，选 x_{ij} 为换入变量，并以它对应的空格为起点，用闭回路法进行调运方案的更新，便可得到另一个最优解。

6. 退化情形

类似于一般的线性规划问题，运输问题也会出现退化解，即存在基变量的取值为零。如果在运输单纯形法的迭代过程中出现退化解，那么利用第 1 章的 1.6 节介绍的摄动法可以很容易地解决。把取值为零的基变量赋予 ε，再按运输单纯形法的正常方式迭代。如果该基变量被替换出去，那么就可以把 ε 去掉。下面介绍一个例子。

例 4.7　把例 4.2 中的 s_3 改为 90，相应的 d_5 改成 50，由西北角法得到退化的初始基本解如表 4.13 所示。

表 4.13　由西北角法得到退化的初始基本解

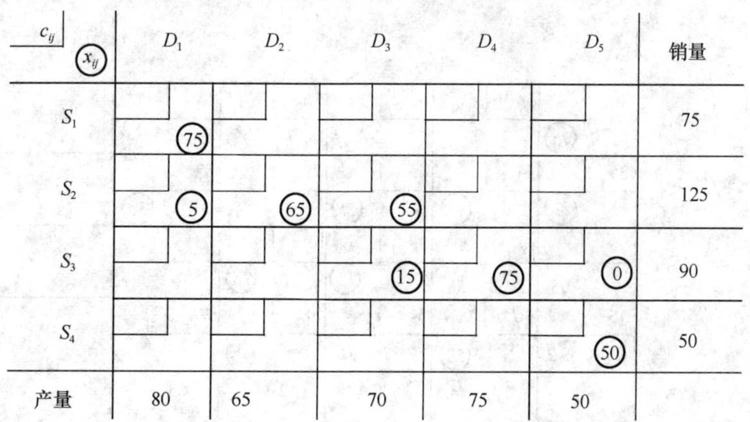

c_{ij} / x_{ij}	D_1	D_2	D_3	D_4	D_5	销量
S_1	(75)					75
S_2	(5)	(65)	(55)			125
S_3			(15)	(75)	(0)	90
S_4					(50)	50
产量	80	65	70	75	50	

解　由于 $x_{35}=0$，扰动后为 $x_{35}=\varepsilon$。由于单位运价没有发生变化，故降低价格的值

与例 4.6 中的一样，因此首次迭代时仍选 x_{25} 为换入变量，以它对应的数字格为起点的闭回路也没发生变化，此时，沿着该闭回路的改变量只能是 ε，因而 x_{35} 是换出变量，具体如表 4.14 所示。

表 4.14　初始运输单纯形表

c_{ij}	D_1	D_2	D_3	D_4	D_5	u_i
S_1	46 / (75)	54 / 2	65 / −15	86 / −24	64 / −73	0
S_2	35 / (5)	41 / (65)	69 / − (55)	79 / −20	52 / + [−74]	−11
S_3	99 / 95	68 / 58	38 / + (15)	68 / (75)	95 / − (ε)	−42
S_4	13 / 37	16 / 34	54 / 44	88 / 48	67 / (50)	−70
v_j	46	52	80	110	137	

继续迭代，得到单纯形表 4.15 和表 4.16。

表 4.15　第一次迭代后的运输单纯形表

c_{ij}	D_1	D_2	D_3	D_4	D_5	u_i
S_1	46 / (75)	54 / 2	65 / −15	86 / −24	64 / 1	0
S_2	35 / (5)	41 / − (65)	69 / (55)	79 / −20	52 / + (ε)	−11
S_3	99 / 95	68 / 58	38 / (15)	68 / (75)	95 / 74	−42
S_4	13 / −37	16 / + [−40]	54 / −30	88 / −26	67 / − (50)	−4
v_j	46	52	80	110	63	

表 4.16　第二次迭代后的运输单纯形表

c_{ij}	D_1	D_2	D_3	D_4	D_5	u_i
S_1	46 / − (75)	54 / 2	65 / −15	86 / + [−24]	64 / 1	0
S_2	35 / + (5)	41 / (15)	69 / − (55)	79 / −20	52 / (50)	−11
S_3	99 / 95	68 / 58	38 / + (15)	68 / − (75)	95 / 74	−42
S_4	13 / 3	16 / (50)	54 / 10	88 / 14	67 / 40	−36
v_j	46	52	80	110	63	

注意到，表 4.16 中已不含 ε，继续迭代得到最优单纯形表 4.17。

表 4.17　最优运输单纯形表

c_{ij}	D_1	D_2	D_3	D_4	D_5	u_i
S_1	46 (20)	54 2	65 9	86 (55)	64 1	0
S_2	35 (60)	41 (15)	69 24	79 4	52 (50)	–11
S_3	99 71	68 34	38 (70)	68 (20)	95 50	–18
S_4	13 3	16 (50)	54 34	88 38	67 40	–36
v_j	46	52	56	86	63	

§4.3　指　派　问　题

首先我们介绍一个例子。

例 4.8　一个加工厂要把四部机器安装在四个合适的地方，要求一部机器安装在一个地方，且每个地方必须安装一部机器。第 i 部机器安装在第 j 个地方的安装费用如表 4.18 所示。

表 4.18　机器安装费用表

安装费用 机器 \ 地方	1	2	3	4
1	46	54	65	86
2	35	41	69	79
3	99	68	38	68
4	13	16	54	88

求安装一部机器的分配方案使得总的安装费用最小。

上述问题是一个指派问题。一般地，**指派问题（Assignment Problem）**要求 n 个人完成 n 项任务，而且满足，每个人必须完成一项任务，每项任务必须由一个人完成。已知指定第 i 个人完成第 j 项任务的费用，最小化总的指派费用。我们将要说明指派问题是特殊的运输问题，从而可以用运输单纯形法求解。然而，指派问题的 $2n-1$ 个基变量中仅有 n 个变量取 1，余下的 $n-1$ 个变量都取 0，故它的解是退化解，人们一般不用运输单纯形法来求解指派问题，否则计算过程将相当冗长。匈牙利的两位数学家发明了一种求解指派问题的高效方法，因而后人称之为匈牙利算法，详见文献［4，12］。该算法后来被推广成线性规划的原始—对偶算法。本节主要是从理论上探讨指派问题。

用 c_{ij} 记给 S_i 指派任务 D_j 的费用。设 $x_{ij}=1$ 表示 S_i 完成任务 D_j，否则 $x_{ij}=0$，因此 x_{ij} 是二元变量。那么约束条件有

$$x_{1j}+\cdots+x_{nj}=1 \quad (j=1,\cdots,n)$$
$$x_{i1}+\cdots+x_{in}=1 \quad (i=1,\cdots,n)$$

因此，我们得到如下最优化模型：

$$\begin{aligned} \min \quad & \sum_{i=1}^{n}\sum_{j=1}^{n} c_{ij}\, x_{ij} \\ s.t. \quad & \sum_{j=1}^{n} x_{ij}=1 \quad (i=1,\cdots,n) \\ & \sum_{i=1}^{n} x_{ij}=1 \quad (j=1,\cdots,n) \\ & x_{ij}=0,1, \quad i,j=1,\cdots n \end{aligned}$$

它的线性规划松弛模型是

$$\begin{aligned} \min \quad & \sum_{i=1}^{n}\sum_{j=1}^{n} c_{ij}\, x_{ij} \\ s.t. \quad & \sum_{j=1}^{n} x_{ij}=1 \quad (i=1,\cdots,n) \\ & \sum_{i=1}^{n} x_{ij}=1 \quad (j=1,\cdots,n) \\ & x_{ij}\geqslant 0, \quad i,j=1,\cdots n \end{aligned}$$

注意到，这里 $x_{ij}\leqslant 1$ 隐含于 $x_{ij}\geqslant 0$ 和等式约束之中。

这个线性规划松弛模型是运输问题的一个特殊情况：

$$\begin{aligned} \min \quad & \sum_{i=1}^{n}\sum_{j=1}^{n} c_{ij}\, x_{ij} \\ s.t. \quad & \sum_{j=1}^{m} x_{ij}=s_i \quad (i=1,\cdots,n) \\ & \sum_{i=1}^{n} x_{ij}=d_j \quad (j=1,\cdots,m) \\ & x_{ij}\geqslant 0, \quad i=1,\cdots n, j=1,\cdots m \end{aligned}$$

且 $m=n, s_i=d_j=1$。

由运输问题的整数性定理知，这个松弛模型是**紧的**，即松弛问题的解就是原问题的解。

注意到，指派问题的变量只能取 0 或 1 两个特殊的整数，故它也是一种特殊的整数规划，其常用的求解方法有分支定界法和割平面法，详见参见文献［4，5，12］。小规模的指派问题可以用单纯形法求解，中等规模的可用运输单纯形法，大规模的指派问题一般采用匈牙利算法或是整数规划的解法。

习　　题

1. 一家纸业公司需要从它的四个工厂运送 150 包 A4 纸张到它的 5 个配送中心。每个工厂纸张的供给量和每个配送中心的需求量如下列表格：

工厂	1	2	3	4
供给量	40	30	50	30

配送中心	1	2	3	4	5
需求量	20	30	35	25	40

在各个工厂和配送中心之间运送一包纸张的费用如下表：

工厂＼配送中心	1	2	3	4	5
1	13	13	10	11	8
2	5	10	6	10	13
3	11	12	6	6	13
4	8	15	11	11	10

(1) 写出该问题的线性规划模型。

(2) 利用西北角法找出一个初始基本可行解。

2. 最小费用法求初始基本可行解的步骤如下：

步 1　令 $i=m, j=n, k=1$ 及 $J_B=\phi$。

步 2　在 i 行 j 列的表格中找出运价最小的元素 $c_{i_kj_k}$，从 S_{i_k} 调运尽可能多的产量到 D_{j_k}，即取 $x_{i_kj_k}$ 为 S_{i_k} 的剩余产量和 D_{j_k} 的剩余销量中的最小者，并令 $J_B=J_B\cup\{x_{i_kj_k}\}$。

步 3

(a) 若 S_{i_k} 的产量都被调运完毕，且 $i>1$，则划去第 i_k 行，令 $i=i-1$，$k=k+1$，并转到步 2。

(b) 若 D_{j_k} 的销量正好已满足，且 $j>1$，则划去第 j_k 列，令 $j=j-1$，$k=k+1$，并转到步 2。

(c) 若 S_{i_k} 的产量和 D_{j_k} 的销量同时被分配完毕，则第 i_k 行和第 j_k 列中任意划去一个，但不能同时划去。令 $i=i-1$ 或 $j=j-1$，且 $k=k+1$，并转到步 2。

(1) 证明由最小费用法得到的解是基本可行解。

(2) 用最小费用法求习题第 1 题的一个初始可行解。

3. 伏格尔近似法求初始基本可行解的步骤如下：

步 1　令 $i=m$，$j=n$，$k=1$ 及 $J_B=\phi$。

步 2

(a) 在 i 行 j 列的表格中，计算各行、各列最小运费和次最小运费的差额。

(b) 选出差额最大的行或列（若有多个，则任选一个），从中找出运价最小的元素 $c_{i_kj_k}$，从 S_{i_k} 调运尽可能多的产量到 D_{j_k}，即取 $x_{i_kj_k}$ 为 S_{i_k} 的剩余产量和 D_{j_k} 的剩余销量中的最小者，并令 $J_B=J_B\cup\{x_{i_kj_k}\}$ 。

步 3

(a) 若 S_{i_k} 的产量都被调运完毕，且 $i>1$，则划去第 i_k 行，令 $i=i-1, k=k+1$，并转到步 2。

(b) 若 D_{j_k} 的销量正好已满足，且 $j>1$，则划去第 j_k 列，令 $j=j-1, k=k+1$，并转到步 2。

(c) 若 S_{i_k} 的产量和 D_{j_k} 的销量同时被分配完毕，则第 i_k 行和第 j_k 列中任意划去一个，但不能同时划去。令 $i=i-1$ 或 $j=j-1$，且 $k=k+1$，并转到步 2。

(1) 证明由伏格尔近似法得到的解是基本可行解。

(2) 用伏格尔近似法求习题第 1 题的一个初始可行解。

4. 一家公司收到接下来四周生产高精度 GPS 设备的订单，以及该公司每周能交付的设备数如下列表格：

周数	1	2	3	4
订单数	5	7	6	6

周数	1	2	3	4
产量	4	6	5	9

经过和客户协商之后，客户同意该公司推迟交货，但需要让利。在第 1 周订购的设备，如果到第 2，第 3，第 4 周才交货，那么每台设备需要分别让利 120 元，180 元，240 元。在第 2 周订购的设备，若到第 3 和第 4 周才交货，那么每台设备需要分别让利 240 元和 420 元。在第 3 周订购的设备，若到第 4 周才交货，那么每台设备需要让利 180 元。该公司该怎么安排生产，才使得让利最少？

(1) 用运输问题表示上述问题。

(2) 对于 (1) 中的问题，利用西北角法构造一个可行的运输单纯形表。

(3) 从 (2) 中得到的单纯形表开始，用运输单纯形法求解 (1) 中的运输问题。

5. 考虑具有产地 S_1, S_2, S_3, S_4 和销地 D_1, D_2, D_3, D_4, D_5 的运输问题。每对产地—销地的单位运费，每个产地的产量以及每个销地的销量如下表所示，其中 c 为非负整数。

单位运价 销地/产地	D_1	D_2	D_3	D_4	D_5	产量
S_1	5	6	8	7	c	40
S_2	2	3	3	3	1	40
S_3	1	6	5	6	3	20
S_4	2	5	2	c	2	60
销量	30	30	10	50	40	

(1) 利用西北角法确定一个基本可行解。

(2) 对于基本可行解

$$x_{12}=10,\quad x_{14}=30,\quad x_{22}=20,\quad x_{25}=20,$$
$$x_{34}=20,\quad x_{41}=30,\quad x_{43}=10,\quad x_{45}=20$$

计算所有非基变量的降低价格。

（3）设 $\bar{c}_{ij}$ 是由（2）中得到的降低价格，由最大系数法

$$\max\{\bar{c}_{24},\bar{c}_{31},\bar{c}_{44}\}=\bar{c}_{31}$$

知，x_{31} 是下一次迭代的换入变量，用闭回路法找出相应的换出变量，并求出满足条件的 c 的非负整数值。

6. 考虑一个总产量超过总销量的运输问题，假设超过的产量可以以一定的费用存放在仓库里。给定从每个产地运送货物到该仓库的单位运价，以及在该仓库存放单位货物的费用。

（1）把该问题表示成产销平衡的运输问题。

（2）如果超过的产量还允许存放在各个产地，但需要交付每单位货物的存储费。把该问题表示成产销平衡运输问题。

7. 考虑具有 3 个产地和 4 个销地的运输问题，第 i 个产地和第 j 个销地的产量和销量分别为 s_i 和 d_j，且总产量超过总销量。

（1）通过引入一个虚设的销地免费存放超过的产量，把该问题表示成产销平衡的运输问题。

（2）假设超过的产量可以单位运价 γ_i 运到第 i 个产地的外部存储设施存放起来，需要单位存储费用 α；或是以单位存储费用 β 存放在各个产地。试讨论通过增加合适数量的虚设销地和适当的运价，如何把该问题表示成产销平衡的运输问题。

8. 考虑具有 m 个产地和 n 个销地的运输问题 (P)，第 i 个产地与第 j 个销地之间的单位运价为 c_{ij}。用线性规划模型来描述该运输问题，变量 x_{ij} 表示第 i 个产地传送到第 j 个销地的流量。假设 x^* 是该线性规划模型的可行解。证明：

（1）若把 c_{ij} 替换为 $c_{ij}-u_i-v_j$，其中 u_i 和 v_j 是任意实数，得到新的运输问题 (P′)，则 x^* 是 (P) 的最优解（当且仅当它是 (P′) 的最优解）。

（2）对于运输问题 (P)，如果相应于 $x_{ij}^*>0$，$c_{ij}=0$，且其他的 c_{ij} 都是非负的，那么 x^* 是最优的。

第5章 博弈论基础

在现实社会中，我们经常会遇到带有竞赛或斗争性质的行为，其特点是参加者往往是利益互相冲突的双方或几方，而对抗的结局并不取决于某一方所选择的策略，而是由双方或者几方所选择的策略决定。这类具有斗争或竞赛性质的行为称为"博弈行为"。博弈论（Game Theory），也称对策论，就是研究博弈行为中，斗争各方是否存在最有利或最合理的行动方案，以及如何找到最有利或最合理行动方案的数学理论和方法。1932年，从匈牙利移居美国的数学家John Von Neumann在普林斯顿的一个数学研究班上，做了一次没有讲稿的报告，题为《关于经济学的几个方程和Brouwer不动点定理的推广》，提出博弈论的基本原理，被誉为"博弈论之父"。1944年John Von Neumann和德国-美国经济学家Oskar Morgenstern合著的《博弈论和经济行为》奠定了博弈论的理论基础，它对线性规划的提出也起到很大作用，书中已隐约指出博弈论和线性规划的对偶理论的紧密联系。20世纪50年代，美国经济学家John Forbes Nash的非合作博弈理论奠定了现代非合作博弈论的基石，揭示了博弈均衡与经济均衡的内在联系。他与Reinhard Selten、John C. Harsanyi使博弈论最终成熟并进入应用。他们也因此获得1994年诺贝尔经济学奖。

本章着重讨论最简单的博弈类型，即**有限二人零和对策（Finite Two-person Zero-sum Game）**或**矩阵对策（Matrix Game）**。著名的最小最大值定理（Minimax Theorem）最初是由John Von Neumann于1928年证明的，利用了数学上的Brouwer不动点定理，证明过程比较复杂。然而，现在看来，矩阵对策的解可以通过求解一个线性规划问题得到，而且最小最大值定理的证明只是对偶理论的直接应用。本章将详细阐述这些内容。

§5.1 博弈论的基本概念

我们首先看一个广泛流传的游戏。

例5.1 "石头、剪刀、布"

这是一个由两人玩的猜拳游戏，每一局中每人只能猜一种物体。游戏规则中，石头赢剪刀，剪刀赢布，布赢石头。在游戏过程中，赢者得1分，输者失1分，若双方所猜物体相同算和局，均不得分。局数固定的情况下，游戏者应如何猜拳，使得得分最多？

再看一个经典的例子，"囚徒困境"，它是1950年由美国兰德公司的Merrill Flood和Melvin Dresher提出的相关困境的理论，后来由顾问Albert Tucker以囚徒方式阐述，并命名为"囚徒困境"。

例5.2 囚徒困境

有两个嫌疑犯因涉嫌作案被警官拘留，他们被关入监狱，不能互相沟通情况，警官分别对两人进行审讯。依据法律，如果两个人都承认并互相揭发，则证据确实，每人各判刑 2 年；如果两人都不承认且不揭发对方，则由于证据不足，两人各判刑 1 年；若只有一人承认并揭发对方，而另一人沉默，则揭发者予以宽大释放，而沉默者将判刑 5 年。因此，对两个囚犯来说，面临着一个在“揭发”和“不揭发”这两个策略间进行选择的难题。不过由于囚徒无法信任对方，因此他们将倾向于互相揭发，而不是共同沉默。

下面以上述例子说明博弈论的三个基本要素。

1. 局中人

在一个博弈行为（或一局博弈）中，有权决定自己行动方案的参加者，称为局中人。通常用 I 表示局中人的集合。如果有 n 个局中人，则 $I=\{1,2,\cdots,n\}$。一般要求一个博弈中至少要有两个局中人。如在例 5.1 中，局中人是参与游戏的两人，在例 5.2 中局中人是两个囚犯。

2. 策略集

一局博弈中，可供局中人选择的一个实际可行的完整的行动方案称为一个（纯）策略。参加博弈的每一局中人 $i,i\in I$，都有自己的策略集 S_i。一般地，每一局中人的策略集中至少应包括两个策略。例 5.1 中，游戏者的策略有猜石头、猜剪刀、猜布，在例 5.2 中囚犯的策略有揭发、不揭发。

3. 收益函数

在一局博弈中，各局中人选定的策略形成的策略组称为一个局势，即若 s_i 是第 i 个局中人的一个策略，则 n 个局中人的策略组 $s=(s_1,s_2,\cdots,s_n)$ 就是一个局势。全体局势的集合 $\mathcal{S}$ 可用各局中人策略集的笛卡儿积表示，即

$$\mathcal{S}=S_1\times S_2\times\cdots\times S_n$$

当一个局势出现后，博弈的结果也就确定了。也就是说，对任一局势 $s\in\mathcal{S}$，局中人 i 可以得到一个收益值 $v_i(s)$。显然，$v_i(s)$ 是局势 s 的函数，称为第 i 个局中人的收益函数。在例 5.1 中，若记 $\alpha_1=$（猜石头），$\alpha_2=$（猜剪刀），$\alpha_3=$（猜布），则 $v_1(\alpha_1,\alpha_1)=0$（或记 $v_1(s_{11})=0$），$v_1(\alpha_1,\alpha_2)=1,v_1(\alpha_1,\alpha_3)=-1$。

按局中人的特征，博弈可分为二人博弈和多人博弈及合作博弈和非合作博弈等。按策略集的特征，博弈可分有限博弈和无限博弈。按收益函数的特征，它又分为零和博弈与非零和博弈。在众多的博弈模型中，二人有限零和博弈，也称矩阵博弈，是博弈模型的基础，其理论研究和求解方法都较为完善。

§5.2　矩阵博弈

矩阵博弈是只有两个局中人参加的博弈，每个局中人都只有有限个策略可供选择。在任一局势中，两个局中人都独立地选择各自的策略，而且他们的收益之和总是为零，一方的所得即为另一方的所失。石头—剪刀—布就是一个矩阵博弈的例子，两个游戏者 1 和 2 各有三个策略，一局结束后，游戏者 1 所得必为游戏者 2 所失，反之亦然。按照在一个局势中是否存在确定的制胜策略，矩阵博弈分为纯策略矩阵博弈和混合策略矩阵

博弈。

5.2.1 纯策略矩阵博弈

在矩阵博弈中，假设局中人 1 和 2 的策略集合分别为

$$S_1=\{\alpha_1,\alpha_2,\cdots,\alpha_m\},S_2=\{\beta_1,\beta_2,\cdots,\beta_n\}$$

当局中人 1 选定纯策略 α_i 和局中人 2 选定纯策略 β_j 后，就形成一个纯局势 (α_i,β_j)。局中人 1 的收益函数可用收益矩阵 A 来表示

$$A=\begin{bmatrix} a_{11} & a_{12} & \cdots & a_{1n} \\ a_{21} & a_{22} & \cdots & a_{2n} \\ \vdots & \vdots & & \vdots \\ a_{m1} & a_{m2} & \cdots & a_{mn} \end{bmatrix}$$

其中 $a_{ij}=v_1(s_{ij})$。鉴于此，也把局中人 1 和 2 分别称为**行局中人**和**列局中人**。由于是零和博弈，故列局中人的收益矩阵是 $-A^{\mathrm{T}}$。

例 5.1 中行局中人的收益矩阵是

$$A=\begin{bmatrix} 0 & 1 & -1 \\ -1 & 0 & 1 \\ 1 & -1 & 0 \end{bmatrix}$$

例 5.2 中两个囚犯的收益矩阵分别为

$$A=\begin{bmatrix} -2 & 0 \\ -5 & -1 \end{bmatrix}, B=\begin{bmatrix} -2 & -5 \\ 0 & -1 \end{bmatrix}$$

注意，该博弈中两个局中人的收益之和不为零，它不是矩阵博弈，而是**二人非零和博弈**，也称**双矩阵对策**，本章习题第 8 题将简要讨论这类博弈。

局中人 1 和 2，策略集 S_1 和 S_2 以及局中人的收益矩阵 A 确定后，一个矩阵博弈记成

$$G=\{S_1,S_2;A\}$$

对于给定的矩阵博弈模型，局中人要解决的问题是，如何选择对自己最有利的纯策略，以谋取最大的收益（或最小的损失）。

定义 5.1（平衡局势） 设 $G=\{S_1,S_2;A\}$ 为矩阵博弈。若成立等式

$$\max_i \min_j a_{ij}=\min_j \max_i a_{ij}=a_{i^*j^*}=:v_G$$

则称 v_G 为博弈 G 的值，纯局势 $(\alpha_{i^*},\beta_{j^*})$ 为 G 在纯策略下的解（或平衡局势），α_{i^*} 和 β_{j^*} 分别称为局中人 1 和 2 的最优纯策略。

例 5.3 设矩阵博弈 $G=\{S_1,S_2;A\}$，其中 $S_1=\{\alpha_1,\alpha_2,\alpha_3\},S_2=\{\beta_1,\beta_2,\beta_3\}$，

$$A=\begin{bmatrix} 3 & 1 & 2 \\ -3 & 0 & 4 \\ 5 & -6 & 0 \end{bmatrix}$$

求解该矩阵博弈。

解 由于

$$\begin{bmatrix} & \alpha_1 & \alpha_2 & \alpha_3 & \min \\ \beta_1 & 3 & 1 & 2 & 1^* \\ \beta_2 & -3 & 0 & 4 & -3 \\ \beta_3 & 5 & -6 & 0 & -6 \\ \max & 5 & 1^* & 4 & \end{bmatrix}$$

其中，min 的列是对每行元素取最小值得到的，max 的行是对每列元素取最大值得到的。故

$$\max_i \min_j a_{ij} = \min_j \max_i a_{ij} = a_{12} = 1$$

因此，纯策略 (α_1, β_2) 是局中人 1 和 2 的最优纯策略，策略值为 1。

由定义 5.1 和例 5.3，我们有下列解释：

(1) 最小最大原则体现的理性思想是，抱最大的希望，做最坏的打算。由于局中人 2 所出的策略希望局中人 1 的收益越少越好，局中人 1 的立场是，在最差的情况下所得收益中取出最好的。

(2) 例 5.3 中的 a_{12} 是第 1 行的最小元，又是第 2 列的最大元，即

$$a_{i2} \leqslant a_{12} \leqslant a_{1j}, i, j = 1,2,3$$

将上述不等式推广到一般的矩阵对策，可以得到如下定理：

定理 5.1　矩阵博弈 $G = \{S_1, S_2; A\}$ 存在平衡局势当且仅当存在局势 $(\alpha_{i^*}, \beta_{j^*})$，使得

$$a_{ij^*} \leqslant a_{i^*j^*} \leqslant a_{i^*j}, i = 1, \cdots, m,\ j = 1, \cdots, n$$

证　必要性：由定义 5.1 知，存在 i^* 和 j^* 使得

$$\min_j a_{i^*j} = \max_i \min_j a_{ij} = a_{i^*j^*}, \max_i a_{ij^*} = \min_j \max_i a_{ij} = a_{i^*j^*}$$

因此，对于任意的 $i = 1, \cdots, m,\ j = 1, \cdots, n$，成立

$$a_{ij^*} \leqslant \max_i a_{ij^*} = a_{i^*j^*} = \min_j a_{i^*j} \leqslant a_{i^*j}$$

充分性：对于任意的 $i = 1, \cdots, m,\ j = 1, \cdots, n$，成立 $\min_j a_{ij} \leqslant a_{ij}$，故 $\max_i \min_j a_{ij} \leqslant \max_i a_{ij}$，从而 $\max_i \min_j a_{ij} \leqslant \min_j \max_i a_{ij}$，因此只需证 $\max_i \min_j a_{ij} \geqslant \min_j \max_i a_{ij}$。由已知，我们有

$$\min_j \max_i a_{ij} \leqslant \max_i a_{ij^*} \leqslant a_{i^*j^*} \leqslant \min_j a_{i^*j} \leqslant \max_i \min_j a_{ij}$$

证毕

为了分析后面混合策略的矩阵博弈，我们引进**二元函数的鞍点（Saddle Point）**的概念。

定义 5.2　设 $f(x,y)$ 为一个定义在 $x \in \mathcal{A}$，$y \in B$ 上的实值函数，若存在 $x^* \in \mathcal{A}$，$y^* \in B$，使得对一切 $x \in \mathcal{A}, y \in B$，成立

$$f(x, y^*) \leqslant f(x^*, y^*) \leqslant f(x^*, y)$$

则称 (x^*, y^*) 为函数 f 的一个鞍点。

例如，$(0,0)$ 是函数 $f(x,y) = xy$ 的鞍点。

结合定义 5.2 和定理 5.1，我们有，矩阵博弈 G 存在平衡局势，且 $v_G = a_{i^*j^*}$ 的充分必要条件是，$a_{i^*j^*}$ 是矩阵 A 的一个鞍点。矩阵 A 的鞍点也称为**博弈的鞍点**。

5.2.2 混合策略矩阵博弈

给定矩阵博弈 $G=\{S_1,S_2;A\}$，局中人 1 有把握的至少收益是 $v_1=\max_i \min_j a_{ij}$，局中人 2 有把握的至多损失是 $v_2=\min_j \max_j a_{ij}$。由定理 5.1 的证明过程中知，$v_1 \leqslant v_2$ 总是成立的。当 $v_1=v_2$ 时，矩阵博弈存在平衡局势，也就是说它在纯策略意义下有解，且 $v_G=v_1=v_2$；当 $v_1<v_2$ 时，矩阵博弈不存在平衡局势。在实际情况中出现更多的是后者。例如，在石头—剪刀—布的游戏中，如果列局中人总是猜布的话，他希望行局中人会猜石头，然而行局中人为了自己的利益，他会总是出剪刀。事实上，如果列局中人总是猜同样的东西，那么行局中人知道后会选择合适的策略保证自己的利益，反之亦然。因此，不管是哪个局中人，他都不会总用同样的策略，而是会随机选择自己的策略。由于这个游戏的对称性，两个局中人应该使得三个策略被选取的机会是均等的，即以三分之一的概率选择石头、剪刀或布。这样的策略就是混合策略。

设有矩阵博弈 $G=\{S_1,S_2,A\}$，其中 $S_1=\{\alpha_1,\cdots,\alpha_m\}, S_2=\{\beta_1,\cdots,\beta_n\}, A=(a_{ij})_{m\times n}$。记

$$S_1^*=\left\{x\in\mathbb{R}^m \mid x_i\geqslant 0, i=1,\cdots,m, \sum_{i=1}^m x_i=1\right\}$$

$$S_2^*=\left\{y\in\mathbb{R}^n \mid y_i\geqslant 0, i=1,\cdots,n, \sum_{i=1}^n y_i=1\right\}$$

则 S_1^*, S_2^* 分别称为局中人 1 和 2 的混合策略集；$x\in S_1^*$ 和 $y\in S_2^*$ 分别称为局中人 1 和 2 的混合策略；称 (x,y) 为一个**混合局势**，表示局中人 1 以概率 x_i 选择纯策略 α_i，局中人 2 以概率 y_j 选择纯策略 β_j，此时收益值为 a_{ij} 的概率是 $x_i y_j$，故局中人 1 的（期望）收益函数为

$$E(x,y)=\sum_i\sum_j a_{ij}x_i y_j = x^{\mathrm{T}}Ay$$

称矩阵博弈 $G^*=\{S_1^*,S_2^*;E\}$ 为矩阵博弈 G 的**混合扩充**。

纯策略与混合策略有如下关系：(1) 纯策略是混合策略的特例。例如，局中人 1 的纯策略 α_1 等价于混合策略 $(1,0,\cdots,0)^{\mathrm{T}}$。(2) 当两个局中人多次重复进行矩阵博弈 G 时，混合策略 $x=(x_1,x_2,\cdots,x_m)^{\mathrm{T}}$ 表示局中人 1 分别采取纯策略 $\alpha_1,\alpha_2,\cdots,\alpha_m$ 的频率，只进行一次博弈时，表示偏爱程度。

矩阵博弈 G 在混合策略意义下局中人面临的问题是，局中人 1 要做最坏的打算 $\min\limits_{y\in S_2^*} E(x,y)$，抱最大的希望 $v_1=\max\limits_{x\in S_1^*}\min\limits_{y\in S_2^*} E(x,y)$；局中人 2 也是要做最坏的打算 $\max\limits_{x\in S_1^*} E(x,y)$，抱最大的希望 $v_2=\min\limits_{y\in S_2^*}\max\limits_{x\in S_1^*} E(x,y)$。类似于定理 5.1 中的证明，我们有

$$\begin{aligned} v_1 &= \max_{x\in S_1^*}\min_{y\in S_2^*} E(x,y)=\min_{y\in S_2^*} E(x^*,y)\leqslant E(x^*,y^*) \\ &\leqslant \max_{x\in S_1^*} E(x,y^*)=\min_{y\in S_2^*}\max_{x\in S_1^*} E(x,y)=v_2 \end{aligned}$$

把定义 5.1 推广，我们得到混合扩充的平衡局势的概念。

定义 5.3　设 $G^* = \{S_1^*, S_2^*; E\}$ 是矩阵博弈 $G = \{S_1, S_2; A\}$ 的混合扩充，若

$$\max_{x \in S_1^*} \min_{y \in S_2^*} E(x,y) = \min_{y \in S_2^*} \max_{x \in S_1^*} E(x,y) = E(x^*, y^*) =: v_G$$

则称 v_G 为博弈 G^* 的值，混合局势 (x^*, y^*) 为 G 在混合策略意义下的解（或混合扩充 G^* 的平衡局势），x^* 和 y^* 分别称为局中人 1 和 2 的最优（混合）策略。

本章中，矩阵博弈 G 和其混合扩充 G^* 均用 G 表示。一般地，当矩阵博弈不存在平衡局势时，则考虑其混合扩充的平衡局势。

利用函数鞍点的定义，我们可以把定理 5.1 推广到混合策略的情况，它的证明类似于定理 5.1。

定理 5.2　矩阵博弈 $G = \{S_1, S_2; A\}$ 在其混合策略意义下有解的充分必要条件是：存在 $x^* \in S_1^*, y^* \in S_2^*$，使得对一切 $x \in S_1^*, y \in S_2^*$，成立

$$E(x, y^*) \leqslant E(x^*, y^*) \leqslant E(x^*, y)$$

即期望函数 $E(x,y)$ 存在鞍点 (x^*, y^*)。

如果考虑行局中人取纯策略 α_i 时，其相应的混合策略 x 满足 $x_i = 1, x_k = 0, k \neq i$，那么他的收益函数为

$$\sum_j a_{ij} y_j =: E(i, y)$$

同样的，若列局中人取纯策略 β_j 时，其相应的混合策略 y 满足 $y_j = 1$，$y_l = 0$，$l \neq j$，那么他的收益函数为

$$\sum_i a_{ij} x_i =: E(x, j)$$

利用 $E(i,y)$ 和 $E(x,i)$ 可以得到混合策略意义下矩阵博弈的解的另一种等价表示。

推论 5.1　矩阵博弈 $G = \{S_1, S_2; A\}$ 在其混合策略意义下有解 (x^*, y^*) 的充分必要条件是：对任意的 $i = 1, \cdots, m$ 和 $j = 1, \cdots, n$ 成立

$$E(i, y^*) \leqslant E(x^*, y^*) \leqslant E(x^*, j)$$

证　由于混合策略 x 满足 $x_i = 1, x_k = 0, k \neq i$ 和 y 满足 $y_j = 1, y_l = 0, l \neq j$，它们分别是 S_1^* 和 S_2^* 的元素，故由定理 5.2 即得定理的必要性。下面证明充分性：

由已知，对任意的 $i = 1, \cdots, m$ 有

$$E(i, y^*)\, x_i \leqslant E(x^*, y^*)\, x_i$$

对任意的 $j = 1, \cdots, n$ 有

$$E(x^*, y^*)\, y_j \leqslant E(x^*, j)\, y_j$$

把上述两个不等式的左右两边分别对 i 和 j 求和，得

$$E(x, y^*) = \sum_i E(i, y^*)\, x_i \leqslant E(x^*, y^*) \sum_i x_i = E(x^*, y^*)$$

$$E(x^*, y) = \sum_j E(x^*, j)\, y_j \geqslant E(x^*, y^*) \sum_j y_j = E(x^*, y^*)$$

由定理 5.2 知，(x^*, y^*) 是 G 的解。　　证毕

我们将在 5.3 节介绍如何寻求混合策略意义下矩阵博弈的解。

5.2.3　最小最大值定理

一般地，矩阵博弈在纯策略下的解是不存在的，然而在混合意义下的解总是存在

的，这就是著名的最小最大值定理所陈述的内容，它是矩阵博弈的基本定理。本节将利用线性规划的对偶理论来证明该定理，从而引出求解矩阵对策的基本方法——线性规划方法。在此之前，我们先看一个重要的结论，它的证明只需利用线性规划问题解的性质——有最优解必有最优基本可行解，考虑 n 个基本可行解的目标函数值即可。

引理 5.1 线性规划模型

$$\min\{c_1x_1+c_2x_2+\cdots+c_nx_n: x_1+x_2+\cdots+x_n=1, x_i\geqslant 0, i=1,\cdots,n\}$$
$$=\min\{c_1,c_2,\cdots,c_n\}$$

若把其中的 min 改为 max，结论也成立。

现在我们来看最小最大值定理。

定理 5.3（Von Neumann 定理） 对任一矩阵博弈 $G=\{S_1,S_2;A\}$，一定存在混合策略意义下的解，即存在 $x^*\in S_1^*, y^*\in S_2^*$，使得

$$\max_{x\in S_1^*}\min_{y\in S_2^*} xAy^{\mathrm{T}}=\min_{y\in S_2^*}\max_{x\in S_1^*} xAy^{\mathrm{T}}=x^*Ay^{*\mathrm{T}}$$

证 对给定的 $x\in S_1^*$，由集合 S_2^* 的特征及引理 5.1 知，

$$\min_{y\in S_2^*} xAy^{\mathrm{T}}=\min_{y\in S_2^*}\sum_j\left(\sum_i a_{ij}x_i\right)y_j=\min_j\sum_i a_{ij}x_i$$

故有

$$v_1=\max_{x\in S_1^*}\min_{y\in S_2^*} xAy^{\mathrm{T}}=\max_{x\in S_1^*}\min_j\sum_i a_{ij}x_i \tag{5.1}$$

同理可得

$$v_2=\min_{y\in S_2^*}\max_{x\in S_1^*} xAy^{\mathrm{T}}=\min_{y\in S_2^*}\max_i\sum_j a_{ij}y_j \tag{5.2}$$

分别令 $u=\min_j\sum_i a_{ij}x_i$ 和 $v=\max_i\sum_j a_{ij}y_j$，则式（5.1）和（5.2）分别等价于如下两个线性规划问题：

$$\begin{aligned}\max\quad & u\\ s.t.\quad & u-\sum_i a_{ij}x_i\leqslant 0, j=1,\cdots,n\\ & \sum_i x_i=1\\ & x_1,\cdots,x_m\geqslant 0.\end{aligned} \tag{5.3}$$

$$\begin{aligned}\min\quad & v\\ s.t.\quad & v-\sum_j a_{ij}y_j\geqslant 0, i=1,\cdots,m\\ & \sum_j y_j=1\\ & y_1,\cdots,y_n\geqslant 0.\end{aligned} \tag{5.4}$$

易知，式(5.3)和式(5.4)互为对偶问题，而且 $(\min_j a_{1j},1,0,\cdots,0)$ 和 $(\max_i a_{i1},1,0,\cdots,0)$ 分别是它们的可行解。因此，由定理 2.11 知，式(5.3)和式(5.4)分别存在最优解 (u^*,x^*) 和 (v^*,y^*)，且 $u^*=v^*$。又 $u^*=v_1, v^*=v_2$，故结论成立。 证毕

由上述定理的证明知，式（5.3）和式（5.4）的最优目标函数值相等，因此，矩阵博弈 $G=\{S_1,S_2,A\}$ 在混合意义下的解也可以用两个不等式组表示。

推论 5.2 (x^*, y^*) 是矩阵博弈 $G=\{S_1, S_2, A\}$ 在混合意义下的解的充分必要条件是：存在数 $v=v_G$，使得 x^* 和 y^* 分别是不等式组（Ⅰ）和（Ⅱ）的解。

$$(\mathrm{I})\begin{cases} A^{\mathrm{T}}x \geqslant ve, \\ \sum_i x_i = 1 \\ x_1, \cdots, x_m \geqslant 0 \end{cases} \qquad (\mathrm{II})\begin{cases} Ay \leqslant ve \\ \sum_j y_j = 1 \\ y_1, \cdots, y_n \geqslant 0 \end{cases}$$

其中，e 是分量都为1的向量。

利用线性规划的互补松弛定理，由式（5.3）和式（5.4）的互补松弛条件，我们得到矩阵博弈解的如下性质：

推论 5.3 设 (x^*, y^*) 是矩阵博弈 G 的解，$v=v_G$，则

(1) 若 $x_{i^*} > 0$，则 $\sum_j a_{ij} y_{j^*} = v$。

(2) 若 $y_{j^*} > 0$，则 $\sum_i a_{ij} x_{i^*} = v$。

(3) 若 $\sum_j a_{ij} y_{j^*} < v$，则 $x_{i^*} = 0$。

(4) 若 $\sum_i a_{ij} x_{i^*} < v$，则 $y_{j^*} = 0$。

上述两个推论是求解矩阵博弈的线性方程组方法的理论依据，见5.3节。

记矩阵博弈 G 的解集为 $\mathcal{S}(G)$。我们有如下矩阵博弈解的性质，其证明留给读者作为练习。

定理 5.4 设有两个矩阵博弈 $G=\{S_1, S_2; A\}$，$G'=\{S_1, S_2; A'\}$，$0<\alpha$ 和 L 为任意常数，

(1) 若 $A' = A + (L)_{m\times n} = (a_{ij}+L)_{m\times n}$，则 $v_{G'} = v_G + L$，$\mathcal{S}(G) = \mathcal{S}(G')$。

(2) 若 $A' = \alpha A$，则 $v_{G'} = \alpha v_G$，$\mathcal{S}(G) = \mathcal{S}(G')$。

(3) 若 $A = -A^{\mathrm{T}}$，则 $v_G = 0$，且局中人1和2具有相同的最优策略集。

在矩阵阶数较大时，在特定的情形下，利用推论5.1，我们可以把收益矩阵 A 化简，这就是将要介绍的优超原则。

定义 5.4 设矩阵博弈 $G=\{S_1, S_2; A\}$，若

$$a_{i^0 j} \geqslant a_{k^0 j}, j = 1, \cdots, n$$

则称局中人1的纯策略 α_{i^0} 优超于 α_{k^0}；若

$$a_{ij^0} \leqslant a_{il^0}, i = 1, \cdots, m$$

则称局中人2的纯策略 β_{j^0} 优超于 β_{l^0}。

定理 5.5 设矩阵博弈 $G=\{S_1, S_2; A\}$，若纯策略 α_1 被纯策略 $\alpha_2, \cdots, \alpha_m$ 中之一所优超，由 G 得到新的矩阵博弈 $G'=\{S'_1, S_2; A'\}$，其中 $S'_1 = \{\alpha_2, \cdots, \alpha_m\}$，$A'$ 为 A 去掉第一行后得到的矩阵，则有

(1) $v_{G'} = v_G$。

(2) G' 中列局中人的最优策略集就是其在 G 中的最优策略。

(3) 若 $(x_2^*, \cdots, x_m^*)^{\mathrm{T}}$ 是 G' 中行局中人的最优策略，则 $x^* = (0, x_2^*, \cdots, x_m^*)^{\mathrm{T}}$ 是其在 G 中的最优策略。

证 由定理5.3，任一矩阵博弈在混合策略意义下都有解，故 G' 存在解 $x'^* =$

$(x_2^*,\cdots,x_m^*)^T$ 和 $y^*=(y_1^*,\cdots,y_n^*)^T$，且 $v_{G'}=(x'^*)^T A' y^*$。由推论 5.1 知，对任意的 $i=2,\cdots,m$ 和 $j=1,\cdots,n$，

$$\sum_{j=1}^{n} a_{ij} y_j^* \leqslant v_{G'} \leqslant \sum_{i=2}^{m} a_{ij} x_i^*$$

另一方面，不妨设 α_2 优超于 α_1，则 $a_{2j} \geqslant a_{1j}, j=1,\cdots,n$，因而

$$\sum_{j=1}^{n} a_{1j} y_j^* \leqslant \sum_{j=1}^{n} a_{2j} y_j^* \leqslant v_{G'}$$

此外，取 $x_1^*=0$，则对任意的 $j=1,\cdots,n$，有 $\sum_{i=1}^{m} a_{ij} x_i^* = \sum_{i=2}^{m} a_{ij} x_i^*$，且 $v_{G'}=(x^*)^T A y^*$，其中 $x^*=(0,x_2^*,\cdots,x_m^*)^T$，再结合上述不等式，我们有对任意的 $i=1,\cdots,m$ 和 $j=1,\cdots,n$，

$$\sum_{j=1}^{n} a_{ij} y_j^* \leqslant (x^*)^T A y^* \leqslant \sum_{i=1}^{m} a_{ij} x_i^*$$

由推论 5.1 知，(x^*,y^*) 是 G 的解，且 $v_G=v_{G'}$。　　证毕

推论 5.4　若 α_1 被 $\alpha_2,\cdots,\alpha_m$ 的某一凸组合所优超，则定理 5.5 也成立。

定理 5.5 给出了一个化简收益矩阵 A 的原则，称之为**优超原则**。根据该原则，当行局中人的纯策略 α_i 被其他纯策略或纯策略的凸组合所优超时，可在矩阵 A 中划去第 i 行而得到一个与原对策 G 等价但收益矩阵阶数较小的博弈 G'，而 G' 的求解往往比 G 的求解容易些，通过求解 G' 而得到 G 的解。类似地，对列局中人来说，可以在收益矩阵 A 中划去被其他列或其他列的凸组合所优超的那些列。

下面，举例说明优超原则的应用。

例 5.4　化简如下矩阵博弈，其中收益矩阵为

$$A=\begin{bmatrix} 2 & -3 & -1 & 2 & 6 \\ 4 & 0 & 6 & 2 & 6 \\ 0 & -1 & -3 & 0 & -3 \\ 1 & 3 & 5 & 4 & 2.5 \\ 3 & -3 & 5 & 5 & 0 \end{bmatrix}$$

解　对于矩阵 A，考虑行局中人，按照优超原则，可以划去数值较小的行。由于第 2 行优超于第 1 行，第 4 行优超于第 3 行，故划去第 1 行和第 3 行，得收益矩阵

$$A_1=\begin{bmatrix} 4 & 0 & 6 & 2 & 6 \\ 1 & 3 & 5 & 4 & 2.5 \\ 3 & -3 & 5 & 5 & 0 \end{bmatrix}$$

对于矩阵 A_1，考虑列局中人，按照优超原则，可以划去数值较大的列。由于第 2 列优超于第 3，第 4 列，1/2×(第 1 列)+1/2×(第 2 列) 优超于第 5 列，故划去第 3，第 4，第 5 列得收益矩阵

$$A_2=\begin{bmatrix} 4 & 0 \\ 1 & 3 \\ 3 & -3 \end{bmatrix}$$

对于矩阵 A_2，考虑行局中人，由于第 1 行优超于第 3 行，故划去第 3 行得收益矩阵

$$A' = \begin{bmatrix} 4 & 0 \\ 1 & 3 \end{bmatrix}$$

若求得相应于收益矩阵 A' 的最优混合策略为 $x'^* = (x_1'^*, x_2'^*)^{\mathrm{T}}$ 和 $y'^* = (y_1'^*, y_2'^*)^{\mathrm{T}}$，则原来矩阵博弈的最优混合策略为

$$x^* = (0, x_1'^*, 0, x_2'^*, 0)^{\mathrm{T}},\ y^* = (y_1'^*, y_2'^*, 0, 0, 0)^{\mathrm{T}}$$

§5.3　矩阵博弈的解法

关于矩阵博弈的求解，我们一般先判别收益矩阵是否存在鞍点，若存在，则找到纯策略意义下的平衡局势，否则，就要寻求混合策略意义下的解。为此，本节介绍求解矩阵博弈的线性方程组方法和线性规划方法，它们都是来源于最小最大值定理的证明。

5.3.1　线性方程组方法

利用推论 5.2 和推论 5.3，若已知最优策略中 x_i^* 和 y_j^* 均大于零，为求最优混合策略可等价于求解下列方程组

$$(\mathrm{I})\begin{cases} A^{\mathrm{T}} x = ve \\ \sum_i x_i = 1 \end{cases} \quad (\mathrm{II})\begin{cases} Ay = ve \\ \sum_j y_j = 1 \end{cases}$$

例 5.5　求解矩阵博弈例 5.1。

解　已知石头—剪刀—布的游戏中行局中人的收益矩阵是

$$A = \begin{bmatrix} 0 & 1 & -1 \\ -1 & 0 & 1 \\ 1 & -1 & 0 \end{bmatrix}$$

则 $A = -A^{\mathrm{T}}$，故由定理 5.4 知，该矩阵博弈的策略值 $v^* = 0$。

易知 A 没有鞍点，故不存在纯策略意义下的平衡局势。设行、列局中人的最优混合策略分别为

$$x^* = (x_1^*, x_2^*, x_2^*)^{\mathrm{T}},\ y^* = (y_1^*, y_2^*, y_2^*)^{\mathrm{T}}$$

从矩阵 A 的元素来看，每个局中人选取每个纯策略的可能性都是存在的，故假定 $x^* > 0, y^* > 0$，因而求解线性方程组

$$\begin{cases} -x_2 + x_3 = 0 \\ x_1 - x_3 = 0 \\ -x_1 + x_2 = 0 \\ x_1 + x_2 + x_3 = 1 \end{cases}$$

和

$$\begin{cases} y_2 - y_3 = 0 \\ -y_1 + y_3 = 0 \\ y_1 - y_2 = 0 \\ y_1 + y_2 + y_3 = 1 \end{cases}$$

解得 $x^* = \left(\frac{1}{3},\frac{1}{3},\frac{1}{3}\right)^{\mathrm{T}}, y^* = \left(\frac{1}{3},\frac{1}{3},\frac{1}{3}\right)^{\mathrm{T}}$。这与我们的设想相符，即双方都以 1/3 的概率选取每个纯策略，或者说每个纯策略被选取的机会应是均等的。

5.3.2 线性规划方法

矩阵博弈的基本定理 5.3 告诉我们，任一矩阵博弈的求解均等价于一对互为对偶的线性规划问题。但求解这对线性规划问题的难点在于：(1) 含有无约束的变量；(2) 初始解不易确定。利用推论 5.2 和定理 5.4 的 (2)，可以找到一对易于求解的互为对偶的线性规划问题来解决相应的矩阵博弈问题。

给定矩阵博弈 $G = \{S_1, S_2; A\}$，注意到

(1) 若 A 中的所有元素均非负，则博弈值 $v_G \geqslant 0$。

(2) 若 A 中存在负数，把 A 的所有元素都加上最小负数的绝对值后得到 A'，则 A' 中的所有元素均非负。由定理 5.4 的 (1) 知，A 的博弈和 A' 具有相同的最优策略集。

(3) 若 A 中的所有元素均非负，且博弈值 $v_G = 0$，则由推论 5.2 知，$A = 0$，此时，$(x, y) \in S_1 \times S_2$ 均为平衡局势。

综上所述，可以假设 A 中的所有元素均非负，且博弈值 $v_G = v > 0$。作变换

$$x'_i = \frac{x_i}{v}, y'_j = \frac{y_j}{v}, i = 1, \cdots, m, j = 1, \cdots, n$$

则推论 5.2 中的不等式组（Ⅰ）和（Ⅱ）等价于

$$(\text{Ⅰ}')\begin{cases} A^{\mathrm{T}} x' \geqslant e \\ \sum_i x'_i = 1/v \\ x'_1, \cdots, x'_m \geqslant 0 \end{cases} \qquad (\text{Ⅱ}')\begin{cases} A y' \leqslant e \\ \sum_j y'_j = 1/v \\ y'_1, \cdots, y'_n \geqslant 0 \end{cases}$$

行局中人希望 v 越大越好，即 $1/v$ 越小越好，列局中人希望 v 越小越好，即 $1/v$ 越大越好。因此，（Ⅰ′）和（Ⅱ′）等价于如下两个线性规划问题：

$$\begin{aligned} \min \quad & z = \sum_i x'_i \\ s.t. \quad & \sum_i a_{ij} x'_i \geqslant 1, j = 1, \cdots, n \\ & x'_1, \cdots, x'_m \geqslant 0 \end{aligned} \tag{5.5}$$

$$\begin{aligned} \max \quad & w = \sum_j y'_j \\ s.t. \quad & \sum_j a_{ij} y'_j \leqslant 1, i = 1, \cdots, m \\ & y'_1, \cdots, y'_n \geqslant 0. \end{aligned} \tag{5.6}$$

线性规划模型 (5.5) 与 (5.6) 互为对偶问题，且 (5.6) 是标准不等式形式的线性规划问题，其初始基本可行解易于确定，故只需用单纯形法求解 (5.6)，由对偶理论知，(5.5) 的解从 (5.6) 最优解的降低价格中即可得到。

例 5.6 求解矩阵对策 $G = \{S_1, S_2; A\}$，其中收益矩阵

$$A = \begin{bmatrix} 7 & -2 & 9 \\ 0 & 7 & -2 \\ 5 & 0 & 7 \end{bmatrix}$$

解　易知，A 不存在鞍点。为简化求解计算，由定理5.3的 (1)，转而求收益矩阵为

$$A' = A + (2)_{3\times3} = \begin{bmatrix} 9 & 0 & 11 \\ 2 & 9 & 0 \\ 7 & 2 & 9 \end{bmatrix}$$

这可以从求解下列线性规划问题得到

$$\begin{aligned} \max \quad & y_1 + y_2 + y_3 \\ s.t. \quad & 9y_1 + 11y_3 \leqslant 1 \\ & 2y_1 + 9y_2 \leqslant 1 \\ & 7y_1 + 2y_2 + 9y_3 \leqslant 1 \\ & y_1, y_2, y_3 \geqslant 0 \end{aligned}$$

利用单纯形法求解上述问题，迭代如下

w	y_1	y_2	y_3	y_4	y_5	y_6	RHS
1	−1	−1	−1	0	0	0	0
0	[9]	0	11	1	0	0	1
0	2	9	0	0	1	0	1
0	7	2	9	0	0	1	1

w	y_1	y_2	y_3	y_4	y_5	y_6	RHS
1	0	−1	2/9	1/9	0	0	1/9
0	1	0	11/9	1/9	0	0	1/9
0	0	[9]	−22/9	−2/9	1	0	7/9
0	0	2	4/9	−7/9	0	1	2/9

w	y_1	y_2	y_3	y_4	y_5	y_6	RHS
1	0	0	−4/81	7/81	1/9	0	16/81
0	1	0	11/9	1/9	0	0	1/9
0	0	1	−22/81	−2/81	1/9	0	7/81
0	0	0	[80/81]	−59/81	−2/9	1	4/81

w	y_1	y_2	y_3	y_4	y_5	y_6	RHS
1	0	0	0	1/20	1/10	1/20	1/5
0	1	0	0	81/80	11/40	−99/80	1/20
0	0	1	0	−9/40	1/20	11/40	1/10
0	0	0	1	−59/80	−9/40	81/80	1/20

由最后一张表格知，

$$y = (1/20, 1/10, 1/20)^{T}, w = 1/5$$
$$x = (1/20, 1/10, 1/20)^{T}, z = 1/5$$

其中 x 与 z 分别是上述线性规划问题的对偶问题的最优解和最优值。因而，所求的矩阵博弈的策略值和最优混合策略分别为

$$v_G = 1/w - 2 = 5 - 2 = 3$$
$$x^* = v_G \cdot x = (3/20, 3/10, 3/20)^{T}$$
$$x^* = v_G \cdot y = (3/20, 3/10, 3/20)^{T}$$

至此，我们介绍了求解矩阵博弈的线性方程组方法和线性规划方法。在求解一个矩阵对策时，应首先判断其是否具有鞍点，当鞍点不存在时，利用优超原则和定理 5.4 等提供的方法将原博弈的收益矩阵尽量地化简，然后再利用本节介绍的方法去求解。

在本节介绍的两种解法中，线性规划方法是具有一般性的，另外还有两种具有一般性的解法：求全部解的矩阵法和至少保证求出一个解的微分方程法。限于篇幅，这里就不作介绍了，有兴趣的读者可参阅参考文献［15］。

习　　题

1. 求解下列矩阵博弈，其中收益矩阵分别为

(1) $\begin{bmatrix} 2 & 5 & 9 \\ -1 & 11 & -3 \\ -4 & 3 & 4 \end{bmatrix}$　　(2) $\begin{bmatrix} -1 & 1 & 5 & 1 \\ 5 & 4 & 5 & 4 \\ 7 & 4 & 6 & 4 \\ 0 & 3 & 1 & -2 \end{bmatrix}$

2. 证明：若 $(\alpha_{i_1}, \beta_{j_1})$ 和 $(\alpha_{i_2}, \beta_{j_2})$ 是矩阵博弈 G 的两个解，则 $a_{i_1 j_1} = a_{i_2 j_2}$。

3. 证明：若 $(\alpha_{i_1}, \beta_{j_1})$ 和 $(\alpha_{i_2}, \beta_{j_2})$ 是矩阵博弈 G 的两个解，则 $(\alpha_{i_1}, \beta_{j_2})$ 和 $(\alpha_{i_2}, \beta_{j_1})$ 也是解。

4. 证明定理 5.4。

5. 局中人 1 和 2 每人在 1 到 100 之间选一个数字。如果两人选的数字相同，就算平局。否则选到数字小的算赢，但如果选到的数字刚好比对方小 1，那么对方赢。找出该博弈的最优策略。

6. 设矩阵博弈 $G = \{S_1, S_2; A\}$，其中收益矩阵

$$A = \begin{bmatrix} -6 & 2 & -4 & -7 & -5 \\ 0 & 4 & -2 & -9 & -1 \\ -7 & 3 & -3 & -8 & -2 \\ 2 & -3 & 6 & 0 & 3 \end{bmatrix}$$

利用优超原则化简该博弈并求解。

7. 用线性规划方法求解下列矩阵博弈，其中 A 为

(1) $\begin{bmatrix} 1 & 5 & 5 \\ 7 & 1 & 3 \\ 5 & 3 & 3 \end{bmatrix}$　　(2) $\begin{bmatrix} 0 & -2 & 0 \\ -2 & 1 & -1 \\ -1 & 0 & -1 \end{bmatrix}$

8. **双矩阵博弈**。考虑由 $m \times n$ 矩阵 A 和 B 定义的两人参与的博弈：如果行局中人选择纯策略 α_i，列局中人选择纯策略 β_j，那么行、列局中人的收益值分别为 a_{ij} 和 b_{ij}。称混合策略 x^* 和 y^* 形成一个**纳什均衡**，如果

$$(y^*)^{\mathrm{T}} A x^* \leqslant y^{\mathrm{T}} A x^*, \ \forall y$$
$$(y^*)^{\mathrm{T}} B x^* \leqslant y^{*\mathrm{T}} B x, \ \forall x$$

考虑如下问题

$$\begin{bmatrix} 0 & -A \\ -B^{\mathrm{T}} & 0 \end{bmatrix} \begin{bmatrix} y \\ x \end{bmatrix} + \begin{bmatrix} w \\ z \end{bmatrix} = \begin{bmatrix} -e \\ -e \end{bmatrix}$$
$$y_i w_i = 0, \forall i, \tag{5.7}$$
$$x_j z_j = 0, \forall j$$
$$x, w, y, z \geqslant 0$$

其中 e 是分量都为 1 的向量，上述问题称为**线性互补问题**。

(1) 请说明不失一般性，可以假设 A 和 B 的所有元素都是正的。

(2) 假设矩阵 A 和 B 的所有元素都是正的，证明：如果 (x^*, y^*) 是双矩阵博弈的纳什均衡，那么

$$x' = \frac{x^*}{y^{*\mathrm{T}} A x^*}, \ y' = \frac{y^*}{y^{*\mathrm{T}} B x^*}$$

是线性互补问题 (5.7) 的解。

(3) 证明：如果 (x', y') 是线性互补问题 (5.7) 的解，那么

$$x^* = \frac{x'}{e^{\mathrm{T}} x'}, \ y^* = \frac{y'}{e^{\mathrm{T}} y'}$$

是一个纳什均衡。

(4) 证明例 5.2 中的纳什均衡是 $x^* = (1,0)^{\mathrm{T}}$，$y^* = (1,0)^{\mathrm{T}}$，即两个人都承认犯罪。

第 6 章　非线性规划基础

如果一个问题的数学模型中的目标函数或约束条件中含有**非线性函数**，就称这种问题为**非线性规划（Nonlinear Programming）**问题。很多实际问题的目标函数和（或）约束条件都可以用非线性函数表达。例如，球的体积是它的半径的非线性函数，电路中消耗的能量是电阻的非线性函数，动物种群的规模是其出生率和死亡率的非线性函数等。下面我们具体看一个例子。

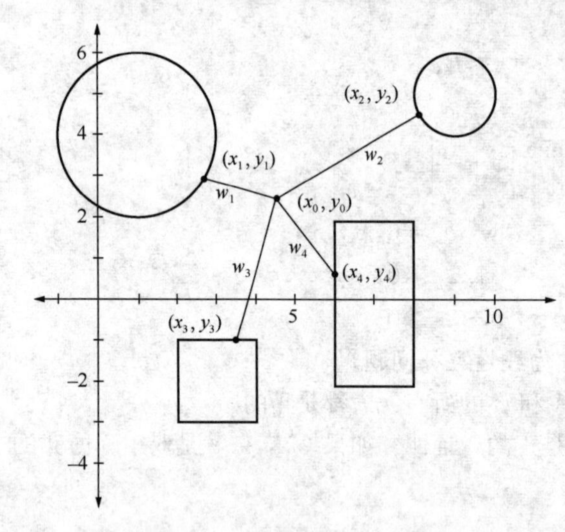

图 6.1　四栋建筑物的位置分布

假设要给四栋建筑物组建电线网，它们的位置分布如图 6.1 所示。前两个建筑物是圆形的，一个中心位于 $(1, 4)^T$，半径为 2，另一个中心位于 $(9, 5)^T$，半径为 1。第三个是方形的，它的边长是 2，中心位于 $(3,-2)^T$。第四个是长方形的，长宽分别为 4 和 2，中心位于 $(7,0)^T$。电线要与某个中心点 $(x_0, y_0)^T$ 连接，并接到第 i 个建筑物的位置为 $(x_i, y_i)^T$。目的是为了最小化总的电线长度。

若以 w_i 记第 i 个建筑物与 $(x_0, y_0)^T$ 连接的电线长度，则该问题的优化模型是

$$
\begin{aligned}
\min \quad & z = w_1 + w_2 + w_3 + w_4 \\
s.t. \quad & w_i = \sqrt{(x_i - x_0)^2 + (y_i - y_0)^2}, i = 1,2,3,4 \\
& (x_1 - 1)^2 + (y_1 - 4)^2 \leqslant 4 \\
& (x_2 - 9)^2 + (y_2 - 5)^2 \leqslant 1 \\
& 2 \leqslant x_3 \leqslant 4 \\
& -3 \leqslant y_3 \leqslant -1 \\
& 6 \leqslant x_4 \leqslant 8 \\
& -2 \leqslant y_3 \leqslant 2
\end{aligned}
$$

简单起见，我们假设电线可以穿入建筑物（如果需要的话）而不需要额外的费用。

在非线性规划中，通常把右边写成零。在上述例子中，相应地可以把约束写成

$$w_i - \sqrt{(x_i - x_0)^2 + (y_i - y_0)^2} = 0, i = 1,2,3,4$$

其他约束类似地改写。

解这样的问题需要用非线性规划的方法。由于很多实际问题要求进一步精确化以及

计算机的发展，非线性规划在近几十年得到长足发展。目前，它已成为运筹学的另一个重要分支，并被广泛应用于最优设计、工程管理、系统控制等领域。

一般地，非线性函数比线性函数复杂，因而解非线性规划问题要比线性规划问题困难得多。单纯形法是求解线性规划的通用方法，然而，非线性规划问题目前还没有普适的算法，各个方法有各自的适用范围。这是需要人们进一步深入研究的领域。

本章将探讨一般的非线性规划模型，包括无约束优化问题和约束优化问题，重点在于讨论用来确定一般非线性规划模型的最优解的对偶理论和最优性条件。关于非线性规划的求解方法，如牛顿法、最速下降法、共轭梯度法、罚函数法等，限于篇幅，本章就不介绍了，有兴趣的读者可参阅参考文献［10，12］。

§6.1　非线性规划模型

一般的非线性规划的数学模型的形式如下：

$$\begin{aligned} \min \quad & f(x) \\ s.t. \quad & h_i(x) = 0, i = 1, \cdots, m \\ & g_j(x) \geqslant 0, j = 1, \cdots, l \end{aligned}$$

其中，自变量 $x = (x_1, \cdots, x_n)^{\mathrm{T}}$ 是 n 维欧式空间 $\mathbb{E}^n$ 中的向量；f, h_i, g_j 是以 $x_1, \cdots, x_n$ 为变量的多元函数。当目标函数为最大化时，利用 $\max f(x) = -\min[-f(x)]$ 即可转化为最小化的问题。当某个约束条件是“$\leqslant$”时，用“-1”乘以该约束的两端即得“$\geqslant$”形式的约束。等式约束 $h_i(x) = 0$ 等价于两个不等式约束

$$\begin{cases} h_i(x) \geqslant 0 \\ -h_i(x) \geqslant 0 \end{cases}$$

因此，一般的非线性规划的数学模型总可以写成如下形式：

$$\begin{aligned} \min \quad & f(x) \\ s.t. \quad & g_j(x) \geqslant 0, j = 1, \cdots, l \end{aligned}$$

鉴于与标准不等式形线性规划模型保持一致，本章考虑的一般非线性规划的数学模型为

$$\begin{aligned} \max \quad & f(x) \\ s.t. \quad & g_j(x) \leqslant 0, j = 1, \cdots, l \end{aligned}$$

本章中，我们把如下的非线性规划模型称为标准的非线性规划模型

$$\begin{aligned} \max \quad & f(x) \\ s.t. \quad & g_1(x) \leqslant b_1 \\ & \vdots \\ & g_m(x) \leqslant b_m \\ & x \geqslant 0 \end{aligned}$$

其中 $f, g_1, \cdots, g_m : \mathbb{R}^n \to \mathbb{R}$ 为给定的多元函数。

本节主要介绍几种典型的优化模型，并简要说明它们的用处。

1. 无约束的优化模型

无约束的优化（Unconstrained Optimization）模型是

$$\max \quad f(x)$$

即一个非线性规划模型不带有任何约束条件。如果 f 是可微的，那么下面的 Fermat（费尔马）定理引出一种求解该问题的方法。

定理 6.1 如果 x 是函数 $f: \mathbb{R} \to \mathbb{R}$ 的一个局部极值点（即局部极小点或局部极大点），且 f 是可微的，那么 $f'(x) = 0$。

因此，无约束优化模型的求解就转化为找所有的平稳点或驻点，即满足

$$\nabla f(x) = 0$$

的点 $x \in \mathbb{R}^n$，其中 ∇f 是偏导数向量

$$\nabla f(x) = \begin{bmatrix} \frac{\partial f}{\partial x_1}(x) \\ \vdots \\ \frac{\partial f}{\partial x_n}(x) \end{bmatrix}$$

称为 f 的**梯度**。

例如，若 $f(x_1, x_2) = -e^{-3x_1} + e^{2x_2^2}$，则

$$\nabla f(x_1, x_2) = \begin{bmatrix} 3\, e^{-3x_1} \\ 4\, x_2\, e^{2x_2^2} \end{bmatrix}$$

在目标函数可微的情况下，要求解无约束优化问题，就去求解 $\nabla f(x) = 0$。这是一个求非线性方程的根的问题，一般用迭代算法求解。

2. 二次规划模型

二次规划（Quadratic Programming）的数学模型是

$$\begin{aligned} \max \quad & \frac{1}{2}\, x^{\mathrm{T}} Q x + c^{\mathrm{T}} x \\ s.t. \quad & a_1^{\mathrm{T}} x \leqslant b_1 \\ & \vdots \\ & a_m^{\mathrm{T}} x \leqslant b_m \\ & x \geqslant 0 \end{aligned}$$

其中，$Q = (Q_{ij}) \in \mathbb{R}^{n \times n}$ 是一个 $n \times n$ 矩阵，$c, a_1, \cdots, a_m \in \mathbb{R}^n$。目标函数

$$\frac{1}{2}\, x^{\mathrm{T}} Q x + c^{\mathrm{T}} x = \frac{1}{2} \sum_{i=1}^{n} Q_{ij}\, x_i\, x_j + \sum_{i=1}^{n} c_i\, x_i$$

是一个二次函数。这是线性规划的一个细微的推广，比较简单，便于求解，比如它可以用类似于单纯形法的 Lemke 方法求解[5]。而且，非线性规划可以转化为求解一系列的二次规划问题，因此它的算法较早引起人们的重视，成为求解非线性规划的一个重要途径。此外，二次规划问题还被广泛应用于刚体力学中的接触和摩擦问题、滑动轴承的润滑分析、多孔介质中流的流通问题、弹塑性扭转问题、海洋环流的模拟问题等实际问题[16]。

虽然二次规划是线性规划的一个细微推广，但是，一般来说，它的最优解的性质与线性规划的最优解的性质有很大的不同。比如，一个二次规划的最优解可能只在可行域的内部，而不在边界上。例如，下面二次规划模型就具有该性质。

$$\begin{aligned} \min \quad & (x_1 - 1)^2 + (x_2 - 1)^2 \\ s.t. \quad & 0 \leqslant x_1 \leqslant 2 \\ & 0 \leqslant x_2 \leqslant 2 \end{aligned}$$

即使一个二次规划模型的最优解在可行域的边界上，但它可能没有一个最优解在顶点上。例如，下面二次规划模型就具有该性质。

$$\begin{aligned} \min \quad & (x_1 - 2)^2 + (x_2 - 1)^2 \\ s.t. \quad & 0 \leqslant x_1 \leqslant 1 \\ & 0 \leqslant x_2 \leqslant 2 \end{aligned}$$

3. 二次约束的二次规划模型

二次约束的二次规划（Quadratically Constrained Quadratic Programming）模型是

$$\begin{aligned} \max \quad & \frac{1}{2} x^{\mathrm{T}} Q x + c^{\mathrm{T}} x \\ s.t. \quad & \frac{1}{2} x^{\mathrm{T}} H_1 x + a_1^{\mathrm{T}} x \leqslant b_1 \\ & \vdots \\ & \frac{1}{2} x^{\mathrm{T}} H_m x + a_m^{\mathrm{T}} x \leqslant b_m \\ & x \leqslant 0 \end{aligned}$$

其中 $Q, H_1, \cdots, H_m \in \mathbb{R}^{n \times n}$ 为 $n \times n$ 矩阵，$c, a_1, \cdots, a_m \in \mathbb{R}^n$ 。一般地，这个规划问题的求解比二次规划模型难得多，它是个 NP-hard 问题，是目前最具挑战性的问题之一[17]。它在经济均衡、组合优化、数值偏微分方程和一般的非线性规划问题中都有着广泛的应用[18]。

线性规划问题的一个基本性质是，如果一个线性规划问题有可行解，且它的目标函数不是无界的，那么它有最优解。事实上，对于一般的线性规划问题，总可以利用两阶段法的第一阶段或是得到一个可行解或是判定它是不可行的。如果它有可行解，那么还可以继续第二阶段计算，或是得到一个最优解，或是判定它是无界的。因此，若假设该线性规划问题有可行解，且它的目标函数不是无界的，那么它有最优解。

一般地，对于二次约束的二次规划模型来说，它不再成立类似于线性规划这个性质；也就是说，一个二次约束的二次规划模型可能有解，它的目标值不是无界的，但却没有最优解。例如，下面二次约束的二次规划模型就是如此。

$$\begin{aligned} \min \quad & x_2 \\ s.t. \quad & x_1 x_2 \geqslant 1 \\ & x_1, x_2 \geqslant 0 \end{aligned}$$

确切地，这里的最小化 min 应该改为极小化 inf。同样的，以下出现的最大化的数学模型，若是没有最优解，最大化 max 应该改为极大化 sup。

4. 凸规划模型

线性规划模型是特殊的凸规划（Convex Programming）问题。凸规划问题具有很多重要的性质，这决定了它在极值问题中具有重要的特殊地位。最重要的性质之一便是由 Langrange（拉格朗日）法则可以确定其最优解的充分必要条件，这也是本章讨论的一个重要内容。此外，凸规划模型的任何一个局部最小点都是全局最小点。凸规划是非线性规划中研究得比较透彻的一类问题，它的理论成果和求解方法都比较丰富，美国优化专家 Ralph Tyrrell Rockafellar 所著的《Convex Analysis》是这方面的一部经典著作（文献［19］）。凸规划的求解方法可以参考文献资料［20］。

凸规划的数学模型是

$$
\begin{aligned}
\max \quad & f(x) \\
s.t. \quad & g_1(x) \leqslant b_1 \\
& \quad \vdots \\
& g_m(x) \leqslant b_m \\
& \quad x \geqslant 0
\end{aligned}
$$

其中 f 是凹的，$g_1, \cdots, g_m : \mathbb{R}^n \to \mathbb{R}$凸的。

一个函数 $g:\mathbb{R}^n \to \mathbb{R}$是**凸的（Convex）**，如果对所有的 x, y 和 $\lambda \in (0,1)$，有

$$g(\lambda x + (1-\lambda)y) \leqslant \lambda g(x) + (1-\lambda)g(y)$$

一个函数 g 是**凹的（Concave）**，如果 $-g$ 是凸的。

5. 凹性

函数的凹凸性在凸规划中起着重要的作用。函数凹性的判别有好多方法，这里介绍常用的几种，更详细的内容可参阅文献［19］或［20］。

一个函数 $f:\mathbb{R}^n \to \mathbb{R}$是凹的，如果下列条件之一成立。

（1）对任意的 $x, y \in \mathbb{R}^n$ 和 $\lambda \in (0,1)$，有

$$f(\lambda x + (1-\lambda)y) \geqslant \lambda f(x) + (1-\lambda)f(y)$$

（2）f 是二阶可微的（即所有的二阶偏导数都存在），且对任意的 $x \in \mathbb{R}^n$，f 在 x 处的二阶偏导数矩阵是半负定的。

（3）它是凹函数的正的线性组合。

上述验证凹性的第二种方法中，要求检验一个函数的 Hessian 矩阵是否是半负定的。一个二次可微函数 $f:\mathbb{R}^n \to \mathbb{R}$在 $x \in \mathbb{R}^n$ 处的 Hessian 矩阵是 $n \times n$ 阶矩阵

$$
\nabla^2 f(x) = \begin{bmatrix}
\frac{\partial^2 f}{\partial x_1^2} & \frac{\partial^2 f}{\partial x_1 \partial x_2} & \cdots & \frac{\partial^2 f}{\partial x_1 \partial x_n} \\
\frac{\partial^2 f}{\partial x_2 \partial x_1} & \frac{\partial^2 f}{\partial \partial x_2^2} & \cdots & \frac{\partial^2 f}{\partial x_2 \partial x_n} \\
\vdots & \vdots & \ddots & \vdots \\
\frac{\partial^2 f}{\partial x_n \partial x_1} & \frac{\partial^2 f}{\partial x_n \partial x_2} & \cdots & \frac{\partial^2 f}{\partial x_n^2}
\end{bmatrix}
$$

若 $f:\mathbb{R}^n \to \mathbb{R}$的所有的二阶偏导数都是连续的，则它的 Hessian 矩阵是一个对称矩阵。这个结论的证明可在先修课程微积分中找到。

我们称一个 Hessian 矩阵（或是任一方阵）H 是半负定的，是指对所有的 $x \neq 0$，有

$$x^{\mathrm{T}} H x \leqslant 0$$

若上述不等式是严格小于的，则 H 是负定的。我们分别用 $H \leqslant 0$ 和 $H < 0$ 来记 H 为半负定的和负定的。检验一个对称矩阵的负定性的一种方法是检验它的特征值的非正性。

定理 6.2　若 n 阶矩阵 A 是对称的，则它是负定的当且仅当它的所有特征值是非正的。

证　若 A 是对称的，则它可以对角化，即存在正交矩阵 Q，使得

$$Q^{T}AQ = \Lambda$$

其中 Λ 是一个对角矩阵，它的对角元是 A 的全部特征值。

充分性：如果 A 的所有特征值都是非正的，则对任意的 x，有

$$x^{T}Ax = x^{T}(Q\Lambda Q^{T})x = (Q^{T}x)^{T}\Lambda(Q^{T}x) = \sum_{i=1}^{n} \Lambda_{ii}(Q^{T}x)_{i}^{2} \leqslant 0$$

由于 Λ_{ii} 是 A 的特征值，故它是非正的。

必要性：若 A 是负定的，则对 A 的任一特征值 Λ_{ii}，有

$$0 \geqslant Q_{i}^{T}A Q_{i} = Q_{i}^{T}(Q\Lambda Q^{T}) Q_{i} = (Q^{T} Q_{i})^{T}\Lambda(Q^{T} Q_{i}) = e_{i}^{T}\Lambda e_{i} = \Lambda_{ii}$$

其中 Q_i 是矩阵 Q 的第 i 列，e_i 是第 i 个标准单位向量。　　证毕

判断一个方阵的负定性的其他方法，可以参阅线性代数的相关书籍。

例 6.1　以下函数都是凹函数。

(1) 函数 $f(x) = -\| x \| = -\sqrt{x_1^2 + \cdots + x_n^2}$ 是凹的，这是因为对于任意的 $x, y \in \mathbb{R}^n$ 和 $\lambda \in (0,1)$，有

$$\| \lambda x + (1-\lambda)y \| \leqslant \| \lambda x \| + \| (1-\lambda)y \| = \lambda \| x \| + (1-\lambda) \| y \|$$

(2) 对任意的 $a \in \mathbb{R}^n$ 和 $b \in \mathbb{R}$，函数 $f(x) = \ln(a^{T}x + b)$ 在它的定义域内是凹的，这是因为当 $a^{T}x + b > 0$ 时，

$$\nabla^2 f(x) = -\frac{1}{(a^{T}x+b)^2} a a^{T} \leqslant 0$$

(3) 对任意的 $a \in \mathbb{R}^n$ 和 $b \in \mathbb{R}$，函数 $f(x) = -e^{a^{T}x+b}$ 是凹的，因为对于任意的 $x \in \mathbb{R}^n$，有

$$\nabla^2 f(x) = -e^{a^{T}x+b} a a^{T} \leqslant 0$$

(4) 对任意给定的 $Q \leqslant 0, c \in \mathbb{R}^n$，函数 $f(x) = \frac{1}{2} x^{T}Qx + c^{T}x$ 是凹的，因为对于任意的 $x \in \mathbb{R}^n$，有

$$\nabla^2 f(x) = Q \leqslant 0$$

(5) 对任意给定的 $a > 0, c \in \mathbb{R}^n$，函数

$$f(x) = a\ln(x_1 + \cdots + x_n + 1) - x_1^2 - \cdots - x_n^2 + c^{T}x$$

是凹的，因为它是凹函数的正的线性组合。

§ 6.2　约束优化问题

非线性规划的一般理论是建立在一个基本定理即 Fermat 定理之上的。

在非线性规划模型中，普遍的假设是该规划模型中的目标函数和所有约束函数在它们的定义内都是可微的。对于多元函数 f 来说，这意味着这个函数在它的定义域内的任意一点 x 都存在梯度。由 Fermat 定理知，这个函数的最小点可以通过求解方程 $\nabla f(x) = 0$。

然而，一般的非线性规划模型的最优解还必须满足其所有的约束条件。类似于Fermat 定理，非线性规划模型的最优解存在的必要条件最早是由美国数学家 Harold W. Kuhn 和加拿大数学家 Albert W. Tucker 提出，这些条件之后就命名为 **Kuhn-Tucker 条件**。随后，在美国数学家 William Karush 的硕士论文里面也发现了这些条件。因此这些条件也称为 **Karush-Kuhn-Tucker 条件**，或简记为 **KKT 条件**。

6.2.1 非负约束的优化问题

我们首先考虑一种特殊的优化模型：非负约束模型。

$$\begin{aligned} \max \quad & f(x) \\ s.t. \quad & x \geqslant 0 \end{aligned}$$

同样的，f 是从 $\mathbb{R}^n$ 到 $\mathbb{R}$的多元函数。实际上，f 只需定义在包含所有非负向量的一个开集合上。下面记所有的非负向量组成的集合为

$$\mathbb{R}_+^n = \{x \in \mathbb{R}^n : x \geqslant 0\}$$

当 f 是可微的时候，我们有如下关于解的最优性的必要条件。

定理 6.3（非负约束的优化问题最优解存在的必要条件） 若 x 是函数 $f:\mathbb{R}^n \to \mathbb{R}$ 在 $\mathbb{R}_+^n$ 上的一个局部极大点，且 f 在 x 处是可微的，则

$$[\nabla f(x)]_j \leqslant 0, \text{且} x_j[\nabla f(x)]_j = 0, j = 1, \cdots, n$$

这里，$[\nabla f(x)]_j$ 记 $\nabla f(x)$ 的第 j 个分量，即 $\dfrac{\partial f}{\partial x_j}(x)$ 。

证 考虑函数

$$g(t) = f(x + te_j)$$

其中 e_j 是第 j 个标准单位向量。由链式法则得，

$$g'(t) = \frac{\partial f}{\partial x_j}(x + te_j)$$

若 $x_j > 0$ ，由于 x 是函数 f 在 $\mathbb{R}_+^n$ 上的一个局部极大点，则 $t = 0$ 是 g 的一个局部极大点。故由 Fermat 定理知，$g'(0) = 0$ 。因此，

$$[\nabla f(x)]_j = 0 \leqslant 0, \text{且} x_j[\nabla f(x)]_j = 0$$

若 $x_j = 0$ ，由于 x 是函数 f 在 $\mathbb{R}_+^n$ 上的一个局部极大点，则 $t = 0$ 是 g 在 $[0, +\infty)$ 上的一个局部极大点。故由导数的定义得

$$g'(0) = \lim_{h \to 0^+} \frac{g(h) - g(0)}{h} \leqslant 0$$

因为当 $h > 0$ 且充分靠近 0 时，$g(h) \leqslant g(0)$ 。因此，$[\nabla f(x)]_j \leqslant 0$。由于 $x_j = 0$ ，故 $x_j[\nabla f(X)]_j = 0$ 。 证毕

如果 f 还是凹的，我们得到如下最优解存在的充分条件。

定理 6.4（非负约束的优化问题最优解存在的充分条件） 若函数 $f:\mathbb{R}^n \to \mathbb{R}$是凹的，且向量 $x \geqslant 0$ 满足

$$[\nabla f(x)]_j \leqslant 0, \text{且} x_j[\nabla f(x)]_j = 0, j = 1, \cdots, n$$

则 x 是 f 在 $\mathbb{R}_+^n$ 上的一个极大点。

证 任给 $y \in \mathbb{R}_+^n$ ，考虑一元函数

$$g(t) = f(x + t(y - x)) = f(ty + (1 - t)x)$$

对于 $x_j > 0$，由已知条件 $x_j[\nabla f(x)]_j = 0$ 得 $[\nabla f(x)]_j = 0$，故

$$[\nabla f(x)]_j(y_j - x_j) = 0$$

对于 $x_j = 0$，由已知条件 $[\nabla f(x)]_j \leqslant 0$ 及 $y_j \geqslant 0 = x_j$ 得

$$[\nabla f(x)]_j(y_j - x_j) \leqslant 0$$

因此，由链式法则知，

$$g'(0) = \nabla f(x)^{\mathrm{T}}(y - x) = \sum_{j=1}^{n}[\nabla f(x)]_j(y_j - x_j) \leqslant 0$$

由于 f 是凹的，则对于任意 $\lambda \in (0,1)$，有

$$\lambda g(1) + (1 - \lambda)g(0) = \lambda f(y) + (1 - \lambda)f(x) \leqslant f(\lambda y + (1 - \lambda)x) = g(\lambda)$$

即

$$\lambda(g(1) - g(0)) \leqslant g(\lambda) - g(0)$$

由 $\lambda > 0$ 得

$$g(1) - g(0) \leqslant \frac{g(\lambda) - g(0)}{\lambda}$$

由于 f 是可微的，故

$$g(1) - g(0) \leqslant \lim_{\lambda \to 0^+}\frac{g(\lambda) - g(0)}{\lambda} = g'(0) \leqslant 0$$

因此，$f(y) = g(1) \leqslant g(0) = f(x)$，从而 x 是 f 在 $\mathbb{R}^n$ 上一个极大点。　　证毕

6.2.2　一般的约束优化问题

现在考虑标准的非线性规划模型

$$\begin{aligned}
\max\quad & f(x) \\
s.t.\quad & g_1(x) \leqslant b_1 \\
& \vdots \\
& g_m(x) \leqslant b_m \\
& x \geqslant 0
\end{aligned} \qquad \text{(NLP)}$$

这个优化问题的一种求解方法是通过**拉格朗日函数**（Lagrangian）把它转化为非负约束的优化问题。

标准的非线性规划模型（NLP）的**拉格朗日函数**定义为从 $\mathbb{R}^{n+m}$ 到 $\mathbb{R}$的函数

$$L(x;\lambda) = f(x) + \sum_{i=1}^{m}\lambda_i(b_i - g_i(x))$$

为了探讨这个拉格朗日函数与（NLP）的关系，我们定义**拉格朗日原始函数（Lagrange Primal Function）**

$$z(x) = \min\{L(x;\lambda) : \lambda \geqslant 0\}$$

也就是说，$z(x)$ 在 x 处的值定义为拉格朗日函数 $L(x;\lambda)$ 在 $\lambda \in \mathbb{R}_+^m$ 上极小值，其中若这个问题是无界的，则取值为 $-\infty$。这是个非负约束的优化模型。

由于在这个极小化问题中，拉格朗日函数是关于每个 λ_i 的线性函数的和，易知函数 $\lambda_i[b_i - g_i(x)]$ 在 $\lambda_i \geqslant 0$ 上的极小值为

$$\begin{cases} 0, & 若 b_i - g_i(x) \geqslant 0 \\ -\infty, & 否则 \end{cases}$$

因此，$z(x)$ 的值为

$$z(X) = \begin{cases} f(x), & 若 g_i(x) \leqslant b_i \\ -\infty, & 否则 \end{cases}$$

也就是说，当 x 满足除了非负约束之外的所有不等式约束时，$z(x) = f(x)$，否则 $z(x) = -\infty$。从而，非线性规划（NLP）等价于

$$\begin{aligned} \max \quad & z(x) \\ s.t. \quad & x \geqslant 0 \end{aligned}$$

这也是一个非负约束的优化模型。

6.2.3 拉格朗日对偶性

非线性规划（NLP）等价于

$$\max\{\min\{L(x;\lambda):\lambda \geqslant 0\}:x \geqslant 0\}$$

其中，最小化问题定义了拉格朗日原始函数 $z(x)$。在最小最大理论（Minimax Theory）中，这个问题的对偶问题定义为

$$\min\{\max\{L(x;\lambda):x \geqslant 0\}:\lambda \geqslant 0\}$$

这里只是改变了最大化和最小化的顺序。接下来从博弈论的角度——均衡的概念来解释这个问题。

考虑如下二人（无限）零和博弈：局中人 1 和 2 分别独立地选择非负向量 x 和 λ。一旦做好选择，局中人 2 要付给局中人 1 的金额为 $L(x;\lambda)$。假设这两人都不知道对方的选择。

考虑这样的问题：参与博弈的两人都想最小化自己最大的损失。换句话说，局中人 1 想最大化他从局中人 2 那里能得到的最少金额，而乙想最小化他要最多支付给甲的金额。

对局中人 1 来说，如果他确定了选择非负向量 x，他从局中人 2 那得到的金额至少是

$$\begin{aligned} \min \quad & L(x;\lambda) \\ s.t. \quad & \lambda \geqslant 0 \end{aligned}$$

的最优值，这就是拉格朗日原始函数 $z(x)$ 的值。因此，局中人 1 希望找到

$$\max\{z(x):x \geqslant 0\} = \max\{\min\{L(x;\lambda):\lambda \geqslant 0\}:x \geqslant 0\}$$

的最优解。这就是非线性规划（NLP）。

对于局中人 2 来说，如果他确定了选择非负向量 λ，他支付给甲的金额至多是

$$\begin{aligned} \max \quad & L(x;\lambda) \\ s.t. \quad & x \geqslant 0 \end{aligned}$$

的最优值。我们把这个值定义为 $\Phi(\lambda)$。因此，局中人 2 希望找到

$$\min\{\Phi(\lambda):\lambda \geqslant 0\} = \min\{\max\{L(x;\lambda):x \geqslant 0\}:\lambda \geqslant 0\}$$

的最优解。

在一定条件下，局中人 1 和 2 分别考虑问题的最优解 x^* 和 λ^* 满足

$$\max\{\min\{L(x;\lambda):\lambda\geqslant 0\}:x\geqslant 0\}=L(x^*,\lambda^*)=\min\{\max\{L(x;\lambda):x\geqslant 0\}:\lambda\geqslant 0\}$$

这意味着 (x^*,λ^*) 形成这个博弈的平衡点，也就是说，如果偏离这个解，参与博弈的各方都不会有更大的好处。

1. 拉格朗日对偶问题

函数

$$\Phi(\lambda)=\max\{L(x;\lambda):x\geqslant 0\}$$

称为**拉格朗日对偶函数**。这个函数是凸函数，下面按定义来证明。任给 $\lambda,\mu\in\mathbb{R}^m$ 和 $t\in(0,1)$，如果 x^* 是

$$\begin{aligned}&\max\quad L(x;t\lambda+(1-t)\mu)\\&s.t.\quad x\geqslant 0\end{aligned}$$

的最优解，则

$$\begin{aligned}\Phi(t\lambda+(1-t)\mu)&=L(x^*;t\lambda+(1-t)\mu)\\&=f(x^*)+\sum_{i=1}^{m}(t\lambda_i+(1-t)\mu_i)(b_i-g_i(x^*))\\&=t\Big(f(x^*)+\sum_{i=1}^{m}\lambda_i(b_i-g_i(x^*))\Big)\\&\quad+(1-t)\Big(f(x^*)+\sum_{i=1}^{m}\mu_i(b_i-g_i(x^*))\Big)\\&=tL(x^*;\lambda)+(1-t)L(x^*,\mu)\\&\leqslant t\max\{L(x;\lambda):x\geqslant 0\}+(1-t)\max\{L(x;\mu):x\geqslant 0\}\\&=t\Phi(\lambda)+(1-t)\Phi(\mu)\end{aligned}$$

非负约束的优化模型

$$\begin{aligned}&\min\quad \Phi(\lambda)\\&s.t.\quad \lambda\geqslant 0\end{aligned}\qquad\text{(NLD)}$$

称为**拉格朗日对偶问题**，其中变量 λ_i 称为**拉格朗日乘子**。

2. 线性规划的对偶性

作为拉格朗日对偶性的一个特例，我们这里再次讨论线性规划的对偶性。当

$$f(x)=c^{\mathrm{T}}x,g_i(x)=a_i^{\mathrm{T}}x,i=1,\cdots,m$$

时，标准的非线性规划模型就成为线性规划的标准不等式形式。拉格朗日对偶函数是

$$\begin{aligned}\Phi(\lambda)&=\max\Big\{c^Tx+\sum_{i=1}^{m}\lambda_i(b_i-a_i^Tx):x\geqslant 0\Big\}\\&=\sum_{i=1}^{m}\lambda_i b_i+\max\Big\{\Big(c-\sum_{i=1}^{m}\lambda_i a_i\Big)^Tx:x\geqslant 0\Big\}\\&=\sum_{i=1}^{m}\lambda_i b_i+\max\Big\{\sum_{i=1}^{n}\Big(c_j-\sum_{j=1}^{m}\lambda_i a_{ij}\Big)x_j:x\geqslant 0\Big\}\\&=\begin{cases}\sum_{i=1}^{m}\lambda_i b_i, & \text{若}c_j-\sum_{i=1}^{m}\lambda_i a_{ij},i=1,\cdots,m\\ \infty, & \text{否则}\end{cases}\end{aligned}$$

因此，拉格朗日对偶问题是

$$\min \quad \sum_{i=1}^{m} \lambda_i b_i$$

$$s.t. \quad \sum_{i=1}^{m} \lambda_i a_{ij} \geqslant c_j, j = 1, \cdots, n$$

$$\lambda \geqslant 0$$

这正是线性规划的对偶问题。

6.2.4 KKT 条件

类似于线性规划的对偶理论，弱对偶性在拉格朗日对偶性中也是成立的。

定理 6.5（弱对偶性） 如果 x^* 是非线性规划（NLP）的一个可行解，且 λ^* 是它的拉格朗日对偶问题（NLD）的一个可行解，那么

$$f(x^*) \leqslant \Phi(\lambda^*)$$

证 由定义知，

$$\Phi(\lambda^*) = \max\{L(x;\lambda^*): x \geqslant 0\}$$

因为 x^* 是可行的，故 $x^* \geqslant 0$，因此，

$$\max\{L(x;\lambda^*): x \geqslant 0\} \geqslant L(x^*;\lambda^*) = f(x^*) + \sum_{i=1}^{m} \lambda_i^* (b_i - g_i(x^*))$$

由于 λ^*, x^* 都是可行的，故 $\lambda^* \geqslant 0, b_i - g_i(x^*) \geqslant 0, i = 1, \cdots, m$。因此

$$f(x^*) + \sum_{i=1}^{m} \lambda_i^* (b_i - g_i(x^*)) \geqslant f(x^*)$$

证毕

1. KKT 必要条件

不同于线性规划，非线性规划和它们的拉格朗日对偶问题一般不满足强对偶性。这意味着如果非线性规划（NLP）有一个最优解 x^*，它的拉格朗日对偶问题可能没有最优解 λ^* 满足

$$f(x^*) = \Phi(\lambda^*)$$

由弱对偶性知，拉格朗日对偶问题不可能是无界的，它有如下四种情况：

（1）拉格朗日对偶问题是不可行的；

（2）拉格朗日问题是可行的，但是它没有最优解；

（3）拉格朗日问题有一个最优解 λ^*，但是 $f(x^*) < \Phi(\lambda^*)$；

（4）拉格朗日问题有一个最优解 λ^*，但是 $f(x^*) = \Phi(\lambda^*)$，此时强对偶性成立。

当强对偶性成立时，我们有最优解存在的必要条件，称为 **KKT 条件**。

定理 6.6（最优解存在的 KKT 必要条件） 如果 $f, g_1, \cdots, g_m$ 都是可微的，x^* 是非线性规划（NLP）的一个最优解，且（NLP）和它的拉格朗日对偶问题满足强对偶性，那么存在一个拉格朗日乘子 $\lambda^* \in \mathbb{R}^m$ 使得下列 KKT 条件成立。

(1) $\nabla f(x^*) - \sum_{i=1}^{m} \lambda_i^* \nabla g_i(x^*) \leqslant 0$；

(2) $x_j^* [\nabla f(x^*) - \sum_{i=1}^{m} \lambda_i^* \nabla g_i(x^*)]_j = 0, j = 1, \cdots, n$；

(3) $g_i(x^*) \leqslant b_i, i=1,\cdots,m$;

(4) $\lambda_i^*(b_i - g_i(x^*)) = 0, i=1,\cdots,m$;

(5) $x^* \geqslant 0$;

(6) $\lambda^* \geqslant 0$。

证　由强对偶性知，(NLP) 的拉格朗日对偶问题有一个最优解 λ^* 满足

$$f(x^*) = \Phi(\lambda^*)$$

由于 λ^*, x^* 都是可行的，故条件(3)，(5)和(6)成立。

由 $f(x^*) = \Phi(\lambda^*)$ 和拉格朗日对偶函数的定义得

$$f(x^*) = \max\{L(x;\lambda^*): x \geqslant 0\}$$

又 $x^* \geqslant 0$，故

$$\max\{L(x;\lambda^*): x \geqslant 0\} \geqslant L(x^*;\lambda^*) = f(x^*) + \sum_{i=1}^{m} \lambda_i^*(b_i - g_i(x^*))$$

由于 $\lambda^* \geqslant 0, b_i - g_i(x^*) \geqslant 0, i=1,\cdots,m$，故

$$f(x^*) + \sum_{i=1}^{m} \lambda_i^*(b_i - g_i(x^*)) \geqslant f(x^*)$$

因此，

$$f(x^*) = \max\{L(x;\lambda^*): x \geqslant 0\} \geqslant L(x^*;\lambda^*) = f(x^*) + \sum_{i=1}^{m} \lambda_i^*(b_i - g_i(x^*)) \geqslant f(x^*)$$

于是，成立

(a) $\max\{L(x;\lambda^*): x \geqslant 0\} = L(x^*;\lambda^*)$;

(b) $\sum_{i=1}^{m} \lambda_i^*(b_i - g_i(x^*)) = 0$。

由于 (b) 中和式的每一项都是非负的，故它们都为 0，因此条件 (4) 成立。(a) 中等式表明 x^* 是非负约束的优化问题

$$\begin{aligned} &\max \quad L(x;\lambda) \\ &s.t. \quad x \geqslant 0 \end{aligned}$$

的一个最优解。由非负约束的优化问题的最优解存在的必要条件知，

$$[\nabla L(x^*;\lambda^*)]_j \leqslant 0, x_j[\nabla L(x^*;\lambda^*)]_j = 0, j=1,\cdots,n$$

由拉格朗日函数的定义知，

$$\nabla L(x^*;\lambda^*) = \nabla f(x^*) - \sum_{i=1}^{m} \lambda_i^* \nabla g_i(x^*)$$

这就证明了条件 (1) 和 (2) 是成立的。　　　　证毕

2. 约束规范

一般地，检验强对偶性是否成立是相当难的。为此，我们一般用所谓的约束规范 (Constraint Qualifications，简称为 CQs) 的条件替换 KKT 必要条件中的强对偶性。下面介绍几种常用的约束规范。第一个例子是线性独立的 CQ。

定理 6.7 (线性独立的 CQ)　如果 $f, g_1, \cdots, g_m$ 都是可微的，x^* 是非线性规划 (NLP) 的一个最优解，且 $\{\nabla g_i(x^*): g_i(x^*) = b_i\} \cup \{e_j: x_j^* = 0\}$ 是一个线性独立的向量集合，那么存在 $\lambda^* \in \mathbb{R}^m$ 使得 KKT 条件成立。

在凸规划问题中，经常使用的约束规范是所谓的 Slater 约束规范。

定理 6.8（Slater 约束规范） 如果 $f, g_1, \cdots, g_m$ 都是可微的，x^* 是非线性规划（NLP）的一个最优解，f 是凹的，$g_1, \cdots, g_m$ 是凸的，且存在 $x > 0$ 使得 $g_i(x) < b_i, i = 1, \cdots, m$，那么存在 $\lambda^* \in \mathbb{R}^m$ 使得 KKT 条件成立。

上述定理的证明可参阅参考文献［19］或［20］。

3. KKT 充分条件

当非线性规划（NLP）是一个凸规划时，KKT 条件也是最优解存在的充分条件。

定理 6.9（最优解存在的 KKT 充分条件） 如果 $f, g_1, \cdots, g_m$ 都是可微的，f 是凹的，$g_1, \cdots, g_m$ 是凸的，且 x^* 和 λ^* 满足 KKT 条件，那么 x^* 和 λ^* 分别是（NLP）和它的对偶问题的最优解，且它们的目标函数值相等。

证 从最优解存在的 KKT 必要条件定理证明中知，KKT 条件中（1）和（2）等价于

$$[\nabla L(x^*;\lambda^*)]_j \leqslant 0, x_j[\nabla L(x^*;\lambda^*)]_j = 0, j = 1, \cdots, n$$

由于 f 是凹的，$g_1, \cdots, g_m$ 是凸的，故拉格朗日函数 L 是凹函数的正的线性组合，从而它是凹的。由 KKT 条件中的（5）知，$x^* \geqslant 0$。因此，x^* 满足非负约束的优化问题

$$\begin{aligned} \max \quad & L(x;\lambda^*) \\ s.t. \quad & x \geqslant 0 \end{aligned}$$

的最优解存在的充分条件。故

$$\Phi(\lambda^*) = \max\{L(x;\lambda^*): x \geqslant 0\} = L(x^*;\lambda^*)$$

由 KKT 条件中的（4）知，

$$L(x^*;\lambda^*) = f(x^*) + \sum_{i=1}^{m} \lambda_i^*(b_i - g_i(x^*)) = f(x^*)$$

这说明了 x^* 和 λ^* 具有相同的目标值。由于条件（3），（5）和（6）表明 x^* 和 λ^* 是可行的，由弱对偶性知，它们是各自问题的最优解。 证毕

例 6.2（二次规划的 KKT 条件） 考虑二次规划问题

$$\begin{aligned} \max \quad & \frac{1}{2} x^{\mathrm{T}} Q x + c^{\mathrm{T}} x \\ s.t. \quad & a_1^{\mathrm{T}} x \leqslant b_1 \\ & \vdots \\ & a_m^{\mathrm{T}} x \leqslant b_m \\ & x \geqslant 0 \end{aligned}$$

其中，$Q = (Q_{ij}) \in \mathbb{R}^{n \times n}$ 是一个 $n \times n$ 矩阵，$c, a_1, \cdots, a_m \in \mathbb{R}^n$。求该二次规划的 KKT 条件。

解 由已知，目标函数为 $f(x) = \frac{1}{2} x^{\mathrm{T}} Q x + c^{\mathrm{T}} x$，约束条是 $g_i(x) \leqslant b_i, i = 1, \cdots, m$，其中 $g_i = a_i^{\mathrm{T}} x$。它们的梯度是

$$\nabla f(x) = Qx + c, \nabla g_i(x) = a_i$$

故 KKT 条件是

（1）$Qx + c - \sum_{i=1}^{m} \lambda_i a_i \leqslant 0$；

(2) $x_j[Qx+c-\sum_{i=1}^{m}\lambda_i a_i]_j=0, j=1,\cdots,n$;

(3) $a_i^{\mathrm{T}}x\leqslant b_i, i=1,\cdots,m$;

(4) $\lambda_i(b_i-a_i^{\mathrm{T}}x)=0, i=1,\cdots,m$;

(5) $x\geqslant 0$;

(6) $\lambda\geqslant 0$。

记 $A=(a_1,\cdots,a_m)$ 为二次规划中不等式约束的系数矩阵，令 $\mu=-(Qx+c-A^{\mathrm{T}}\lambda)$ 为 KKT 条件（1）的松弛变量向量，$s=b-Ax$ 为 KKT 条件（3）中的松弛变量向量，则 KKT 条件等价于

(1) $Qx+c-A^{\mathrm{T}}\lambda+\mu=0, \mu\geqslant 0$;

(2) $x_j\mu_j=0, j=1,\cdots,n$;

(3) $Ax+s=b, s\geqslant 0$;

(4) $\lambda_i s_i=0, i=1,\cdots,m$;

(5) $x\geqslant 0$;

(6) $\lambda\geqslant 0$。

条件（1）和（3）可以合起来写成一个矩阵方程

$$\begin{bmatrix}Q & -A^{\mathrm{T}}\\ A & 0\end{bmatrix}\begin{bmatrix}x\\ \lambda\end{bmatrix}+\begin{bmatrix}\mu\\ s\end{bmatrix}=\begin{bmatrix}-c\\ b\end{bmatrix}$$

当所有的变量都是非负的时候，互补松弛条件 $x_j\mu_j=0$ 和 $\lambda_i s_i=0$ 等价于方程

$$\begin{bmatrix}x\\ \lambda\end{bmatrix}^{\mathrm{T}}\begin{bmatrix}\mu\\ s\end{bmatrix}=0$$

这类似于线性规划的互补松弛引理。

因此，KKT 条件可以等价于

$$\begin{bmatrix}Q & -A^{\mathrm{T}}\\ A & 0\end{bmatrix}\begin{bmatrix}x\\ \lambda\end{bmatrix}+\begin{bmatrix}\mu\\ s\end{bmatrix}=\begin{bmatrix}-c\\ b\end{bmatrix}, \begin{bmatrix}x\\ \lambda\end{bmatrix}\geqslant\begin{bmatrix}0\\ 0\end{bmatrix}, \begin{bmatrix}\mu\\ s\end{bmatrix}\geqslant\begin{bmatrix}0\\ 0\end{bmatrix}, \begin{bmatrix}x\\ \lambda\end{bmatrix}^{T}\begin{bmatrix}\mu\\ s\end{bmatrix}=0$$

这个由不等式和方程组成的系统是线性互补问题。

例 6.3（二次约束的二次规划）　考虑如下二次约束的二次规划问题

$$\begin{aligned}\max\quad & 20x_1+10x_2\\ s.t.\quad & x_1^2+x_2^2\leqslant 1\\ & x_1+2x_2\leqslant 2\\ & x_1,x_2\geqslant 0\end{aligned}$$

写出它的 KKT 条件，并求出满足 KKT 条件的所有解。

解　由定理 6.6 知，该规划的 KKT 条件为

(1a) $20-2\lambda_1x_1-\lambda_2\leqslant 0$;　(1b) $10-2\lambda_1x_2-2\lambda_2\leqslant 0$;

(2a) $x_1[20-2\lambda_1x_1-\lambda_2]=0$;　(2b) $x_2[10-2\lambda_1x_2-2\lambda_2]=0$;

(3a) $x_1^2+x_2^2\leqslant 1$;　(3b) $x_1+2x_2\leqslant 2$;

(4a) $\lambda_1(1-x_1^2-x_2^2)=0$;　(4b) $\lambda_2(2-x_1-2x_2)=0$;

(5) $x_1,x_2\geqslant 0$;

(6) $\lambda_1,\lambda_2\geqslant 0$。

考虑下列四种情况：

情况 1：

$\lambda_1,\lambda_2=0$。此时，条件（1a）成为 $20\leqslant 0$，矛盾。故这种情况无解。

情况 2：

$\lambda_1>0,\lambda_2=0$。此时，条件（1a）成为 $x_1(20-2\lambda_1 x_1)=0$，故 $x_1=0$ 或 $\lambda_1 x_1=10$。若 $x_1=0$，则由（1a）得 $20\leqslant 0$，矛盾。故 $\lambda_1 x_1=10$。

类似地，条件(2b)成为 $x_2(10-2\lambda_1 x_2)=0$，故 $x_2=0$ 或 $\lambda_1 x_2=5$。若 $x_2=0$，则由(1b)得 $10\leqslant 0$，矛盾。故 $\lambda_1 x_2=5$。

由于 $\lambda_1>0$，由条件(4a)得，$x_1^2+x_2^2=1$。把 $x_1=10/\lambda_1,x_2=5/\lambda_1$ 代入 $x_1^2+x_2^2=1$ 得，$\lambda_1=5\sqrt{5}$。因此 $x_1=2/\sqrt{5},x_2=\sqrt{5}$。

经验证，$(x_1,x_2,\lambda_1,\lambda_2)=(2/\sqrt{5},\sqrt{5},5\sqrt{5},0)$ 满足所有的 KKT 条件，故它是满足 KKT 条件的解。

情况 3：

$\lambda_1=0,\lambda_2>0$。此时，条件(2b)成为 $x_2(10-2\lambda_2)=0$，故 $x_2=0$ 或 $\lambda_2=5$。若 $\lambda_2=5$，则由(1a)得 $15\leqslant 0$，矛盾。故 $x_2=0$。

由于 $\lambda_2>0$，由条件(4b)得，$x_1+2x_2=2$。把 $x_2=0$ 代入得 $x_1=2$，这与(3a)矛盾，故这种情况下无解。

情况 4：

$\lambda_1,\lambda_2>0$。此时，由(4a)和(4b) 得，$x_1^2+x_2^2=1$ 及 $x_1+2x_2=2$，求解得，$(x_1,x_2)=(0,1)$ 或 $(x_1,x_2)=(\frac{4}{5},\frac{3}{5})$。

若 $(x_1,x_2)=(0,1)$，则由(1a)得 $20\leqslant\lambda_2$，由(2b)得 $5-\lambda_2=\lambda_1>0$，矛盾。

若 $(x_1,x_2)=(\frac{4}{5},\frac{3}{5})$，由(2a)和(2b)得 $8\lambda_1+5\lambda_2=100$ 及 $6\lambda_1+10\lambda_2=50$。求解得 $(\lambda_1,\lambda_2)=(15,-4)$，这与(6)矛盾。故在这种情况下无解。

综上所述，该规划有唯一的满足 KKT 条件的解 $(x_1,x_2)=(2/\sqrt{5},\sqrt{5})$。

例 6.4（凸规划） 考虑如下凸规划问题

$$\begin{aligned} \max \quad & \ln(x_1+1)-x_2^2 \\ s.t. \quad & x_1+2x_2\leqslant 3 \\ & x_1,x_2\geqslant 0 \end{aligned}$$

写出它的 KKT 条件，并求出满足 KKT 条件的所有解；利用 KKT 条件求出该规划的所有解。

解 该规划的 KKT 条件为

(1a) $\frac{1}{x_1+1}-\lambda\leqslant 0$； (1b) $-2x_2-2\lambda\leqslant 0$；

(2a) $x_1\left[\frac{1}{x_1+1}-\lambda\right]=0$ (2b) $x_2[-2x_2-2\lambda]=0$；

(3) $x_1+2x_2\leqslant 3$；

(4) $\lambda(3-x_1-2x_2)=0$；

(5) $x_1,x_2\geqslant 0$；

(6) $\lambda\geqslant 0$.

考虑下列四种情况。

情况 1：

$x_1, x_2 = 0$。此时，由条件(4)得，$\lambda = 0$。故由(1a)得 $\frac{1}{x_1+1} \leqslant 0$，这与条件(5)矛盾。因此这种情况下无解。

情况 2：

$x_1 > 0, x_2 = 0$。此时，由(2a)得，$\lambda = \frac{1}{x_1+1} > 0$。再由条件(4)得，$x_1 = 3 - 2x_2 = 3$，故 $\lambda = \frac{1}{x_1+1} = \frac{1}{4}$。

经验证，$(x_1, x_2, \lambda) = \left(3, 0, \frac{1}{4}\right)$ 满足所有的 KKT 条件，故它是满足 KKT 条件的解。

情况 3：

$x_1 = 0, x_2 > 0$。此时，由条件(2b)得，$\lambda = -x_2 < 0$，这与条件(6)矛盾。故这种情况下无解。

情况 4：

$x_1, x_2 > 0$。此时，由条件(2b)得，$\lambda = -x_2 < 0$，这与条件(6)矛盾。故这种情况下无解。

综上所述，该规划有唯一的满足 KKT 条件的解 $(x_1, x_2) = (3, 0)$。

因为该规划是凸规划，故 KKT 条件也是最优解存在的充分条件，因此 $(x_1, x_2, = (3, 0)$ 是它的最优解。

习　题

1. 考虑非线性规划问题

$$\begin{aligned} \max \quad & -(x-1)^2 - (y-2)^2 \\ s.t. \quad & x + y \leqslant 1 \\ & x, y \geqslant 0 \end{aligned}$$

写出它的拉格朗日对偶函数。

2. 考虑非线性规划问题

$$\begin{aligned} \text{(NLP)} \max \quad & -e^{-6x_1} - (x_1 + x_2)^2 \\ s.t. \quad & 2x_1 - x_2 \leqslant -1 \\ & x_1^2 + 3x_2 \leqslant 3 \\ & x_1, x_2 \geqslant 0 \end{aligned}$$

(1) 证明(NLP)是凸规划。

(2) 写出(NLP)的 KKT 条件。

(3) 运用(2)中的 KKT 条件证明 $(x_1, x_2) = (0, 1)$ 是最优解。

3. 考虑非线性规划问题

$$
\begin{aligned}
\text{(NLP)}\ \max\quad & \ln(2+x_1+x_2)+5x_1-3x_2^2 \\
s.t.\quad & x_1^2+6x_2\leqslant 4 \\
& x_1,x_2\geqslant 0
\end{aligned}
$$

(1) 证明(NLP)是凸规划。

(2) 写出(NLP)的 KKT 条件。

(3) 运用(2)中的 KKT 条件找出(NLP)的所有解。

4. 考虑非线性规划问题

$$
\begin{aligned}
\max\quad & x_1+x_2-\frac{1}{2}a(x_1-2)^2 \\
s.t.\quad & x_1\geqslant x_2^2 \\
& x_1^2+x_2^2\leqslant 2 \\
& x_1,x_2\geqslant 0
\end{aligned}
$$

其中，a 是常数。

(1) 写出 KKT 条件。

(2) 若 $(x_1,x_2)=(1,1)$ 是满足 KKT 条件的解，找出 a 的值。

(3) 若 $(x_1,x_2)=(1,1)$ 是最优解，请从(2)中找出此时 a 的值。

5. 考虑非线性规划模型

$$
\begin{aligned}
\max\quad & \frac{1}{2}\|x\|^2 \\
s.t.\quad & Ax=b
\end{aligned}
$$

把该模型化为标准的非线性规划模型，并用矩阵 A^{T} 的像空间(即 A 的行向量生成的子空间)来表示它的 KKT 条件。(提示：令 $x=x^+-x^-$，其中 $x^+,x^-\geqslant \mathbf{0}$)

MATLAB 实验一　用线性规划方法解决多阶段决策问题

动态规划是运筹学的一个分支，它是解决多阶段决策问题的一种数学方法。多阶段决策问题的特点是，可以将该问题变换为一系列相互联系的单阶段问题，在它的每一个阶段都需要做出决策，从而使整个问题达到最好的活动效果。这些单阶段问题通过下列两个特性联系在一起：

(1)每个阶段都有一个联系的变量，它表示从当前阶段转移到下一阶段的物资的量；

(2)每一个阶段都有一个约束，即得到的物资 ＝ 用掉的物资。例如，仓库存储物资满足：最初的存货＋产量＝最终的存货＋ 售出的货物。

各个阶段决策的选取不是随意确定的，它依赖于当前面临的状态，又影响以后的发展。当各个阶段决策确定后，就组成了一个决策系列，从而决定了整个过程的一条活动路线。

在多阶段决策问题中，各个阶段采取的决策，一般来说是与时间有关的，决策依赖于当前的状态，又随即引起状态的转移，一个决策序列是在变化的状态中产生出来的，故有“动态”的含义。

在众多的多阶段决策问题中，资金的管理是其中很重要的一类。如果把持有的资金看做是一种存货，就像任一货物的存货那样，那么财务管理的决策就可以看成是多阶段决策问题。关键的特性是，对于每一个阶段都有一个约束，即流入的现金＝用掉的现金。下面的例子体现了这种模型的这个重要特征。下面例子的数据(包括后续三个实验)可以参考网站(http：//www. lindo. com)上的内容。

例　现金流匹配模型

通过慎重考虑之后，你计划今年以及接下来的 14 年需要下面数目的现金来满足一定的需要。

年	0	1	2	3	4	5	6	7	8	9	10	11	12	13	14
现金(千元)	10	11	12	14	15	17	19	20	22	24	26	29	31	33	36

在个人伤害理赔案件中也会需要做这样的计划。双方一般会达成一个协议，即受害方会收到按上表中分配的一笔赔偿或是跟它等值的赔偿。另一个例子是上述方案可以用于证券组合投资，以满足养老基金所需支付的资金。为了管理上的方便，在个人伤害理赔案件中，双方倾向于与上述现金流等值的一次性支付赔款。收款方要求一次性收到的款额要等于现金流的折现值，也就是说，如果把一次性支付的款额以较低的利息存入银行，14 年后所得的资金总额要等于按上述方案中的数目逐年存入银行 14 年后所得的资金总额。例如，如果年利率是 4%，那么现金流的折现值是 230434 元。然而，若支付方想利用这笔资金得到更高的回报，必须存在能获得更高利率的投资而且该投资也不比

存入银行账户的风险大。这样的投资通常是对政府有价证券的投资。简单起见，假设只有两种这样的证券，它们的特点如下：

证券	成本	年利润	到期年限	本金到期收益率
1	980 元	60 元	5 年	1 千元
2	965 元	65 元	12 年	1 千元

现在，支付方打算投资证券 1 和 2，同时也想把部分资金存入银行账户，在满足每年需要的现金的条件下，支付方一次性应最少支付多少？下面是解决该问题需要的决策变量。

$B1$=用于投资证券 1 的金额，

$B2$=用于投资证券 2 的金额，

Si=第 i 年用于存入银行账户的金额，

L=初始的一次性支付的款额。

目标函数是最小化初始的一次性付款。每一年都有一个约束条件使得现金的净流量为 0。如果我们假设银行的存款年利息为 4%，并且所有的金额都以千元计，那么得到如下模型：

$$
\begin{aligned}
\min\quad & L \\
s.t.\quad & L-0.98\times B1-0.965\times B2-S0=10 \\
& 0.06\times B1+0.065\times B2+1.04\times S0-S1=11 \\
& 0.06\times B1+0.065\times B2+1.04\times S1-S2=12 \\
& 0.06\times B1+0.065\times B2+1.04\times S2-S3=14 \\
& 0.06\times B1+0.065\times B2+1.04\times S3-S4=15 \\
& 0.06\times B1+0.065\times B2+1.04\times S4-S5=17 \\
& 0.065\times B2+1.04\times S5-S6=19 \\
& 0.065\times B2+1.04\times S6-S7=20 \\
& 0.065\times B2+1.04\times S7-S8=22 \\
& 0.065\times B2+1.04\times S8-S9=24 \\
& 0.065\times B2+1.04\times S9-S10=26 \\
& 0.065\times B2+1.04\times S10-S11=29 \\
& 1.065\times B2+1.04\times S11-S12=31 \\
& 1.04\times S12-S13=33 \\
& 1.04\times S13-S14=36 \\
& L,\ B1,\ B2,\ S1,\ \cdots,\ S14\geqslant 0
\end{aligned}
$$

使用 MATLAB 中的 linprog 函数可以求解一般的线性规划问题

$$
\begin{aligned}
\min\quad & c^{\mathrm{T}}x \\
s.t.\quad & Ax\leqslant b \\
& Aeqx=beq \\
& lb\leqslant x\leqslant ub
\end{aligned}
$$

它的基本调用格式为

$$[x, fval] = \text{linprog}(c, A, b, Aeq, beq, lb, ub)$$

其中 *Aeq* 是对应等式约束的系数矩阵，*lb*，*ub* 分别是变量的上、下界向量。注意，使用 linprog 求解线性规划问题时要把不等式约束和等式约束区分开。

上述问题的 M-file 如下：

(1)%构造矩阵 *A*

*A*1=zeros(15，3)；*A*1(1，1)=1；*A*1(1，2)=－0.98；*A*1(1，3)= －0.965；for *i*=1：4；*A*1(1+*i*，2)=0.06；end *A*1(6，2)=1.06；for *i*=1：11；*A*1(1+*i*，3)=0.065；end *A*1(13，3)=1.065；*e*=ones(15，1)；

*A*2=spdiags([1.04 * e －e]，－1：0，15，15)；*A*=[*A*1，*A*2]。

(2) %构造系数向量 *c* 和 *b*

c=*lb*=zeros(18，1)；*f*(1)=1；*b*=[10 11 12 14 15 17 19 20 22 24 26 29 31 33 36]′；

(3)%调用 linprog 语句

[*x*，*fval*]=linprog(*f*，[ ]，[ ]，*A*，*b*，*lb*)；

(4) 将上述代码存成 M 文件，并在 MATLAB 的编译窗口（Command Window）中运行后输出 Optimization terminated。

(5) 在编译窗口输入 *x*，得到最优解 *x*＝（195.6837，95.7958，90.1547，4.8045，5.6045，5.4365，3.2617，0.0000，90.4036，80.8798，69.9750，56.6341，40.7595，22.2499，0.0000，65.0148，34.6154，0.0000)^T。输入 fval，得到最优值为 195.6837。

MATLAB 实验二　用线性规划方法解决线性目标规划问题

在现实生活中，人们在做决策的时候，一般需要考虑的衡量标准往往不止一个，而且这些标准之间通常是相互不适应的。比如，投资中的风险与回报，一个公司的短期利益与长期发展，一个政府机构的花费与服务等。这类问题便是多目标决策问题。

多目标决策中的目标可以分成如下两类：

1. 目标是完全不同的，如风险与回报，花费与服务。（1）不同的目标可以赋予不同的优先等级；（2）优先等级完全由目标的重要性决定。

2. 目标本质上是相似的，也就是说它们在某种意义上具有相同的优先等级。

在公共建设工程的设计与操作中存在着大量的多目标决策问题。一个典型的例子就是长江三峡大坝工程。利益相关的团体包括：（1）电力的工业用户，他们希望大坝的平均水位高，以便最大限度地使用所发的电；（2）大坝下游的农民，他们希望大坝的水位能保持在低水位，这样突如其来的大降雨就不会造成洪涝；（3）航运界的人们，他们希望水位可以根据需要波动，以便于保持一个稳定的水流来保证在大坝之下的航运顺畅；（4）捕鱼和钓鱼者，他们希望流出大坝的水的流动速率可以根据需要波动，以保证一个平静的湖面；（5）保护环境利益者，他们从一开始就不想建大坝。特别地，从洪水控制的角度看，人们要求在雨季之前大坝的水位保持在海平面 140 米之下，以便适应暴雨径流；从发电的角度看，要求水位高于海平面 175 米，以便发更多的电。

目标规划方法是解决这类决策问题的一种实用方法。

1. 帕累托（Pareto）最优解与目标规划

当多个目标处于冲突状态时，就不会存在使得所有目标都满足的最优解，于是我们只能寻求 Pareto 最优解，也称非劣解。目标规划的一个解称为 **Pareto 最优解**，如果考虑所有的标准，没有其他的解与它至少一样好，并且如果至少只考虑一个标准，该解绝对更好。一个 Pareto 最优解是比别的任何解都占优势的解。因此，我们只需考虑 Pareto 最优解。对于多目标线性规划问题，已有计算机程序能够枚举所有的不被占优的基本解。对于小规模问题，决策者根据自己的主观标准可以从中选出最满意的解。对于大规模问题，不被占优的解极有可能超过百个，这种枚举的方法不再可行。

2. 效益函数法

求解目标规划的一个较具吸引力的方法是效益函数法。如果有决策变量 $x1$，$x2$，…，xn，我们只要构造效益函数 u（$x1$，$x2$，…，xn），该函数给出决策向量的任意组合对应的函数值。然而，它有如下局限性：（1）效益函数的构造可能要花费很大的工夫；（2）该函数可能具有高度非线性。第二个局限性意味着我们不可能用线性规划来解这个问题。

3. 权衡曲线

如果只有两个或是三个标准，那么权衡曲线法是效益函数法最具吸引力之处，而且它也很实用。我们只需构造一条曲线，即所谓的“有效边界”，它指示我们该如何权衡各个标准。一个经典的例子是，在金融投资中，权衡曲线被用于刻画两种标准之间的关系。这两种标准是投资中的期望收入和风险。我们希望的是高收入低风险。图 1 就说明了风险与期望收入之间的典型关系。曲线上的每一点都是 Pareto 最优解。也就是说，对于曲线上的每一点，没有其他的点具有更高的期望收入而更低的风险。

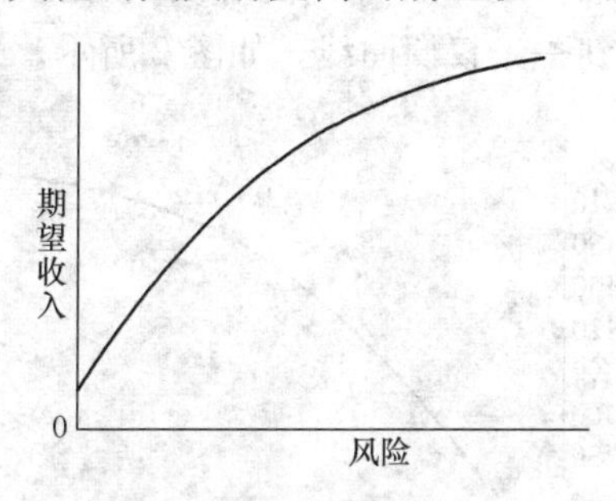

图 1　风险与期望收入的权衡曲线

例　广告市场营销

Adlib 是一个广告代理商，想要为客户解决媒体选择问题。考虑在五种媒体中投放广告：晚间电视（TVL），黄金时间电视（TVP），广告牌（BLB），报纸（NEW），广播（RAD）。这些广告想吸引七种不同的人群（Market Group）。表 1 给出在每个市场中，每种媒体每花费一千元所得到的曝光数，以千计。其中，倒数第二行列出在每个市场中要求得到的最少曝光数。也就是说，不管花多少代价，我们必须得到这些最少数目的读者或是观众。最后一行是每个市场的饱和水平曝光数。也就是说，超出这些数目的曝光数没有任何价值，介于这两者之间的曝光数被称为有用曝光数。

表 1　广告市场营销的曝光数统计

	人群						
	1	2	3	4	5	6	7
TVL		10	4	50	5		2
TVP		10	30	5	12		
BLB	20					5	3
NEW	8					6	10
RAD		6	5	10	11	4	
最少曝光数	25	40	60	120	40	11	15
饱和水平的曝光数	60	70	120	140	80	25	55

应该投放哪几种广告？需花费多少钱？只有两个标准：(1) 费用越低越好；(2) 有用曝光数越高越好。一开始，我们先任意确定总的花费不超过 11000 元。

我们假设决策变量为：

TVL，TVP 等——每得到 1000 个曝光数花费在媒体 TVL，TVP 等的费用；

$X1$，$X2$ 等——在市场 1，2 等中得到的有用曝光数超过最少曝光数的部分(即 min{饱和水平的曝光数，实际的曝光数}－最少的曝光数)；

COST——广告花费的总费用；

USEFULX——总的有用曝光数。

这样，就能建立一个重要的模型。主要有两组约束。一组是：

市场上的曝光数≥最小曝光数 ＋超过最小曝光数的有用曝光数

另一组是：

市场上的有用曝光数≤饱和水平的曝光数－最小曝光数

如果改变花费的限额（最初是11000），使得该值的变化范围是6到14，并画出可能的有用曝光数，那么就得到一条权衡曲线，如图2所示。

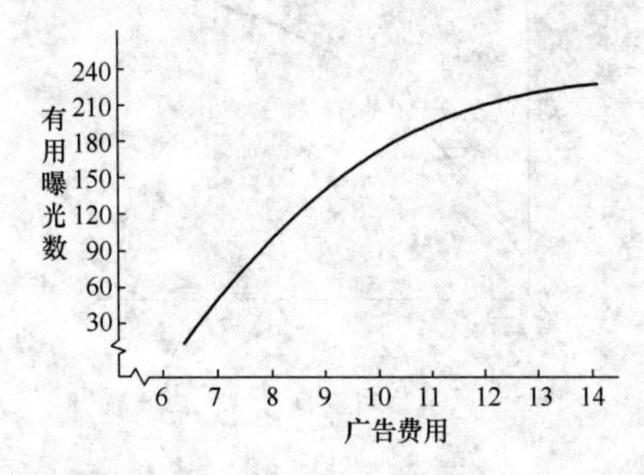

图2 曝光数与广告费的权衡曲线

这个过程可以用linprog来实现。为此，我们先建立总的花费不超过11000的数学模型如下：

max　0·TVL＋0·TVP＋0·BLB＋0·NEW＋0·RAD＋$X1$＋$X2$＋$X3$＋$X4$＋$X5$＋$X6$＋$X7$

s.t.　TVL＋TVP＋BLB＋NEW＋RAD≤11（变化的COST）

20BLB＋8NEW－$X1$≥25

10TVL＋10TVP＋6RAD－$X2$≥40

4VL＋30TVP＋5RAD－$X3$≥60

50TVL＋5TVP＋10RAD－$X4$≥120

5TVL＋12TVP＋11RAD－$X5$≥40

5BLB＋6NEW＋4RAD－$X6$≥11

2TVL＋3BLB＋10NEW－$X7$≥15

TVL，TVP，BLB，NEW，RAD≥0

0≤$X1$≤35，0≤$X2$≤30，0≤$X3$≤60，0≤$X4$≤20，0≤$X5$≤40，0≤$X6$≤14，0≤$X7$≤40

此时，若执行linprog(*f*，*A*，*b*，[ ]，[ ]，*lb*，*ub*，[ ]，options)，其中options＝optimset('Display','off')，得到USEFULX＝196.7626。

为了画出权衡曲线，我们可以用MATLAB中的for循环语句建立USEFLUX与COST的关系。上述例子的MATLAB求解过程如下：

```
exposure= [
0  10  4  50  5  0  2
0  10  30 5   12 0  0
```

```
20 0    0  0    0  5  3
8  0    0  0    0  6  10
0  6    5  10   11 4  0
];
min _ exp=[25  40  60  120 40  11  15]';
sat _ level=[ 60  70  120  140  80  25  55]';
cost=6.5：0.05：14；cost=cost '；[m, n] =size(exposure)；k=length(cost _
limits)；
f=[zeros(m, 1)；-ones(n, 1)]；A=[ones(1, m), zeros(1, n)；-exposure ',
eye(n)]；b=[0；-min _ exp]；
ub=[repmat(Inf, m, 1)；sat _ level-min _ exp]；
options=optimset(' Display ', ' off ')；
x=zeros(m+n, k)；
v=zeros(1, k)；
for i=1：k,
b(1)=cost _ limits(i)；
[x(：,i),v(i)] =linprog(f, A, b, [ ], [ ], zeros(m+n, 1), ub, [ ], op-
tions)；
end；
plot(cost _ limits, -v)；
```

得到如图 3 的曲线图：

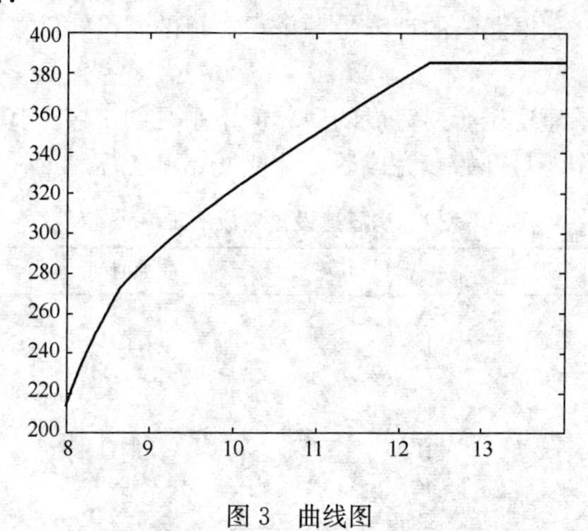

图 3　曲线图

从图 3 可知，在 8 和 9 之间以及 12 和 13 之间各有一个拐点。相邻两个拐角点之间的线段的斜率表示右端常数 COST 每增加一个单位时，目标函数增加的量。

MATLAB实验三　用线性规划方法解决网络计划问题

网络计划技术是一种较为先进的组织生产和进行计划管理的科学方法，在工农业生产及科研工作中得到了广泛的应用，主要用于新产品的研制、设备维修、技术改造，尤其对电站、油田管道建设，大型工程建筑、导弹、造船、大型机械制造、可发挥很大作用。美国是网络计划技术的发源地。近几年，网络计划技术在我国的应用也日趋得到工程管理人员的重视，且已取得可观的经济效益。如，上海宝钢炼铁厂1号高炉土建工程施工中和广州白天鹅宾馆在建设中都应用网络计划技术来降低成本。

目前应用比较广泛的两种计划方法是计划评审技术（Program Evaluation and Review Technique，简称PERT）和关键路径法（Critical Path Method，简称CPM）。它们的基本原理相同，方法相似。在这两种方法中，用网络图表示各项工作之间的相互关系，用顶点来表示项目任务，每个顶点都被编号，并且标注了任务、工期、开始时间和完成时间。线条上的箭头方向标明了任务次序，并且标识出在开始一个任务前必须完成的那些任务，在一定工期、成本、资源条件下获得最佳的计划安排，以达到缩短工期、提高工效、降低成本的目的。在PERT/CPM网络计划中，重点是找出控制工期的关键路线（critical path）。也就是说，找出为了使项目能够准时完成而必须如期完成的那些任务。我们将会看到，关键路线的计算是一个很简单的网络线性规划问题。

房屋建设

下面的表1列出了建房子所要完成的简单但不平凡的工序。其中的紧前工序是指紧排在本工序之前的工作，且开始或完成后，才能开始本工序。

表1　房屋建设需完成的工序

工序	工序代号	工序时间	紧前工序
挖地基	A	3	—
浇灌地基	B	4	A
浇筑地下室地面	C	2	B
安装地板托梁	D	3	B
砌墙	E	5	B
安装椽	F	3	E，C
铺地板	G	4	D
室内粗粉刷	H	6	G
装屋顶	K	7	F
室内完工	L	5	H，K
室外装修	S	2	E，C

图1展示了房屋建设的PERT网络计划技术。我们要计算出完成这项工程的所需的最少时间。在这个图中，我们感兴趣的是从左到右最长路的距离。完成这项工程所需的时间不能少于这条路上所有工序所需的时间之和。可以求得关键路线上包含的工序

（工序代码）有 A,B,E,F,K,L，路长是 27，图中用虚线表示。

虽然这个例子可以用手算就算出来，我们还是要来推导出这个问题的线性规划模型。从推导过程中，我们会得到两个看起来似乎不相关的模型，但实际上它们是互为对偶的。

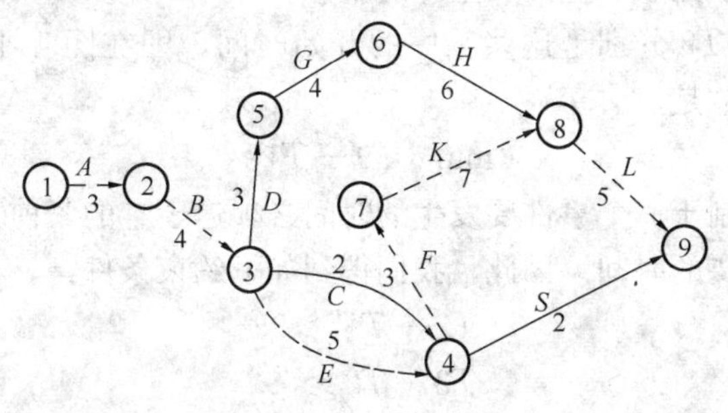

图 1　工程的网络计划图

第一个模型如下。令变量 A，B 等取 1 或 0，取值由它们是否在这条关键路线上来确定，在的话取 1，否则取 0。因此，所有取 1 的变量就对应于这个关键路线上的工序。目标函数与这个网络中最长的路有关。

这样的目标看起来似乎不合理，因为我们并不想最大化这项工程的工期长度。然而，如果指定合适的约束条件，我们将会看到这样的目标会找出这个网络中最长的路。我们采用的约束条件必须满足：

（1）工序 A 必须在关键路线上，因为它没有紧前工序。

（2）一项工序在关键路线上当且仅当它的紧前工序也在关键路线上。而且，如果一项工序是在关键路线上，那么当且仅当有一个它的紧后工序（如果有的话）在这条路线上。这里，紧后工序是指紧排在本工序之后的工序，且本工序开始或完成之后，才能完成的工序。

（3）工序 L 和 S 恰有一个在关键路线上，因为它们没有紧后工序。

这个问题可以看成最小费用流问题，其中节点 1 是发点，节点 9 是收点，它们的净输出量分别为 1 和 -1，其他点都是中间点。弧上的数字看成弧价格，所有弧都是无界弧。因此，利用节点的约束，我们得到如下线性规划模型：

$$\begin{aligned}
\max\quad & 3A+4B+2C+3D+5E+3F+4G+6H+7K+5L+2S \\
s.t.\quad & A=1 \\
& B-A=0 \\
& C+D+E-B=0 \\
& F+S-E-C=0 \\
& G-D=0 \\
& H-G=0 \\
& K-F=0 \\
& L-H-K=0 \\
& -L-S=-1 \\
& A,B,\cdots,H,K,L,S=0\text{ 或 }1
\end{aligned}$$

求解该模型，即得到关键路线，最长路的路长为 27。

第二个模型如下。该模型的目标是为了最小化这项工程所需要的总时间。注意到图 1 中的每个顶点都表示一件事情，如节点 1 表示开始挖地基，节点 3 表示完成了浇筑地下室地面，节点 9 表示完成了室内和室外的装修。

定义变量 $T1,\cdots,T9$ 分别是这些工序的开始时间，即在图 1 中所有节点对应的变量，则我们的目标函数是

$$\min \quad T9-T1$$

这些事件的时间受限制于一个事件要发生的时间必须迟于它的紧前工序开始的时间，至少要迟一个工序所需要的时间。因此，我们得到如下约束条件：

$$T2-T1\geqslant 3$$
$$T3-T2\geqslant 4$$
$$T4-T3\geqslant 3$$
$$T5-T3\geqslant 5$$
$$T5-T3\geqslant 2$$
$$T6-T4\geqslant 4$$
$$T7-T5\geqslant 3$$
$$T8-T6\geqslant 6$$
$$T8-T7\geqslant 7$$
$$T9-T5\geqslant 2$$
$$T9-T8\geqslant 5$$
$$T1,\cdots,T9\geqslant 0$$

求解该模型，到这项工程所花费的最少时间为 27。

第一个模型实际上是 0－1 整数规划模型，注意到各系数都是整数，故由第 3 章的最小费用流整数性定理 3.4 知，它与其线性规划的松弛模型等价，而松弛后的模型与第二个模型是互为对偶的，因而两个模型的最优值相等。

设变量 $x_1,x_2,x_3,x_4,x_5,x_6,x_7,x_8,x_9,x_{10},x_{11}$ 分别表示工序 A,B,C,D,E,F,G,H,K,L,S 的取值，那么，第一个模型的 M-file 如下：

```
arcs=[1 2; 2 3; 3 4; 3 5; 3 4; 4 7; 5 6; 6 8; 7 8; 8 9; 4 9]; %相邻的数字表示有向弧的起点和端点
A=zeros(9, 11);
for j=1: 11; A[arcs(j, 1), j]=1; A[arcs(j, 2), j]= -1; end
A=A(1: 8,:);
b= [1; zeros(7, 1)];
c=[3 4 2 3 5 3 4 6 7 5 2];
lb=zeros(11, 1); ub=ones(11, 1);
options = optimset('LargeScale', 'off', 'Simplex', 'on', 'Display', 'off');
[x,fval] = linprog(-c, [ ], [ ], A, b, lb, ub, [ ], options);
```

运行后得到最优值和最优解分别为 fval＝－27，$x=(1\ 1\ 0\ 0\ 1\ 1\ 0\ 0\ 1\ 1\ 0)^{\mathrm{T}}$，因此，在关键路径上的工序有 A,B,E,F,K,L。

MATLAB实验四　用线性规划方法解决矩阵博弈

甲和乙玩一个游戏，同时只下一步棋。甲的纯策略有$\alpha_1=a,\alpha_2=b$，乙的纯策略有$\beta_1=a,\beta_2=b,\beta_3=c$。双方在开局之前均对自己的纯策略加以保密。开局时，甲和乙同时透露出自己所下的棋，且他们按下面的收益矩阵来付给对方相应额度的钱。

乙的收益矩阵

$$\begin{bmatrix} 4 & -6 \\ -5 & 8 \\ 3 & -4 \end{bmatrix}$$

最小最大策略

易知，这个矩阵不存在鞍点。故每个局中人需要考虑混合策略。因此，定义

JMi＝甲下i的概率，$i=a$或b，

YMi＝乙下i的概率，$i=a$，b或c。

甲该如何选择概率JMi？甲应该会发现：

如果乙下a，他的期望损失是：4JMa－6JMb。

如果乙下b，他的期望损失是：－5JMa＋8JMb。

如果乙下c，他的期望损失是：3JMa－4JMb。

因此有三个期望损失，它们是依赖于乙所做的决定。甲会这样选择概率JMi，使得不论乙做怎么的决定，甲的期望损失总是最小的。设LJ是甲的最大期望损失，那么这个问题的线性规划模型是

$$\begin{aligned} \min\quad & \text{LJ} \\ s.t.\quad & \text{JMa}+\text{JMb}=1 \\ & -\text{LJ}+4\text{JMa}-6\text{JMb}\leqslant 0 \\ & -\text{LJ}-5\text{JMa}+8\text{JMb}\leqslant 0 \\ & -\text{LJ}+3\text{JMa}-4\text{JMb}\leqslant 0 \\ & \text{JMa},\text{JMb}\geqslant 0 \end{aligned}$$

类似地，乙的目的是最大化他的最小期望收益，设为PY，它的线性规划模型是

$$\begin{aligned} \max\quad & \text{PY} \\ s.t.\quad & \text{YMa}+\text{YMb}+\text{YMc}=1 \\ & -\text{PY}+4\text{YMa}-5\text{YMb}+3\text{YMc}\geqslant 0 \\ & -\text{PY}-6\text{YMa}+8\text{YMb}-4\text{YMc}\geqslant 0 \\ & \text{YMa},\text{YMb},\text{YMc}\geqslant 0 \end{aligned}$$

甲和乙的线性规划模型互为对偶问题，因此只需求解甲的模型，其M－file如下：

```
f=[1 0 0]';
```

```
A=[-1 4 -6; -1 -5 8; -1 3 -4];
b=[0 0 0]';
Aeq=[0 1 1];
beq=1;
lb=[-Inf, zeros(1, 2)];
ub=[Inf, ones(1, 2)];
[x, fval, e, o, lambda]=linprog(f, A, b, Aeq, beq, lb, ub);
```

这里 linprog 函数输出的量较多，其中 e 表示 exitflag，它的值为整数，阐明算法终止的原因，其中 o 表示 output，是结构类型的数据，包含了优化结果的信息，lambda 也是结构类型的数据，含有特有的域和值，由于它是对偶变量的向量，故有四个域，分别是 ineqlin，eqlin，upper，lower。上述例子运行完 M 文件后，在编译窗口输入 x，输出

```
x=
0.2000
0.6000
0.4000
```

输入 lambda，输出

```
lambda=
ineqlin: [3x1 double]
eqlin: -0.2000
upper: [3x1 double]
lower: [3x1 double]
```

输入 lambda. ineqlin，输出

```
ans=
0.0000
0.3500
0.6500
```

这是对偶问题的解。

解的解释是，如果甲以概率 0.6 下 a，以概率 0.4 下 b 的话，那么不论乙做什么决定，甲的期望损失不会超过 0.2。如果乙以概率 0.35 下 b，以概率 0.65 下 c 的话，那么不论甲做什么决定，乙的期望赢得不会少于 0.2。注意到乙的最小期望赢得等于甲的最大期望损失。

参考文献

[1] Ian Post，Yinyu Ye. The simplex method is strongly polynomial for deterministic markov decision processes[J]. Mathematics of Operations Research，2015，40(4)：859-868.

[2] Pingqi Pan. Linear Programming Computation[M]. Berlin Heidelberg：Springer-Verlag，2014.

[3] Robert J. Vanderbei. Linear Programming Foundation and Extensions (Fourth Edition)[M]. New York：Springer Science+Business，2014.

[4] 王周宏．运筹学基础[M]. 北京：清华大学出版社/北京交通大学出版社，2010.

[5] 陈宝林．最优化理论与算法(第 2 版)[M]. 北京：清华大学出版社，2005.

[6] Mokhtar S. Bazaraa，John J. Jarvis. Linear Programming and Network Flows [M]. New York：John Wiley & Sons，Inc，1977.

[7] Frederick S. Hiller，Gerald J. Lieberman. Introduction to Operations Research (Eitghth Edition)[M]. New York：The McGraw-Hill Company，Inc，2005(中译本：运筹学导论. 胡运权等译[M]. 北京：清华大学出版社，2007).

[8] Frederick S. Hiller，Gerald J. Lieberman. Introduction to Operations Research (ninth Edition). New York：The McGraw-Hill Company，Inc，2010.

[9] Jacek Gondzio. Interior point methods 25 years later[J]. European Journal of Operational Research，2012，218(3)：587-601.

[10] 孙文瑜，朱德通，徐成贤．运筹学基础[M]. 北京：科学出版社，2013.

[11] 薛毅，耿美英．运筹学与实验[M]. 北京：电子工业出版社，2008.

[12] 《运筹学》教材编写组．运筹学(第 4 版)[M]. 北京：清华大学出版社，2012.

[13] W. H. Cunningham. A network simplex method[J]. Mathematical programming，1976，11(1)：105-116.

[14] Igor Griva，Stephen G. Nash，Ariela Sofer. Linear and Nonlinear Optimization (Second Edition)[M]. Philadelphia：Society for Industrial and Applied Mathematics，2009.

[15] 中国科学院数学研究所第二室．对策论(博弈论)讲义[M]. 北京：人民教育出版社，1960.

[16] Song Xu. A non-interior path following method for convex quadratic programming problems with bound constraints[J]. Computational Optimization and Applications，2004，27(3)：285-303.

[17] Jeff Linderoth. A simplicial branch-and-bound algorithm for solving quadratically constrained quadratic programs[J]. Mathematical Programming，2005，103(2)：

251-282.

[18] Yinyu Ye，Shuzhong Zhang. New results on quadratic minimization[J]. Siam Journal on Optimization，2003，14(1)：245-267.

[19] R. T. Rockafellar. Convex analysis[M]. Princeton：Princeton University Press，1970.

[20] J. B. Hiriart-Urruty，C. Lemaréchal. Convex Analysis and Minimization Algorithm I and II，volume 306 of Grundlehren der mathematischen Wissenschaften [M]. Berlin：Springer，1993.